토목공학도를 위한

기초 토질역학

토목공학도를 위한

기초 토질역학

배 우 석 지음

한국학술정보㈜

‖ 머리말 ‖

어떤 책을 쓴다는 것은 남의 일로만 생각해왔습니다. 막상 본인의 이름을 걸고 출간하려고 마음을 먹으니 많은 저자들이 그래왔던 것처럼 걱정과 자괴감이 용기와 자신감을 누르게 됨을 느끼게 됩니다. 그러나 저자 자신의 전공학문에 대한 정리와 토질역학을 배우게 될 학생들을 위하여 경외심을 누르고 출간하고자 합니다.

본서는 지난 10여 년 동안 지반공학을 배우고 강의해 오면서 축적된 자료를 요약하여 토질역학을 공부하는 학부생들을 대상으로 정리되었습니다. 본서의 목적은 이론이나 현상에 대한 심도 깊은 이해나 설계를 위한 것보다는 전공과의 거리감을 줄이고 심도 있는 연구를 위한 모티브를 제공할 수 있도록 최대한 간략하게 정리되어 있음을 밝혀두고자 합니다.

책의 구성은 기존의 교과서들과 동일하게 흙의 생성을 출발로 물리적 성질로부터 사면안정이론과 같은 역학적 성질을 설명하는 순으로 구성되었으며 각각의 현상들을 설명하고자 메커니즘을 위주로 서술될 수 있도록 노력하였습니다. 좀더 상세한 이론적인 전개를 원하시는 분들은 참고문헌에 수록된 문헌들을 참고하시길 바랍니다.

'흔들리지 않고 피는 꽃이 어디 있으랴. 그 어떤 아름다운 꽃들도 다 흔들리며 피었나니' 도종환 님의 말씀대로 앞으로 많은 흔들림이 있을 것입니다. 이러한 흔들림은 좀더 완성도 높은 교재로서 거듭남에 도움이 되리라고 생각하며 열린 마음으로 본서에 대한 충고를 받아드리고자 합니다. 아름다운 꽃을 피울 수 있도록……

2006년 11월
청주 우암산 아래에서

목 차

Ⅰ. 흙(soil)의 성질

Ⅱ. 점토광물과 흙의 구조

Ⅲ. 흙의 분류

Ⅳ. 흙 속에서의 물의 흐름

Ⅴ. 흙의 다짐

Ⅵ. 지반 내의 응력

Ⅶ. 흙의 압축성

VIII. 흙의 전단

IX. 토압

X. 사면안정

XI. 못 다한 이야기

I
흙(soil)의 성질

I. 흙(soil)의 성질

1. 토질역학이란

1) 정 의

▶ 토질역학(Soil Mechanics): 흙 자체에 작용하는 힘의 변화를 취급하는 분야로 역학·수리학적 법칙에 의해 흙의 물리적·공학적 성질을 규명하고 하중을 받는 흙의 거동을 다루는 응용역학의 한 분야.

▶ 토질공학(Soil Engineering): 토질역학의 이론을 토대로 실제 문제에 적용을 시키는 학문

▶ 기초공학(Foundation Engineering): 토질역학이 구조물 자체는 대상으로 하지 않는 데 반해 이론을 기초로 구조물 자체까지 포함시키는 응용 분야.

▶ 암반역학(Rock Mechanics): 암석과 암반의 역학적 거동(암반불연속면, 변형, 강도)에 관한 이론 및 응용과학.

▶ 지반공학(Geotechnical Engineering): 위의 모든 분야를 망라한 분야.

▶ 토질역학이란?   → 현상을 증명하는 학문→ 실무문제 해결

↑
흙의 성질, 흙의 거동, 흙-구조물의 상호관계

▶ 토질역학의 구성

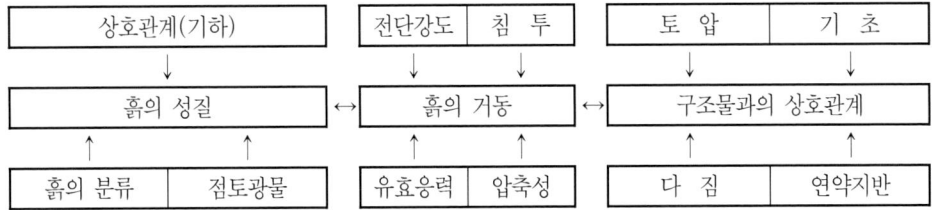

2) 토질역학의 유래

1773Y	Coulomb	흙쐐기 이론발표
1856Y	Rankine	토압론
1856Y	Darcy	다공질 흙의 자유수
	Stokes	고체입자의 침강이론
1885Y	Boussinesq	탄성체 이론
1925Y	Karl Terzaghi	"Erdbaumechanik"이란 책에서 처음으로 Soil Mechanics이란 용어를 사용.

Atterberg 한계, Mayerhof의 N치, Fellenius의 사면안정이론, Casagrande의 흙분류, Taylor의 사면안정도표, Prandtl, Tschebotarioff의 지지력이론

이상의 이론들을 기초로 지반개량과 환경시공, 확률의 도입, 한계상태 토질역학, 토질동역학(유한요소) 등의 분야에서 지속적인 연구가 진행되고 있다.

| 토질역학 | 흙의 성질
흙의 거동 | ⇒ | 토립자 간 응력전달
토립자의 상호작용 |

3) 흙의 거동

(1) 흙의 정의(공학적 의미)

: 입자들 사이의 빈 공간을 채우는 공기, 물, 광물입자, 부식된 유기체 등의 굳지 않은
집합체

> Terzaghi and Peck
> "흙은 물의 움직임과도 같은 부드러운 역학적 수단에 의해서 분리될 수 있는 광물입자의 자연 집
> 합체이다. 반면에 암석은 지속성의 강한 응집력으로 이루어진 자연광물의 집합체이다. '강함'과
> '지속성'의 용어가 다른 의미를 나타내기 때문에 흙과 암석의 의미는 임의의 경계가 필요하다."

(2) 흙의 입자적 특성(고체 · 유체와 비교)

- 입자체계(Particulate system)
  - 고체에 비해 강하지 않은 결합 → 입자 간 움직임이 자유롭다.
  - 유체에 비해 상대적 움직임이 자유롭지 않음.

(3) 변형 특성

- 입자 간의 접촉력
- 입자 간 미끄러짐과 재배치(변형성이 대단히 큼) → **비선형, 비가역** 거동
- 흙의 변형 특성이 가지는 의미
  - 단일결정입자의 거동이 전체거동을 파악하는 데 정보를 제공.

(4) 공극수의 역할⟨ $\sigma = \sigma' + u$ ⟩

- 흙이란 입자, 공극, 물로 형성된 Multiphase system이다.
  - 따라서 공극수는 입자의 표면 특성에 영향을 미치며 **입자 접촉면의 전단저항 특성**
    (하중전달)에 영향을 미침.
- 흙을 통해 흐르는 물에 의해 흙입자 사이의 압축성 및 전단저항에 영향을 미침.

■흙에 작용하는 하중은 입자와 공극수에 분담되며 공극수의 변화는 물의 흐름을 야기하고 시간에 따라 흙의 특성도 변화함.

2. 흙의 특성

1) 흙의 생성

■흙이란 암석 풍화의 산물이다; 각 광물입자는 다양한 크기를 가지며 흙의 물리적 성질은 이러한 입자의 크기와 형태, 화학적 구성성분에 영향을 받음.

■풍화(Weathering): 암석이 물, 공기, 생물의 작용에 의해 변화하는 현상
  - 물리적 풍화: 온도변화, 모암의 성질 유지
  - 화학적 풍화: 용해, 환원, 가수분해, 모암과 다른 성질을 가짐.

■암석(암반): 지표면 하 60km범위를 암석권이라 함.

■암석의 순환

그림 1 암석의 순환(Das, 2003)

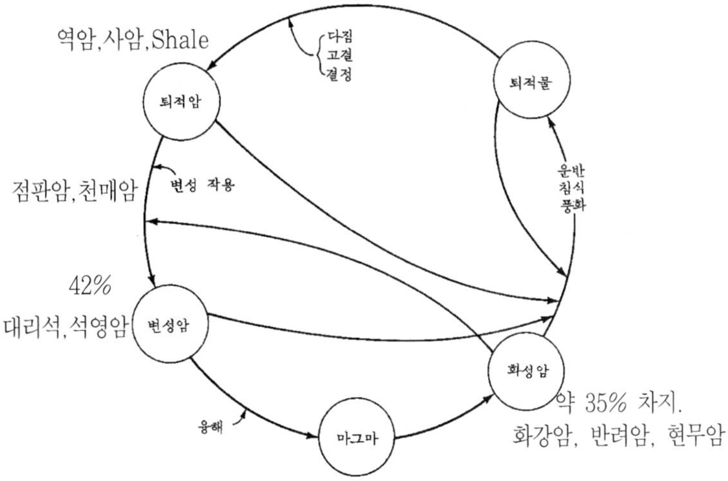

■ 운반작용

　─ 정적토: 풍화·생성된 흙이 원위치에 있는 것(잔적토, 식적토).

　─ 퇴적토: 운반되어 쌓인 것.

　　1) 충적토: 흐르는 물에 의해 운반 퇴적(삼각주)

　　2) 붕적토: 중력에 의해 운반 퇴적(단거리퇴적, 산모퉁이)

　　3) 풍적토: 바람에 의해 운반 퇴적

　　4) 빙하토, 호상토, 해성토: 빙하에 의해, 호수, 바다 속에 퇴적

Q & A

■ **풍화잔적토**(*residual soil*)란 무엇을 의미하나요?

　풍화잔적토(residual soil)는 암석이 지표 가까이에서 풍화되어 토양화되면서 그 장소에 잔류하고 있는 흙을 말한다. 모암의 종류가 상이하여도 토양화되어 있으면 모두 잔적토로 취급된다. 그러나 실제 공사 현장에서는 중기 등으로 굴착하면 토사로 변하는 연암에 가까운 암석이나 이들이 붕락하여 이루어진 붕적토도 잔적토의 관련토로서 함께 논의하는 경우가 많다. 한편 풍화잔적토는 크게 나누어 암석의 1차적 풍화로 토양화된 것을 saprolite라 하고 이것이 극단적으로 풍화되어 토양화된 2차적 풍화산물을 Laterite라고 하는데 이들은 주로 풍화 환경에 의해 생성되고 주로 후자는 열대지방에서 보는 홍토(紅土)를 가리킨다.

그림 2 풍화층의 단면

상층토

중층토

하층토

　원래 saprolite는 1895년 미국 지질학자 Becker에 의해 화강암 풍화잔적토가 명백한 모암조직을 보이고 있을 때 사용되던 것이 근래에는 모든 잔적토에서 모암의 조직을 확연히 보인 채 토양화된 경우를 가리키는 용어로 쓰이고 있으며 따라서 화강암질계 암석의

saprolite는 우리가 흔히 말하는 화강토 또는 화강풍화토를 가리키며 실트, 점토가 포함되고 장석류가 거의 소실되어 2차 광물화된 갈색토로 정의되고 있다. Laterite는 1807년 Buchanan에 의해 고온 다습한 풍화 환경에서 Kaoline계의 점토광물을 많이 포함하고 그 가운데서 철, 알루미늄 등의 산화물 특히 산화철에 의해 붉은 색으로 착색된 점성토이고 풍화의 최종산물로 지칭된다. 이 Laterite는 그 앞 단계 잔적토를 Lateritic soil이라 부르고 이 단계에서는 화학적 풍화가 중심이 된 풍화의 최종단계를 지칭하고 이후 오히려 물리적으로 경화 단결된 풍화 경반(Kardpan)을 Laterite라 부르고 구별하기도 한다.

2) 흙의 특성

흙은 본질적으로 불연속체로서 쉽게 분리될 수 있으며 외력에 의해 입자 상호간에 변위가 쉽게 발생한다. 또한, 3상으로 구성되어 물질들의 상호작용에 의해 힘의 전달이나 변위가 복잡한 거동을 하게 된다. 이와 같은 성질로 흙은 다른 재료와 분리되며 영구적인 결합력을 가지는 암반과 구별할 수 있다.

■ 복잡한 흙의 거동 규명을 위한 흙의 특성 및 가정
  a. 흙은 본질적으로 불연속체이다 – 다른 재료와 구분
  b. 흙의 응력 – 변형거동은 탄성을 보이지 않는다 – 흙에 따라 차이(응력 – 변형률곡선)
  c. 흙은 본질적으로 비균질 비등방성이다 – 수직응력과 수평응력의 값이 다르다.
  d. 흙의 거동은 응력뿐 아니라 시간과 환경에도 의존한다 – 압밀침하, 동결
  e. 지반의 구성과 공학적 성질은 시추를 통해 판명 – 교란 시 성질 변화

3) 흙의 성질

1) 물리적 성질 – 흙의 구성상태·구성요소들 간의 상관관계를 총칭. 흙의 기본적 성질을 말함.
2) 공학적 성질 – 자연 상태에서 흙이 갖는 강도, 투수성, 압축성 등 설계·시공 시 사용되는 성질을 말함.

> ※흙이란 모든 구조물에 사용되므로 이에 대한 공학적 성질의 파악은 대단히 중요하다. 그러나 흙은 다른 재료와는 달리 복잡한 혼합물로 구성되어 있으므로 공학적 성질의 규명이 대단히 어려우며 입자의 배열이나 함수비, 밀도 등에 의해 큰 영향을 받는다.

4) 흙과 관련된 공학적 문제

a. 구조물의 기초 - 기초지반의 침하, 지지력(상부하중을 지반에 전달)

b. 건설재료로서의 흙 - 성토, 다짐(댐, 도로)

c. 비탈의 안정 - 사면, 제방(중력)

d. 토압문제 - 지하구조물, 흙막이 구조물(매설관, BOX)

e. 지진, 동결, 매립지반, 지하공동

5) 토질역학적 문제의 해결

a. Soil Mechanics - 정량적 결과산출(응력 - 변형 특성)

b. Geology - 흙 특성의 근본적인 원인제공 ⟹ Engineering Judgement

c. Soil Laboratory · In-situ Test

d. Experience, Economics

3. 흙의 구성 및 성질

■ 흙은 흙입자(고체), 공극수(액체) 및 공극공기(기체)의 *Multiphase system*을 지님.

■ 흙은 공극의 양이나 물의 양에 따라 물리적 성질이 변화됨.

※따라서 점토와 같이 토립자가 미세하고 공극량이 많은 흙은 물을 함유하는 정도에 의하여 그 성질이 전혀 달라지므로 함수량 및 공극량에 의하여 변화하는 흙의 물리적 성질을 이해하는 것이 중요하다.

그림 3 흙의 삼상도

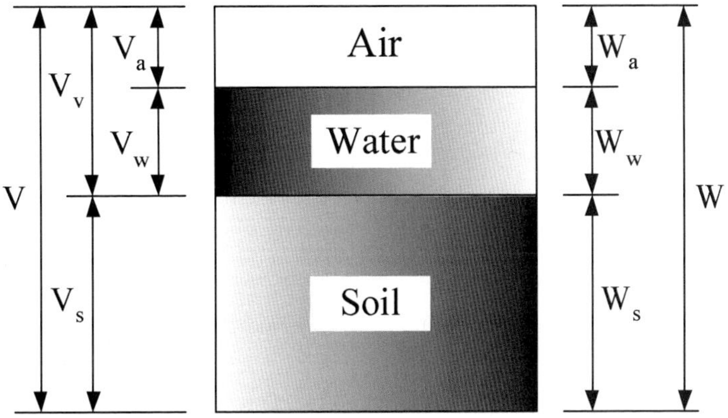

부피관계(공극비 공극률 포화도)

1) 공극비(Void ratio)

- $e = \dfrac{V_v}{V_s}$ 입자의 용적에 대한 공극의 용적비(소수로 표현). $e \propto \dfrac{1}{\gamma}$
- 흙의 상태, 압밀침하량, 투수계수, 다짐, 단위중량, 상대밀도 산정에 이용.

흙의 종류	공극비(Das)	토 질	토질조건	공극률(n)
느슨하고 균일한 모래	0.4~0.8	점성토	매우 연약~연약	60~70%
촘촘하고 균일한 모래	0.4~0.8			
느슨. 모난 입자의 실트질 모래	0.4~0.8	사질토	세립토	45
촘촘. 모난 입자의 실트질 모래	0.4~0.8		중립토	40
굳은 점토	0.6		조립토	35
연한 점토	0.9~1.4			
Loess(황토)	0.9	모래자갈	자갈함유 50% 이상	35
연한 유기질 점토	2.5~3.2			
빙하표석 점토	0.3		50% 이하	30

> ※왜 점토의 공극비가 더 큰 것인가?
> -모든 입자 사이에 작용하는 표면전하에 의해 인력과 척력이 세립토의 경우 침전 시 간극이
>   큰 구조를 형성하게 하여 낮은 단위중량을 나타내게 되며, 또한 입자 형태의 불규칙성에 기
>   인하여 더 큰 공극비를 나타내게 된다.

2) 공극률(Porosity)

- $n = \dfrac{V_v}{V} \times 100\%$ 토체 전체용적에 대한 공극의 용적비율을 백분율로 표현한 것.

- $e = \dfrac{V_v}{V_s} = \dfrac{V_v}{V-V_v} = \dfrac{V_v/V}{(V/V)-(V_v/V)} = \dfrac{n}{1-n}$ 간극비와 간극률 사이의 관계

3) 포화도(Degree of Saturation)

- $S = \dfrac{V_w}{V_v} \times 100(\%)$
- 간극의 용적에 대한 간극 속에 포함되어 있는 물의 용적백분율로 정의.
  - 흙이 지하수위 아래에 있는 경우 $S=100\%$
  - 흙이 노건조 상태일 때 $S=0\%$

무게관계(함수비, 단위중량)

4) 함수비(Water content: KSF2306). 비중(Specific Gravity)

- $\omega = \dfrac{W_w}{W_s} \times 100(\%)$ 흙입자의 중량에 대한 수분 중량의 백분율.
- $G_s = \dfrac{\gamma_s}{\gamma_{w(4℃)}}$ 4℃에서 물의 단위중량에 대한 어느 물질의 단위중량으로 정의.
- 자연 상태에서 건조토는 존재할 수 없으며 일반적으로 지하수위 이하는 포화토가 됨.

자 연 함수비	주의사항	흙의 종류	비 중
30% 이하	공극비 1이하 압축성이 작다. 거의 문제없음	무거운 광물을 함유한 흙	3.0-3.1
30-70%	일축강도 1 kg/cm^2 이하, 정밀토질조사 필요	모 래	2.65-2.75
70-100%	연약한 흙 침하와 안정에 주의	자 갈	2.55-2.70
100-200%	안정대책에 충분한 검토. 침하량이 크다. 유기물 함유	점 토	2.70-2.85
200% 이상	대부분 유기질토 안정대책에 충분한 검토. 침하량이 크다.	유기질 함유 점토 및 실트	2.40-2.50

※ ω, S, e 사이의 상관관계 $S \cdot e = w \cdot G_s$

$$\omega = \frac{W_w}{W_s} = \frac{\gamma_w \cdot V_w}{\gamma_w \cdot G_s \cdot V_s} = \frac{\gamma_w \cdot S \cdot V_v}{\gamma_w \cdot G_s \cdot V_s} = \frac{S \cdot e}{G_s}$$

$$\therefore S \cdot e = G_s \cdot \omega \quad (where, S = \frac{V_w}{V_v} \text{이므로} \ V_w = S \cdot V_v \ \text{and} \ e = \frac{V_v}{V_s})$$

〈삼상도로부터

$$S = \frac{V_w}{V_v} \ where, \quad V_w = \frac{W_w}{\gamma_w} = \frac{\omega G_s \gamma_w}{\gamma_w} = \omega \cdot G_s \quad \therefore S = \frac{\omega \cdot G_s}{V_v} = \frac{\omega \cdot G_s}{e} 〉$$

5) 단위중량(Unit Weight)

■ 단위부피당 무게로 흙의 다져진 상태와 입경, 입도분포, 함수비 등에 의해 크게 변화.

(1) 전체단위중량(습윤단위중량)

$$\gamma_t = \frac{W}{V} = \frac{G_s + Se}{1+e} \gamma_w = \frac{1+\omega}{1+e} G_s \gamma_w$$

일반적으로 사질토인 경우 $1.8 \sim 2.2 \ t/㎥$, 점토인 경우 $1.6 \sim 2.0 \ t/㎥$의 범위를 가짐.

(2) 건조단위중량

$$\gamma_d = \frac{W_s}{V} = \frac{G_s}{1+e}\gamma_w = \frac{\gamma_t}{1+\omega}$$

노건조시킨 상태에서의 단위중량

(3) 포화단위중량

$$\gamma_{sat} = \frac{W_s + W_w}{V} = \frac{G_s + S \cdot e}{1+e}\gamma_w$$

흙이 수중에 있거나 모관작용에 의해 흙이 포화된 상태

(4) 수중단위중량

$$\gamma_{sub} = \gamma_{sat} - \gamma_w = \frac{G_s + e}{1+e}\gamma_w - \gamma_w = \frac{G_s - 1}{1+e}\gamma_w$$

흙이 지하수위 아래에 있게 되면 부력을 받게 되므로 포화단위중량에서 부력을 제한.

$$\gamma_{sat} > \gamma_t > \gamma_d > \gamma_{sub}$$

(5) 우리나라의 대표적인 흙의 단위중량 및 함수비

흙의 종류 / 흙의 물리적 성질	충적세		홍적세 점성토	관동롬	유기토
	점성토	사질토			
습윤밀도 $\gamma_t(g/cm^3)$	1.3~1.8	1.6~2.0	1.6~2.0	1.2~1.5	0.8~1.3
건조밀도 $\gamma_d(g/cm^3)$	0.5~1.4	1.2~1.8	1.1~1.6	0.6~0.7	0.1~0.6
함수비 $\omega(\%)$	150~30	30~10	40~20	180~80	1200~80

■ 개괄적인 흙의 분류, 모든 이론식에 적용

사질토 1.8~2.2 g/cm^3 점토 1.6~2.0 g/cm^3 암석 2.0~ g/cm^3

(6) 단위중량의 측정방법

- 들밀도 시험, Core채취

6) 상대밀도(Relative Density)

- 정의: 사질토의 경우 흙이 느슨한가·촘촘한가에 따라 성질이 매우 달라지는데 이러한 상태를 알기 위해 사용.

$$\gamma_d = \frac{w}{V} = \frac{G_s}{1+e}\gamma_w \quad e = \frac{G_s\gamma_w}{\gamma_d} - 1$$

$$e_{max} = \frac{G_s\gamma_w}{\gamma_{dmin}} - 1 \quad e_{min} = \frac{G_s\gamma_w}{\gamma_{dmax}} - 1 \quad \because e \propto \frac{1}{\gamma}$$

$$\therefore D_r = \frac{e_{max} - e}{e_{max} - e_{min}} = \frac{\gamma_d - \gamma_{dmin}}{\gamma_{dmax} - \gamma_{dmin}} \cdot \frac{\gamma_{dmax}}{\gamma_d}$$

- 지반의 간접적인 지지력, 강도정수추정.
- 측정방법 – 단위중량, 최대·최소 공극비시험, SPT시험결과로 추정
- 상대밀도와 지반의 관계

흙의 상태	Dr(%)			내부마찰각		N치
	Terzaghi & Peck Peck & Meyerhof		현 장	Peck	Meyerhof	
Very loose	0~20	0~15	0~15	28.5° 이하	30° 이하	0~4
Loose	20~40	15~50	15~35	28.5~30°	30~35°	4~10
Medium	40~60	50~70	35~65	30~36°	35~40°	10~30
Dense	60~80	70~85	65~85	36~41°	40~45°	30~50
Verry dense	80~100	85~100	85~100	41° 이상	45° 이상	50이상

7) 연경도(Atterberg Limits)

(1) 연경도(Consistency)의 의미

: **함수비**에 따른 흙의 상태변화

> 흙이 점토를 상당량 함유하고 있지 않아 비표면이 상대적으로 작은 경우 입도와 비체적에 의해 분류가 가능하지만 점토를 다량 함유한 경우 점토광물의 성질과 표면력에 대한 부가적 시험이 필요하게 되어 Atterberg 한계실험을 실시한다.

(2) 연경도의 용도

: 흙의 거동을 대략적으로 판단, 흙의 공학적 성질 판단, 세립토의 분류(소성도표)

> 즉, 액성한계가 클수록 물을 흡수하려는 경향이 크므로 팽창, 수축이 큼을 알 수 있다. 그러나 흐트러진 시료에 의한 값이므로 전단강도와 관련된 요소까지 포함할 수 없다.

(3) Atterberg Limit Test

: 흙이 함수비의 증가와 감소에 의해 유체와 같이 매우 약하게 되거나 부서지는 점이 큰 의미를 갖게 되므로 함수비를 변화시켜 흙을 고체, 반고체, 소성, 액체 상태로 나누는 실험.

그림 4 Atterberg 한계

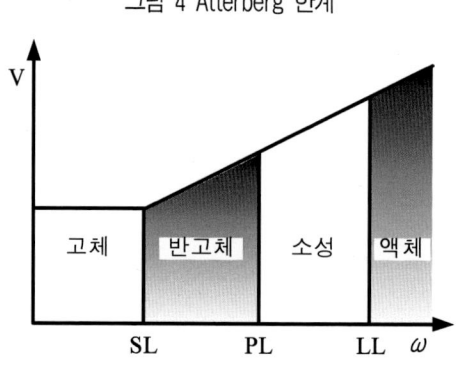

(4) 액성한계시험(KSF 2303)

1) 목적	■흙의 공학적 성질 판단 ■세립토의 분류(소성도표)			
2) 정의	■시료를 넣은 황동제 접시를 1cm 높이에서 1초에 2회의 1비율로 경질의 고무판 위로 25회 낙하시켜 표준 홈 파기 날로 파낸 홈이(중앙부) 1.5cm정도로 닿을 때의 함수비를 액성한계(LL)로 정의.			
3) 결과 정리	유동곡선 (flow curve)	흙의 함수비(산술: 세로축)와 그에 해당하는 타격수(대수: 가로축)의 관계를 반대수 용지에 나타낸 그래프.(25회에 근접키 힘드므로 유동곡선이용)		
	유동지수	유동곡선의 직선기울기. $$I_F = \dfrac{w_1 - w_2}{\log\left(\dfrac{N_2}{N_1}\right)}$$ where. I_F:유동지수 w_1: 타격수 N_1에 해당하는 흙의 함수비(%) w_2: 타격수 N_2에 해당하는 흙의 함수비(%)		
	액성한계의 판정	유동곡선은 거의 직선에 가까우며 N=25의 함수비를 액성한계라 한다.		
		일반식	$w = -I_F \log N + C$	
		일점법 미항만 실험국 경험식	$LL = w_N \left(\dfrac{N}{25}\right)^{\tan\beta}$ 선형회귀분석 where. N: 15mm 맞닿을 때의 타격수 w_N: N에 해당하는 함수비 $\tan\beta$: 0.121(모든 흙에 대하여 0.121은 아님)	

4) 결과 평가	흙의 종류에 따른 연경도		액성한계	소성한계
		사질토 사질 Silt 점토질 Silt	30~50 40~70 40~120	20~40 30~50 30~70
	대표점토광 물의 연경도	점토광물	액성한계	소성한계
		카올리나이트 일라이트 몬모릴로나이트	35~100 50~100 100~800	25~35 30~60 50~100
	일반경험치	■흙의 강도는 액성한계 강도의 약 100배에 가깝다. ■액성한계가 클수록 수축.팽창이 크다(물의 흡수경향 증가). ■LL<자연함수비: 반죽이 쉬우므로 점토슬러리가 된다(초예민점토). ■LL<20: 동해우려 LL>50: 토공에 사용곤란		

5) 시험방법

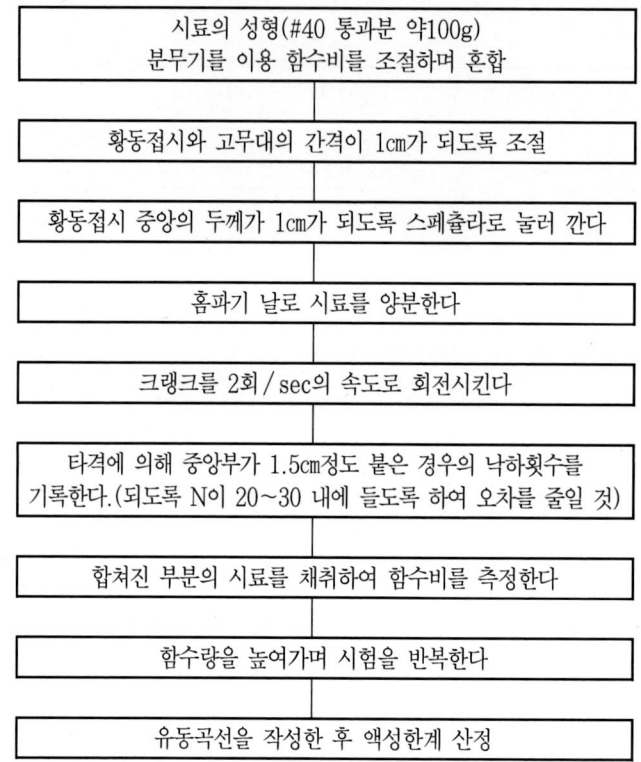

시료의 성형(#40 통과분 약100g)
분무기를 이용 함수비를 조절하며 혼합

황동접시와 고무대의 간격이 1cm가 되도록 조절

황동접시 중앙의 두께가 1cm가 되도록 스페츌라로 눌러 깐다

홈파기 날로 시료를 양분한다

크랭크를 2회 / sec의 속도로 회전시킨다

타격에 의해 중앙부가 1.5cm정도 붙은 경우의 낙하횟수를
기록한다.(되도록 N이 20~30 내에 들도록 하여 오차를 줄일 것)

합쳐진 부분의 시료를 채취하여 함수비를 측정한다

함수량을 높여가며 시험을 반복한다

유동곡선을 작성한 후 액성한계 산정

그림 5 액성한계시험장비

6) 시험장치

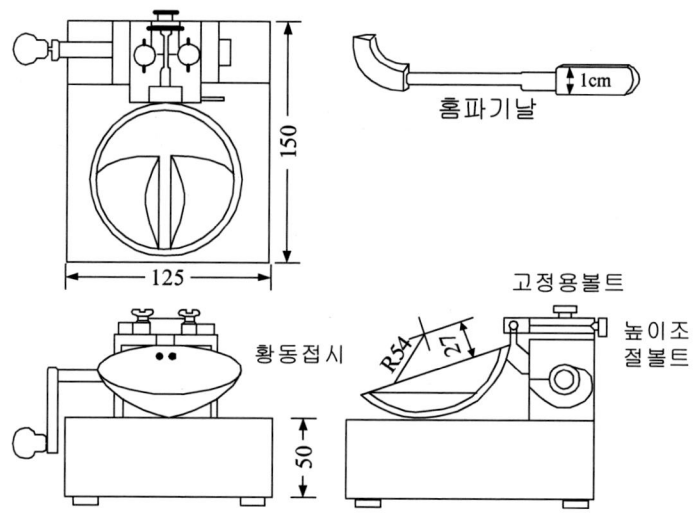

홈파기날

황동접시

고정용볼트

높이조
절볼트

(5) 소성한계시험(KSF 2303)

1) 목적	■흙의 공학적 성질 판단 ■세립토의 분류(소성도표)		
2) 정의	■유리판 위에 잘 반죽된 흙을 놓고 손바닥으로 굴려서 흙을 직경이 3㎜인 국수 같이 만들었을 때 토막이 부서지기 시작하면, 그때의 함수비를 소성한계로 정의한다(흙의 소성상태의 최소함수비).		
3) 결과 평가	비소성 (NonPlastic, NP)	소성한계를 구할 수 없는 경우(국수모양으로 만들 수 없는 경우) 소성한계가 액성한계와 같거나 큰 경우	
	일반경험치	■PL>자연함수비: 반죽이 어려워짐	

4) 결과 이용	대표광물의 연경도	광 물	액성한계	소성한계	수축한계
		몬모릴로나이트	100-900	50-100	8.5-15
		논르로나이트	37-72	19-27	
		일라이트	60-120	35-60	15-17
		고령토(Kaolinite)	30-110	25-40	25-29
		수화할로이사이트	50-70	47-60	
		탈수할로이사이트	35-55	30-45	
		애터펄자이트	160-230	100-120	
		녹니석	44-47	36-40	
		엘러페인	200-250	130-140	

(6) 수축한계시험(KSF 2303)

1) 목적	■흙의 공학적 성질 판단 ■세립토의 분류
2) 정의	■흙은 물기를 잃어 수축하는 성질이 있어 물기가 계속 줄어들어 더 이상 체적변화 없이 평형상태를 유지할 때의 함수비(공극이 포화된 때의 함수비).
3) 결과 평가	■ $SL = w_i(\%) - \Delta w(\%)$ w_i: 수축 접시에 흙을 채웠을 때의 처음 함수비 Δw: 함수비의 변화(처음의 함수비와 수축한계 시의 함수비 사이의 차) ■ $w_i = \dfrac{m_1 - m_2}{m_2} \times 100$ m_1: 시험 시작 시 수축접시 속의 젖은 흙의 무게(g) m_2: 마른 흙의 무게(g) ■ $\Delta w(\%) = \dfrac{(V_i - V_f)\rho_w}{m_2} \times 100$ ■ $\therefore SL = (\dfrac{m_1 - m_2}{m_2}) \times 100 - [\dfrac{(V_i - V_f)\rho_w}{m_2}] \times 100$

(7) 연경도지수

소성지수 PI, I_P Plastic index	정 의	액성과 소성한계의 차이로 흙이 소성상태로 존재할 수 있는 범위
	수 식	$PI = \omega_l(LL) - \omega_p(PL)$
	평 가	■소성지수가 클수록 전단강도정수는 감소, 점성이 클수록 소성지수는 크다 －PI≈0 점토를 약간 포함하는 흙 －PI>500 순수한 montmorillonite점토 －Sand인 경우 PI＝0이므로 NP로 표현
	제 안	－Kenney(1959): 소성지수를 통하여 내부마찰각을 대략적으로 추정 －Skempton(1957): $C_u = \sigma'(0.11 + 0.0037(PI))$ 정규압밀점토 －김용필(1995): $\sin\phi = -0.232\log(PI) + 0.81$
액성지수 LI, I_L Liquidity index	정 의	흙이 액성이나 소성상태로 존재할 수 있는 범위
	수 식	$LI = \dfrac{\omega - PL}{PI} = \dfrac{\omega - PL}{LL - PL}$
	평 가	■LI≥1: 액체 상태 LI≤1: 소성상 ■ $\omega = LL \rightarrow LI = 1$ 정규압밀점토 ■ $\omega = PL \rightarrow LI = 0$ 과압밀점토 ■ $\omega > LL \rightarrow LI > 1$ 초 예민 점토 Quick clay
연경지수 CI Consistency index	정 의	
	수 식	$CI = \dfrac{LL - \omega}{PI} = \dfrac{LL - \omega}{LL - PL}$
	평 가	■흙의 안정성을 판정 ■ $LI + CI = 1$ $CI \geq 1$ 안정 $\omega \geq PL$ $CI \leq 0$ 불안정 $\omega \geq LL$
유동지수 FI Flow index	정 의	함수비의 변화에 따른 전단강도의 변화상태 및 안정성을 파악
	수 식	$FI = \dfrac{\omega_1 - \omega_2}{\log N_2 - \log N_1}$
	평 가	■FI＝10~20% 가 적당
터프니스지수 TI Toughness index	정 의	소성지수와 유동지수의 비
	수 식	$TI = PI / FI$
	평 가	■colloid가 많을수록 값이 크다. ■0~3: 보통점토 3~5: 활성이 큰 점토
활성도 A Activity	정 의	점토의 소성지수는 흙 속의 점토분 함량에 직선적으로 비례한다고 추측하여 이 관계 곡선의 기울기를 활성도라 정의(Skempton)
	수 식	$A = \dfrac{PI}{2\mu\text{보다 가는 입자의 중량백분율}}$
	평 가	■입경이 작을수록 표면적이 증가하므로 흡착되어 있는 수분은 흙 속의 점토입자 크기 와 비례 ■점토의 팽창 가능성을 나타내는 지표로 사용 ■Kaolinite ≤0.75: 비활성점토(안정) Illite 0.75~1.25: 보통점토(보통) Montmorillonite≥1.25: 활성점토(불안정)

8) Plasticity(소성)

(1) 정 의

: 소성이란 탄성한도를 초과하여 변형되면 마치 점성이 큰 유체와 같은 성질을 나타내며 Hook's law이 성립되지 않는 즉, **힘을 제거해도 원형으로 회복되지 않는 성질**을 말함.

■ 체적변화, 부서짐, 탄성적 반발 없이 쉽게 변형할 수 있는 상태 – 반죽상태이며 점성적 흐름은 없음.

(2) 소성도

: 점성토의 특성을 파악하기 위한 것으로 흙의 물리적 매개변수 사이의 상관관계를 이용 Casagrande가 LL과 PI의 관계를 제안. 통일분류 시 세립토 분류의 근거가 됨.

(3) 항복조건

: 항복이란 고체가 어느 응력상태에서 탄성적 성질을 잃고 소성상태로 들어가는 거동을 말하며 항복을 시작할 때의 조건 즉, 항복이 생긴 이후 응력의 구속조건을 항복조건이라 한다.

TIP. 소성이론
- 고체일부의 응력상태가 재료 고유의 항복조건에 도달하면, 항복조건은 응력에 대한 구속조건이 되어 응력은 구속조건을 만족하면서 변형을 일으키는 응력－변형률 관계를 갖는 역학체계라는 이론.
- 소성변형이란 점성유동과 같은 비가역적 거동의 하나로 시간요소와 관계가 없다는 것이 점성유동과 구별된다.

---

9) 표면효과(Surface Effects)

(1) 표면현상

■토립자 간의 상호작용과 토립자와 간극 간의 상호작용이 입자의 표면을 통해 이루어지는 현상.(강도는 입자의 비표면적에 의존)

(2) 표면효과

■흙입자의 표면은 간극수 내의 전해질에 의해 달라지는 음전하를 갖고 있으며 이러한 표면전하는 입자의 자중에 기인하여 미립자 사이의 힘을 증가시킨다.

■표면력은 광물의 종류와 전해질에 의한 표면적에 비례하며 자중은 입자의 부피에 비례한다.

■표면효과는 거친 입자에 비해 매끄러운 입자에서 더 중요하며 모래에 대해서는 무시되어도 좋으나 점토에 대해서는 흙의 거동측면에서 중요하게 작용한다.

(3) 비표면적

■정의: 단위질량(단위체적) 중에 포함되는 토립자의 총표면적(1g의 토립자의 총표면적, $1m^2 / g$).

■ 특성 a. 토립자의 크기가 감소함에 따라 급격히 증가한다.
　　　 b. 비표면적이 클수록 입자의 표면현상이 활발하다.
　　　 c. 비표면적이 클수록 입자 간의 상호작용이 강하게 된다.

■이론식

$$S = \frac{\sum_{i=1}^{N} \cdot \overline{\gamma_i}^2 \cdot N_i}{1g} = 3 \sum_{i=1}^{N} \cdot \frac{m_i}{\gamma_i \, \rho_{si}} \quad (cm^2/g)$$

(4) Colloid이론

■콜로이드란 입자의 거동이 중력보다 표면력에 의해 지배되는 입자로 $1mm \sim 1\mu m$의 크기이며 비표면적의 하한계로 $25m^2 / g$을 갖는다.

■이 이론은 입자 간의 작용력을 고찰할 수 있으므로 세립토의 근본거동을 이해하기 위
해 사용된다.

10) 비체적(Specific Volume)

(1) 정 의

■비중량의 역수로 유체의 단위중량이 차지하는 체적을 말함.

(2) 비체적의 표현

■흙입자의 조밀함은 직접적으로 계산될 수는 없으나 아래의 식을 통해 비체적으로 표
현될 수 있다.

$$\nu = 1 + e \qquad \omega = \frac{\nu - 1}{G_s} \qquad \gamma = \left(\frac{G_s + \nu - 1}{\nu} \right) \cdot \gamma_w \qquad \because e = \omega G_s (\text{포화토})$$

(3) 모래에서의 비체적

■거친 입자의 모래나 자갈은 비표면이 작고 표면장력은 자중에 비해 무시할 만큼 작다.
■조밀한 상태 $\upsilon = 1.35$ 느슨한 상태 $\upsilon = 1.92$
일반적으로 모래는 자연 상태에서 1.3~2.0 범위에 존재한다.

(4) 점토에서의 비체적

■점토에서는 비표면적이 상대적으로 크고 표면장력은 침강하는 동안 점토의 재배열에
영향을 미친다.

연습문제

1. 공학적 의미로서의 흙이란 무엇인가?

2. 흙과 암반을 정의하고 차이점을 서술하세요.

3. 흙의 삼상도에서 3가지 상태를 부피관계와 무게관계로 나타내고 설명하세요.

4. 동일한 흙의 성질을 나타내는 단위중량을 상태에 따라 제시하고 크기순으로 나열하세요.

5. 흙의 삼상도의 W_s와 W_w를 유도하시오.

6. $\gamma_{sat} = 1.9$, $G_s = 2.65$일 때 γ_d를 구하여라.

7. $W = 10.5$, $V = 5.5 \times 10^{-3}$, $G_s = 2.6$, $\omega = 11\%$ 일 때 γ_t, γ_d, e, S를 구하시오.

8. 흙의 전체단위중량이 $2.0t / m^3$이고 함수비가 18.0%이다. 이 흙의 비중이 2.65라면 건조단위중량과 공극비, 포화도를 산정하세요.

9. 아르키메데스의 원리를 이용하여 비중의 시험방법을 서술하세요.

II

점토광물과 흙의 구조

Ⅱ. 점토광물과 흙의 구조

1. 흙의 구조

1) 개 설

(1) 흙구조의 정의

- 흙입자의 배치상태와 입자 사이에 작용하는 여러 힘을 총칭.
- 흙입자의 광물성분, 표면의 전기력, 공극수의 이온성분 등을 통칭.
- 배열(Soil fabric) : 흙입자의 기하학적 배치만을 말함.

사질토	−광물성분은 공학적 성질과 무관. −입자 사이의 작용력도 무시 가능	● 사질토 구조는 배열만을 고려.
점성토	−표면적이 크므로 중력에 비해 입자 간 인력, 반 발력의 영향이 큼 −배열만으로 해결이 불가능	● 입자 사이 전기력 고려.

(2) 광물조성 - 토립자를 구성하는 각종 광물의 상대적 함유량.

- 토립자의 고체성분은,
  ① 자갈: 암석의 광물적 조성이 불변상태
  ② 일차광물: 조성광물이 물리적 풍화를 받은 모래, 실트(비점토광물)
  ③ 이차광물: 일차광물이 화학적 변화를 거친 점토, 콜로이드(점토광물)

(3) 흙입자의 모양과 크기

사질토	-구, 입방체와 같이 지름이 비슷한 모양 -입자마다 불규칙하나 둥글다(rounded)←풍화, 운반작용 　　　　　　　　　　　　모나다(angular)←공학적 특성우수로 표시
실트(silt)	-암석이 물리적 풍화작용에 의해 가장 가늘게 분쇄될 수 있는 입자. -모암의 광물성분을 지니고 있으므로 2 μ이하로 세분되진 않음.
점성토	-Sheet로 이루어진 결정체 구조.(둥근 경우는 거의 없음) -얇고 넓거나 길쭉한 2 μ이하의 미립자로 높은 점성과 소성을 지님. 　(점토 크기의 치수라도 모두 점토광물은 아님-공학적 성질 중요)

- 비점토광물
  - 강하고 안정된 구조인 석영을 가장 많이 함유하고 있으며, 단립구조를 이룸.
  - 지반지지력은 크나 포화된 세립토에 진동에너지가 가해지면 액상화 현상 발생.

※점토 함유량이 50% 이상이면 모래, 실트는 토체의 공학적 거동에 영향을 미치지 않는다.

2) 흙의 구조

범위	종류	특징	
조립	**단립** Single grained structure	가장 단순한 배열. 자갈, 모래 등 조립재료에 대표적. 점착력 작은 모난 입자와 구상 입자가 접촉하여 쌓여 있는 구조. 배열에 따라 공극비가 불규칙.	중력의 작용 ●배열에 따라 느슨하다 조밀하다를 평가. ●용적 팽창현상 (Bulking) ●취급이 어렵다.

범 위	종 류	특 징	
세 립	봉소 Honey combed structure	Silt. 점토 같은 세립흙이 정수 중에 가라앉아 쌓인 형상. 단립에 비해 공극비가 크다. 서서히 작용하는 하중엔 강하나 진동, 지진과 같은 하중엔 대단히 약함.	전기력의 작용 •Colloid이론
	면모 Flocculent structure	미세립 점토광물이 콜로이드(1 μ 이하) 상태인 경우 수중에 분산하여 가라앉아 형성, 표면적이 크고 음전하를 띔, Brown 운동, 공극비가 높고 압축성이 크다. 하중에 의해 큰 침하 발생	
		면모화 입자 사이의 힘 중 인력이 우세한 경우 입자가 서로를 향해 근접하려는 경향. 점토입자의 2중층 두께가 얇을 때	
		이산 Dispersed structure 입자 사이의 힘 중 반발력이 우세하여 서로가 떨어지는 경향. 점토입자의 2중층 두께가 두꺼울 때	

그림 6 흙의 구조

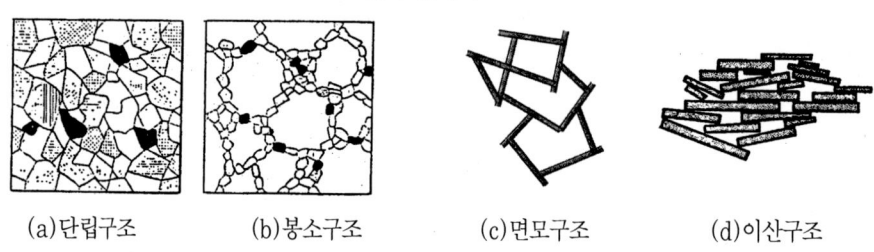

(a)단립구조   (b)봉소구조   (c)면모구조   (d)이산구조

2. 점토광물

1) 기본 구조

분자구조

(1) Tetrahedron(규소 사면체): 규소 1 + 산소 4 → 규소띠(Silica sheet)

(2) Octahedron(팔면체): Al or Mg + 수산기(OH) → Gibbsite: 알루미늄 팔면체

Brucite: 마그네슘 팔면체

■ 규소 사면체나 팔면체는 전기적으로 중립이 아니므로 독립적으로 존재할 수 없고 산소나 수산기끼리 서로 공유하면서 횡방향으로 결합하여 규소띠나 알루미늄·마그네슘 팔면체로 결합된다.

그림 7 점토의 기본 구조

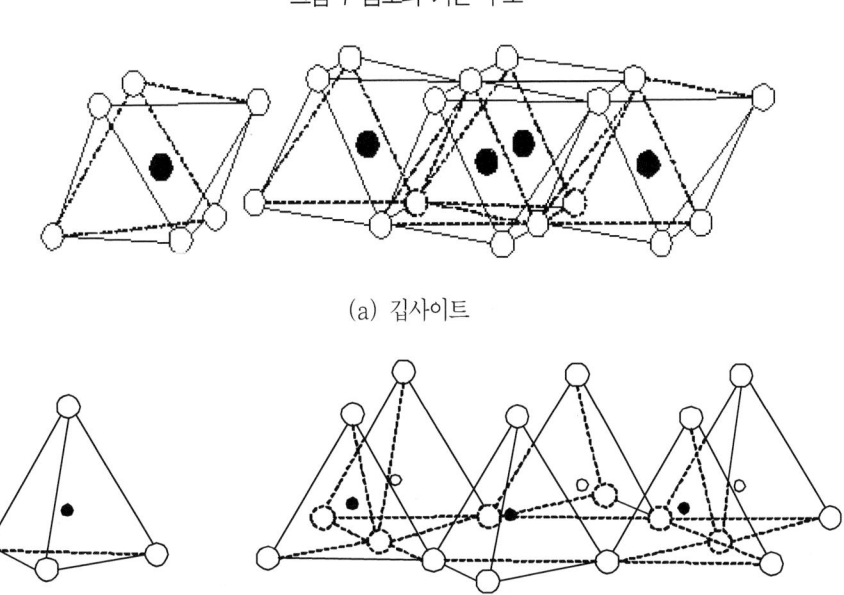

(a) 깁사이트

○ ◌ : 산소(O) ●○ : 규소(si)

(b) Tetrahedron의 기본 구조와 실리카 시트

2) 이층, 삼층 구조 점토광물

격자구조

점토광물의 결정격자는 실리카층과 깁사이트층이 1 : 1 또는 2 : 1로 결합된 단위결정체가 다시 여러 겹으로 중첩된 구조를 지님.

	점토광물	종 류	결합 특징
2층 구조	카오리나이트군	Kaolinite	Silica+Gibbsite 대체적으로 안정 결합력 강, 투수성 大, 〈고령토〉　　판상
		Halloysite	2층 구조 사이에 한 층의 물 존재, 건조전후 단위중량이 다름.　　파이프모양
3층 구조	몬모릴로나이트군	Montmorillonite	2장의 Silica 사이에 Gibbsite가 끼어 있는 구조 치환성 양이온으로 결합력 약, 활성도·흡수성·점착성 大 공학적으로 **가장 불안정**〈Bentonite〉　　판상
	일나이트군	Illite	2장의 Silica 사이에 Gibbsite가 끼어 있는 구조 불치환성 양이온으로 수축, 팽창이 거의 없음. 〈점토질 운모군〉　　판상
	그 외	Vermiculite Nontronite	

그림 8 점토의 구조도

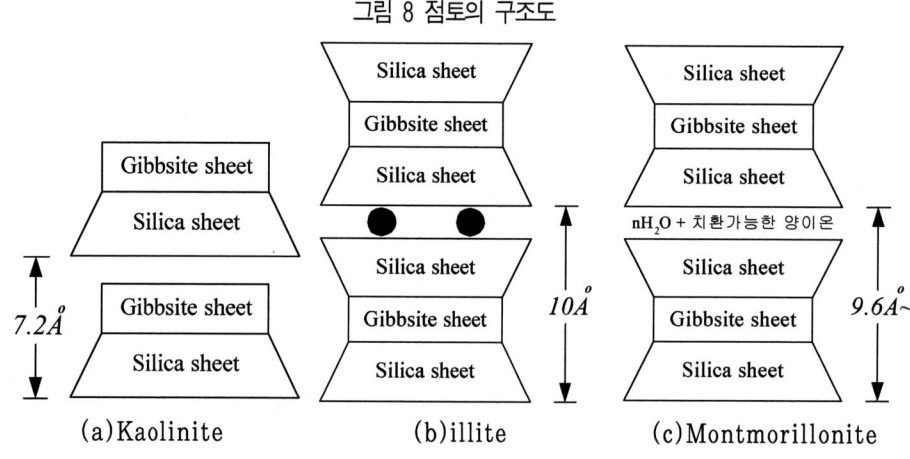

(a)Kaolinite　　　(b)illite　　　(c)Montmorillonite

Q & A

① 점토광물이 음으로 대전되는 이유

- 동형치환(Isomorphous substitution)

  - 어떤 원자가 비슷한 이온반경을 가진 다른 원자와 치환하는 현상(수산기가 분리)

    cf) Kaolinite의 경우 4가의 Si자리에 3가의 Al이 동형치환되면 1가의 양전하가 부족하므로 음으로 대전되게 된다.

- 모서리 구조의 불연속.〈큰 음전기는 비표면적이 큰 곳에서 생긴다.〉

② 몬모릴로나이트군이 불안정한 이유

■ 결합력이 약: 단위결정 사이에 수분자가 쉽게 침입하여 현저한 팽윤성이 나타남.

입자의 형상이 무정형 판상 또는 박편형: 벽개면을 따라 파괴되기 쉽다.

큰 입자로 결합될 수 없음.

3) 점토광물과 물과의 상호작용

그림 9 점토입자의 흡착수

(1) **확산 이중층(Diffuse double layer)**
   ■ 쌍극자(dipole): 한 쪽 끝은 양성, 다른 쪽은 음성을 띠는 막대와 같이 움직이는 극성을 갖은 물 분자.
   ■ 이중층수(double-layer water): 인력에 의해 점토입자들에 공유된 모든 물. (간극수는 부분적으로 수화된 양이온을 갖고 있으며 이들이 쌍극성의 물 분자들을 끌어당김.)
   (2) **흡착수(Absorbed water)**: 점토에 의해 강하게 결속되어 있는 이중층수의 가장 깊은 층.
   ■ 부의 전하를 갖는 토립자가 물에 접하면 수중에 전리된 양이온을 토립자 표면으로 흡착하고 수중에 전해질이 있으면 그 양이온은 수분자와 결합하여 수화이온이 되어 점토입자에 흡착된다.

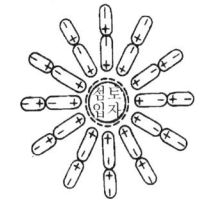

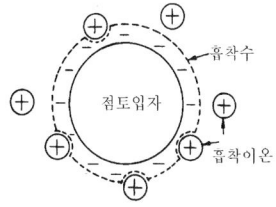

이와 같이 흡착된 이온을 흡착이온, 흡착된 수분자를 흡착수, 흡착수 이외의 물을 자유수, 흡착이온과 흡착수의 층을 고착층 등으로 구분한다.

   (3) **자유수(Free water)**: 빗물, 지표수가 중력에 의해 입자의 공극으로 지중에 스며든 물.

Q & A

① 점토가 소성을 나타내는 이유
- 흡착수와 이중층수
  - 흡착수의 점성이 강함
  - 점토입자들 주위의 흡착수와 이중층수가 점토 결정체가 소성을 나타내도록 수분을 공급

② 점토의 비표면적이 큼으로 나타나는 현상.
  - 중력에 비해 입자 상호간의 **인력과 반발력의 영향을 더 크게 받음**. → 점토광물이 엉성하게 엉킴(면모, 이산구조) → **큰 압축성, 작은 강도**

4) 점토입자의 계면 특성

> 점토입자는 비표면적이 매우 크고 표면에 전하를 대전하고 있으므로 입자에 작용하는 중력과 표면장력에 비하여 계면적 성질이 현저하며 입자 간과 공극물질에 복잡한 전기적 작용이 발생된다.

(1) 토립자의 비표면적(Specific surface)

- 비표면적＝표면적 / 체적
  ex) 비표면적＝6(1㎠) / 1㎤＝6 / cm＝0.6 / mm
- 입자의 크기가 작을수록, 형상이 평편할수록 비표면적 증대.
- 직경 5μ의 구상으로 된 실트입자: 0.5㎡ / g
  점토: 카오리나이트: 20 ㎡ / g 일라이트: 80 ㎡ / g 몬모릴로나이트: 800 ㎡ / g

(2) 점토입자의 계면전하

- 모든 점토광물은 실리카층과 깁사이트, 브루사이트층의 결합으로 구성됨.
  동형치환: 원래의 이온보다 원자가가 낮은 이온으로 치환되는 것.

$$Si^{4+} \rightarrow Al^{3+} \qquad Al^{3+} \rightarrow Mg^{2+}, Fe^{2+}$$

■ 부의 전하를 갖는 토립자가 물에 접하면 수중에 전리된 양이온을 토립자 표면으로 흡착하고 수중에 전해질이 있으면 그 양이온은 수분자와 결합하여 수화이온이 되어 점토 입자에 흡착된다. 교환성이온의 이온교환능력은 다음과 같다.

$$Li+ \langle Na+ \langle H+ \langle K+ \langle NH_4+ \ll Mg^{2+} \langle Ca^{2+} \ll Al^{3+}$$

토립자의 계면 특성은 흙의 물리적, 화학적 성질을 크게 좌우하는 중요한 역할을 하며, 흙의 여러 가지 기본적 성질을 명확하게 설명할 수 있는 기초이론에 해당된다.

연습문제

1. 흙의 구조를 조립토와 세립토에 대해 특징을 들어 설명하세요.

2. 해성점토가 육성점토에 비해 더 불안하게 되는 이유는 무엇인가?

3. 점토의 격자구조에 대해 서술하세요.

4. 우리나라 서남해안의 점토 특성에 대해 조사하시오.

5. 점토가 소성을 보이게 되는 이유는 무엇인가?

참 조

1. 점토의 구조(편광현미경)

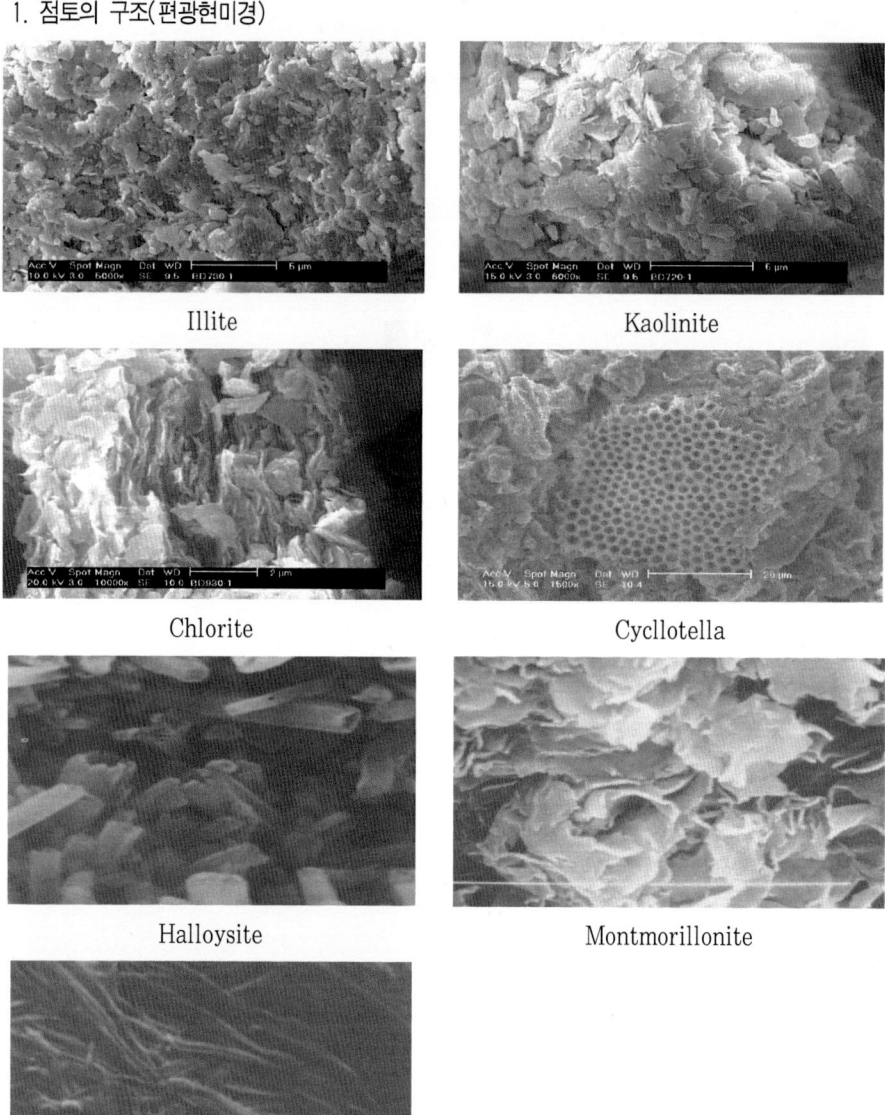

Illite

Kaolinite

Chlorite

Cycllotella

Halloysite

Montmorillonite

Attapulgite

Ⅲ
흙의 분류

III. 흙의 분류

토공에 있어 가장 먼저 수행될 것은 대상지반의 흙을 분류하는 것이며 이것이 설계의 기초가 되며 **일반적인 흙의 특성을 상세한 설명 없이 간단히 표현할 수 있다.** 그러나 흙의 다양성으로 모든 흙이 정확히 정의되진 못하고 있다.
-지반 고유의 특성 파악(흙 종류에 따라 이질 특성을 지님)
-흙 종류에 따른 설계 및 적용공법의 상이성(조립이냐 세립이냐에 따라 효과가 정반대일 수 있다)

1. 일반적인 흙의 분류법

1) 일반분류: 엄격한 분류기준이 있는 것은 아님

(1) 조립토(Coarse Grained Soil)

- **모래, 자갈, 큰 돌,** 하류나 해안의 파괴 운반에 의해 둥근 모양, 대체로 점착성이 없는 non-cohesive soil이다.
- **모래와 자갈이 65% 이상**(조약돌, 호박돌 제거)

(2) 세립토(Fine Grained Soil)

- Silt, **점토**, 미립자 형태로 광물성분이 복잡, 입자 주위 흡착수에 의해 점착력 형성.
- Silt, 점토가 35% 이상

(3) 조립토와 세립토의 비교

	조립토	세립토		조립토	세립토
토괴의 공극량	소	대	압밀완료시간	극히 짧다	대단히 길다
점착성	거의 없다	대	투수성	대	소
소 성	거의 없다	있다	마찰력	대	소
압밀성	소	대	점착력	소	대

(4) 실트(Silt)

- 암석이 물리적 풍화작용을 받아 가장 가늘게 분쇄될 수 있는 입자(분류는 세립토이나 공학적 성질은 사질토와 가깝다)

(5) 유기질토(Organic Soil)

- 표토에서 화학작용이나 세균의 작용을 받아 생성된 흙, 갈색, 검은색, 건조 시 경화
- 지층은 함수량의 증감에 따라 변화하며, 함수비는 100~500%로 공학상 불안한 지반

(6) 황 토

- 입경은 0.01~0.05mm로서 연한 갈색, 공극비 큼, 화학적 풍화를 거의 받지 않음.

2. 입경에 의한 분류

■흙의 입자입경 및 분포 결정 – 입도분석(기계적 분석: mechanical analysis)에 의함.

1) 일반적인 입경분류법

(㎜)	MIT	AASHTO	ASTM	KSF
Gravel	2.0이상	76.2~2.0	76.2~4.76	4.76이상
Sand	2.0~0.06	2.0~0.074	4.76~0.074	4.76~0.05
Silt	0.06~0.002	0.074~0.002	0.074이하	0.05~0.005
Clay	0.002이하	0.002이하	세립토	0.005~0.001
Colloid	–	0.001이하	–	0.001이하

2) 입도분석법(mechanical analysis)

(1) 입도분포곡선(Grain-size distribution curve: grading curve)

- 곡선 경사를 이용 **입경의 범위(성분비)와 분포상태** 결정
- 세로축: 체분석 및 비중계법에 의한 총중량에 대한 입자의 통과중량백분율(산술)
  가로축: 입경(대수눈금)
- 곡선을 통한 흙의 기본 특성(주로 조립토 분류에 이용)
  - 유효경(effective size) D_{10} : 통과백분율 10%에 해당하는 직경.
  - Hazen의 균등계수(uniformity coefficient) C_u : $C_u = D_{60} / D_{10}$

균등계수=1; 등경(等徑)의 입자로 된 흙.
균등계수=大; 입도 분포가 양호(곡선의 경사가 작다)
균등계수=小; 균등에 가까움

- 곡률계수(grading coefficient) C_g : $C_g = \dfrac{D_{30}^2}{D_{10} \times D_{60}}$

: 균등계수만으로 입도분포의 파악이 힘든 경우 이용. 곡률계수의 값이 너무 크거나 작으면 곡선 모양이 몇 개의 입자 크기에만 모이는 양상을 나타냄.

- 해석

입도분포상태	곡선의 상태	균등계수, 곡률계수	비　고
양입도 (Well graded)	경사가 완만한 경우	자갈 $C_u \geq 4$　$C_g = 1 \sim 3$ 모래 $C_u \geq 6$　$C_g = 1 \sim 3$	A
빈입도 (Poor graded)	급경사, 계단상인 경우 틈이 있는 입도	균등계수는 크지만 $C_g \neq 1 \sim 3$	C
균등입도 (Uniform graded)	경사가 급한 경우	자갈 $C_u < 4$ 모래 $C_u < 6$	B

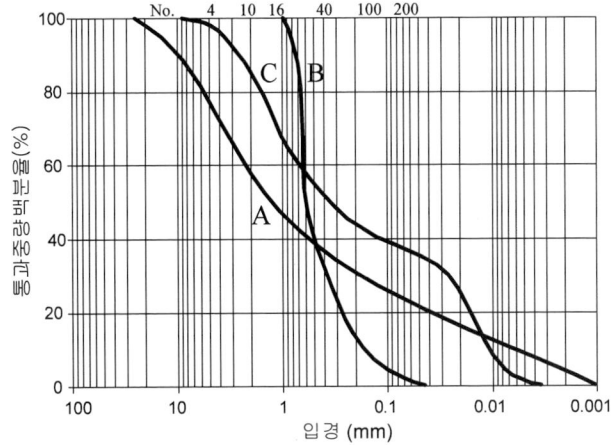

Q & A

① 체분석 결과와 비중계분석 결과의 불연속

★흙입자 모양의 불규칙

- 체분석은 입자의 중간크기이고 비중계분석은 같은 비율로 가라앉는 구의 직경을 나타내므로 겹치는 부분에서 불연속이 발생.

② 표준체

체 No.	#4	#10	#20	#40	#60	#140	#200	Pan
눈금크기(㎜)	4.75	2.0	0.85	0.425	0.25	0.106	0.075	

③ 입도곡선은 반드시 정확하다고는 말 수 없다. 특히 점토성분에서는 입경은 등직
(等直)적인 것이기 때문에 절대적이라고는 할 수 없고 공학상 정확한 입도곡선은
절대적이라기보다 각 조성분을 파악하는 정도이고 점토성분의 점토광물이 어떤 계통
에 속해 있는가 하는 것이 오히려 더 중요.

④ 삼각좌표법
: 입자의 크기에 근거를 둔 미농무성의 분류법

	(2) 체분석(Sieve analysis)	(3) 비중계법(Hydrometer method)
목 적	조립토(~0.074㎜)의 입도분포 분석	세립토의 입도분포 분석
적 용 한 계	#200에 잔류하는 입자	#200을 통과(50% 이상)하는 입자 0.075~0.0002㎜ 까지
시 험 방 법	표준체에 잔류하는 흙을 진동하여 각체에 남는 흙입자의 크기결정	현탁액 속에서 침강하는 구형입자의 속도를 측정
원 리	—	침강원리: 침강속도는 Brown운동의 영향을 받음; 구의 침강속도는 구 직경의 제곱에 비례하는 원리 이용)
분 석	■각체를 통과한 흙의 무게를 흙 전체의 무게로 나누어 통과 중량백분율 산정 ■ $P_R = \sum P_r$ $P_r = \dfrac{W_{sr}}{W_s} \times 100\%$ $P = 100 = P_R$ W_s: 시료의 노건조 중량 W_{sr}: 잔류 시료 중량 P_r: 잔류율	① Stokes' law $V = \dfrac{\gamma_s - \gamma_w}{18\eta} D^2$ D: 토립자 지름(cm) η: 물의 점성 계수 (dyne) γ_s: 토립자의 단위중량 ② 분산제를 넣어 증류수 속에서 분산시켜 Masscylinder에 넣은 시료 속에서 현탁 중인 흙입자의 최대지름. $d = \sqrt{\dfrac{30\eta}{980(G_s - G_w) \times \gamma_w}} \times \sqrt{\dfrac{L}{t}}$ t: 침강시간 L: 유효깊이

	(2) 체분석(Sieve analysis)	(3) 비중계법(Hydrometer method)
분 석	P_R: 가적 잔류율, P: 가적 통과율 ※세립토가 존재하는 경우 분산제를 이용 체를 물로 씻어서 체분석 실시.	③ 비중계의 유효높이 $$L = L_1 + \frac{1}{2}\left(L_2 - \frac{V_B}{A}\right)$$ L_1 : 비중계의 구부에서 읽은 점까지의 길이 L_2 : 비중계 구부의 길이 V_B : 비중계 구부의 체적 A : Masscylinder
입 경 결 정	입경은 체에 남은 흙입자의 최소치수	입경은 입자와 같은 속도로 침강하는 구의 직경으로 결정.
비 고		−유기물제거: 과산화수소로 처리 −흙의 분산: 각 입자의 분리 침강을 위해 분산제 첨가

3. 흙의 공학적 분류

: 흙의 공학적 성질을 나타내기 위해 Consistency 특성을 입도와 함께 고려한 분류방법.

1) 통일 분류법(Unified Classification System)

(1) 개 요

■ Casagrande분류법; 비행장 건설(2차 대전)을 목적으로 제안, 흙을 크게 2가지로 분류.

■ 입도분포와 Atterberg 한계를 이용.

■ 흙을 분류하는 표준방법으로 채택(미국)

(2) 분류방법

	제1문자	제2문자		기 호
조립토 No.200체에 남아 있는 흙이 50% 이상	자 갈 G No.4 체에 남아 있는 입자가 50% 이상	입도분포양호 W 입도분포양호 P 균등계수, 곡률계수	깨끗한 자갈	GW
				GP
			세립분이 있는 자갈	GM
				GC
	모 래 S No.4체를 통과하는 입자가 50% 이상	비소성 세립질 M 소성 세립질 C 소성도표 이용	깨끗한 모래	SW
				SP
			세립분이 있는 모래	SM
				SC
세립토 No.200체 통과가 50% 이상	실 트 M 점 토 C 유기질토 O 소성도표 이용	액성한계 50% 이하 압축성 낮음 L		ML
				CL
				OL
		액성한계 50% 이상 압축성 높음 H		MH
				CH
				OH
유기질이 매우 많은 흙 Pt				Pt

	분류기준
세립분의 백분율을 근거로 분류 No.200체 통과량이 5% 미만 GW, GP, SW, SP No.200체 통과량이 12% 이상 GM, GC, SM, SC No.200체 통과량이 5~12% 이중기호, 경계부분의 분류	$C_u = D_{60}/D_{10}$ 4보다 크다. $C_c = \dfrac{(D_{30})^2}{D_{60} \times D_{10}}$ 1~3사이 GW
	두 가지 조건을 모두 만족시키지 못하면 GP
	Atterberg한계가 A-선 아래 표기되거나 소성지수가 4보다 작다 GM
	Atterberg한계가 A-선 위에 표기되며 소성지수가 7보다 크다 GC
	$C_u = D_{60}/D_{10}$ 6보다 크다. $C_c = \dfrac{(D_{30})^2}{D_{60} \times D_{10}}$ 1~3사이 SW
	두 가지 조건을 전부 만족시키지 못하면 SP
	Atterberg한계가 A-선 아래 표기되거나 소성지수가 4보다 작다 SM
	Atterberg한계들이 A-선 위에 표기되며 소성지수가 7보다 크다 SC

GM / GC 행 오른쪽: 검게 나타낸 부분에 있는 Atterberg한계들은 이중 기호를 사용하는 경계부분의 분류이다.

SM / SC 행 오른쪽: 검게 나타낸 부분에 있는 Atterberg한계들은 이중기호를 사용하는 경계부분의 분류이다.

(3) 소성도표

- 목적: 세립토의 분류를 목적으로 Casagrande가 제안.
- 특징: 이중기호의 사용.
- U선: 액성한계와 소성지수의 상한선. 즉, U선 밖의 점은 있을 수 없음.

  $PI = 0.9(LL - 8)$
- A선: 무기질 실트와 무기질 점토, 유기질토의 구분　$PI = 0.73(LL - 20)$

그림 10 소성도표

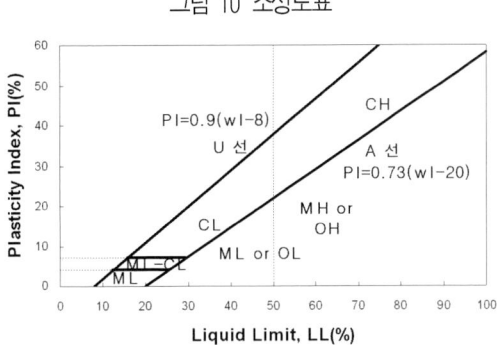

Q & A

---

① Pt란

★Peat

- 기후조건 등에 의해 완전히 분해되지 않고(유기물 함량 50% 이상) 퇴적되어 액성한계, 변형이 크며 강도가 약한 고 유기질토.
- 홍수시 동식물의 유기질이 하류로 유하 저습지에서 퇴적되어 형성(중부지방(이리, 김제), 서귀포).

★Loess(붕괴성 토)

- 포화 시 체적이 크게 감소하는 흙. 잔적토나 퇴적토의 형태로 존재. 흙 속의 용해성 물질이 빠져나가 생성(사막지대, 남아프리카).

2) AASHTO 분류법

(1) 개 요

■미국 공로국 발표(American Association of State Highway and Transportation Officials 수정)
■도로에 사용되는 흙의 품질 평가.
■입도, 액성한계, 소성한계, 군지수를 근거로 전개.

(2) 분류방법

일반적 분류	조립토 (No.200체 통과율 35% 이하)							세립토 (No.200체 통과율 35% 이상)			
분류기호	A-1		A-3	A-2				A-4	A-5	A-6	A-7 A-7-5 A-7-6
	A-1-a	A-1-b		A-2-4	A-2-5	A-2-6	A-2-7				
체분석, 통과백분율 No.10체 No.40체 No.200체	50이하 30이하 15이하	50이하 25이하	51이상 10이하	35이하	35이하	35이하	35이하	36이상	36이상	36이상	36이상
No.40체 통과분의 성질 액성한계 소성지수	6이하		N.P	40이하 10이하	41이상 10이하	40이하 11이상	41이상 11이상	40이하 10이하	41이상 11이하	40이하 11이상	41이상 11이상
군지수	0		0	0		4이하		8이하	12이하	16이하	20이하
주요구성 재료	석편, 자갈, 모래		세 사	실트질 또는 점토질 자갈 모래				실트질 흙		점토질 흙	
노상토로서의 일반적 등급	우 또는 양							가 또는 불가			

■A-7-5는 PI $\leq$ LL-30, A-7-6은 PI $>$ LL-30, N.P=비소성.
■표현방식: 분류기호(군지수)

(3) 군지수(Group Index, GI)

- $GI = 0.2a + 0.005ac + 0.01bd$
- $GI = (F-35)[0.2 + 0.005(LL-40] + 0.01(F-15)(PI-10)$
  여기서, F=No.200체의 통과율, LL=액성한계, PI =소성지수
- 성질
  ① 군지수가 크면 수축 팽창이 커져서 노상재료로 부적당하다.(품질과 군지수 반비례)
  ② 군지수의 상한선은 없다.
  ③ A-1-a, A-1-b, A-2-4, A-2-5와 A-3군에 속하는 흙의 군지수는 항상 0이다.

3) AASHTO와 통일 분류법의 비교

(1) 공통점

- 입자의 조성과 소성을 근거로 분류
- No.200 체를 기준으로 조립토와 세립토로 분류

(2) 차이점

- AASHTO 분류법;
  - 분류기준 #200 통과량 35% 기준
  - 35% 기준의 세립토가 섞인 조립토는 세립토에 가까운 거동을 한다는 사실을 밝혀
    내어 통일 분류법에 비해 더 적절히 사용.
- 통일 분류법;
  - 분류기준 #200 통과량 50% 기준
  - 모래와 자갈을 구분하는데 No.4 체를 이용하여 No.10 체를 사용하는 AASHTO
    분류법보다 두 종류의 흙의 분류가 더욱 명확.
- 통일 분류법;
  - GW, SM, CM등 기호를 사용하여 흙의 성질을 나타낼 수가 있으며, 특히 OL,

OH, Pt 등 유기질토의 분류도 가능.

표 1 통일 분류법에 대한 AASHTO 분류법의 비교

AASHTO방법에서의 흙의 분류	통일 분류법에서의 흙의 분류		
	가장 있음직한 것	가능한 것	가능하나 있음직하지 않는 것
A-1-a	GW, GP	SW, SP	GM, SM
A-1-b	SW, SP, GM, SM	GP	–
A-3	SP	–	SW, GP
A-2-4	GM, SM	GC, SC	GW, GP, SW, SP
A-2-5	GM, SM	–	GW, GP, SW, SP
A-2-6	GC, SC	GM, SM	GW, GP, SW, SP
A-2-7	GM, GC, SM, SC	–	GW, GP, SW, SP
A-4	ML, OL	CL, SM, SC	GM, GC
A-5	OH, MH, ML, OL	–	SM, GM
A-6	CL	ML, OL, SC	GC, GM, SM
A-7-5	OH, MH	ML, OL, CH	GM, SM, GC, SC
A-7-6	CH, CL	ML, OL, SC	OH, MH, GC, GM, SM

4) 영국분류법

(1) 개 요

■ 영국식 소성도를 기준
■ 주성분에 의해 군기호 결정(주성분을 앞에 사용)

(2) 특 징

■ 군기호는 두 가지 이상의 문자로 구성
■ 조약돌, 호박돌; 조약돌, 호박돌 기호에+로 흙에 대한 군기호 사용
■ 특수 상황에 따라 작은 군으로 세분(기호 첨가, 셋 이상)

표 2 영국분류법

흙의 종류	용어	흙의 성질	용어
자 갈	G	입도분포 양호	W
모 래	S	입도분포 불량	P
		입도분포 균등	Pu
세립토, 세립	F	단이 있는 입도분포	Pg
실 트	M	저소성(LL<35)	L
점 토	C	중간소성(LL 35-50)	I
		고소성(LL 50-70)	H
		극심한 고소성(LL>90)	E
		상위 소성역(LL>35)	U
피 트	Pt	유기질(첨자)	O

● 흙의 통일 분류법

주요구분			기호	대표적인 흙	분류 기준		
조립토 (Coarse-Grained Soils) 200번체 (0.075mm)에 50% 이상 남음	자갈 4번체 (4mm)에 50% 이상 남음	세립분이 약간 또는 거의 없는 자갈	GW	입도분포가 좋은 자갈 또는 자갈과 모래의 혼합토, 세립분이 약간 또는 없음	세립분의 함유율에 의한 분류: 200번체 통과율이 5% 이하인 경우 GW, GP, SW, SP 200번체 통과율이 12% 이상인 경우 GM, GC, SM, SC 200번체 통과율이 5-12%인 경우 2중 문자로 표시	$C_u>4$ $C_u=D_{60}/D_{10}$ $1<C_g<3$ $C_g=(D_{30})^2/(D_{10}\times D_{60})$	
			GP	입도분포가 나쁜 자갈 또는 자갈과 모래의 혼합토, 세립분이 약간 또는 없음		GW의 조건이 만족되지 않을 때	
		세립분을 함유한 자갈	GM	실트질의 자갈, 자갈·모래·실트의 혼합토		Atterberg 한계가 A선 밑 또는 소성지수가 4이하	소성지수가 4-7이면서 Atterberg 한계가 A선 위에 존재할 때는 2중 문자 표시
			GC	점토질의 자갈, 자갈·모래·점토의 혼합토		Atterberg 한계가 A선 위 또는 소성지수가 7이상	
	모래 (Sand) 4번체 (4mm)에 50% 이상 통과	세립분이 약간 또는 거의 없는 모래	SW	입도분포가 좋은 모래 또는 자갈질의 모래, 세립분이 약간 또는 없음		$C_u>6$ $1<C_g<3$	
			SP	입도분포가 불량한 모래 또는 자갈질 모래		SW의 조건이 만족되지 않을 때	
		세립분을 함유한 모래	SM	실트질의 모래, 모래와 실트의 혼합토		Atterberg 한계가 A선 밑에 있거나 소성지수가 5이하	소성지수가 4-7이면서 Atterberg 한계가 A선 위에 존재 할 때는 2중 문자로 표시
			SC	점토질의 모래, 모래와 점토의 혼합토		Atterberg 한계가 A선 밑에 있거나 소성지수가 7이상	

주요구분		기호	대표적인 흙	분류 기준
세립토 (Fine-Grained Soil) 200번체 (0.075mm)에 50% 이상 통과	액성한계 50% 이하인 실트나 점토	ML	무기질의 실트, 매우 가는 모래, 암분, 소성이 작은 실트질의 세사나 점토질의 세립사	소성도(Plasticity chart)는 세립토에 함유된 세립분과 세립토를 분류하기 위해 사용된다. 소성도의 빗금 친 곳은 2중 표기해야 하는 부분이다.
		CL	소성이 중간치 이하인 유기질 점토, 자갈질 점토, 모래질 점토, 실트질 점토	
		OL	소성이 작은 유기질 실트 및 점토	
	액성한계 50% 이상인 실트나 점토	MH	무기질 실트, 운모질 또는 규소의 세사 또는 실트질 흙, 탄성이 큰 실트	
		CH	소성이 큰 무기질 점토, 탄성이 큰 점토	
		OH	탄성이 중간치 이상인 유기질 점토	
고유기성 흙		Pt	이탄 및 그 밖의 유기질을 많이 함유한 흙	

세립토의 분류를 위한 소성도

연습문제

1. 유효경과 균등계수를 정의하고 그 성질에 대해 설명하세요.

2. 실트란 무엇인가?

3. 통일 분류법에 의해 흙을 공학적으로 분류한 15가지의 흙에 대해 분류방법과 그 특성을 설명하세요.

4. AASHTO 분류법과 통일 분류법의 공통점과 차이점에 대해 서술하세요.

5. 체분석 결과가 다음과 같을 때 입도분포곡선을 작도하고 대상 시료를 분류하시오.

	체 크기	잔류량(g)	잔류율%	통과율%
㎜	3.35	0	0	100.0
	2.0	2.6	1.2	98.8
	1.18	12.5	5.7	93.1
㎛	600	57.7	26.6	66.5
	425	62.0	28.6	37.9
	300	34.2	15.7	22.2
	212	18.7	8.6	13.6
	150	12.7	5.8	7.8
	63	13.1	6.0	1.8
Pan		3.9	1.8	
합 계		217.4g	100.0%	

6. 입도분포곡선을 작도하고 대상 시료를 분류하시오.

시 료	No.1	No.2	시 료	No.1	No.2
4.75㎜	99	97	0.075㎜	60	5
2㎜	92	90	LL	20	—
0.425㎜	86	40	PL	15	—
0.15㎜	78	8	PI	5	NP

7. 지반이나 지반구조물의 설계에 있어 우선시되는 흙의 분류는 어떠한 과정을 통해 수행되는지 전 과정을 수행 순서에 맞추어 설명하세요.

Advanced

1. 소성도표의 A, U, B, C 선

- **A 선**
  - 실트와 점토의 구분선: CL과 ML, CH와 MH
  - 관계식 $PI = 0.73(LL-20)$ (PI: 소성지수, LL: 액성한계)
- **U 선**
  - 액성한계와 소성지수의 관계상한선, 즉 U선 위로 시험결과가 plot 되었다면 시험이 잘못된 것을 의미함
  - 관계식 $PI = 0.9(LL-8)$
- **B 선**
  - 액성한계 50% 선으로 압축성의 크기 구분선, 분류 시 H, L 경계
- **C 선**
  - LL < 30%: 저압축성(저소성)
  - 30~50%: 중간압축성(중간소성)
  - LL ≥ 50%: 고압축성(고소성)

Fig. 소성도표

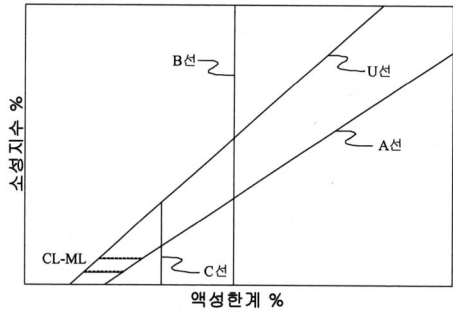

2. 강열감량법(Ignition Loss Method)

- 유기물 함량 시험: 동물 또는 식물의 부패물이 함유되어 있는 유기질토에 대해 유기물이 어느 정도 포함되어 있느냐를 알기 위한 시험으로 중크롬산법과 강열감량법이 있음.

  - 중크롬산법: 유기물 함량이 50% 이하인 유기질토의 시험방법
  - 강열감량법: 유기물 함량이 50% 이상인 유기질토의 시험방법

- 강열감량법 시험방법

  - 105±5。C상태의 노건조시료를 적당량 준비함.(약 2 g)
  - 고온 노건조의 온도를 700~800。C로 올려 2~4시간 동안 유기물을 태움.
  - 유기물 함량 계산

$$c = \frac{105 \pm 5。 C\ \text{노건조시료무게} - (700 \sim 800。\ C)\ \text{고온 노건조시료무게}}{105 \pm 5。\ C\ \text{노건조시료무게}} \times 100(\%)$$

- 유기질토 판별

  - 냄새, 색깔(보통 어두운 색깔을 나타냄)
  - 액성한계시험

$$\frac{\text{노건조}(105 \pm 5°c)\text{시료의 액성한계}}{\text{공기건조시료의 액성한계}} < 0.75$$

IV
흙 속에서의 물의 흐름

Ⅳ. 흙 속에서의 물의 흐름

1. 개 요

1) 정 의

(1) 물의 흐름

- ■ 정류, 부정류 – 시간함수
- ■ 층류, 난류 – 흐름방향

(2) 투수(흙 속에서의 물의 흐름)

- ■ 원리: (용어는 물의 흐름과 동일하게 적용)

공극(흙입자들 사이의 간극은 서로 연결: 유로)

　　→흐름발생(에너지가 높은 곳에서 낮은 곳으로) ⇒ Darcy's law

> 침투흐름은 흙의 입자 사이를 지나므로 인력에 의해 저항을 받게 되며, 만일 흙 속 간극수의 위치에너지가 어느 곳에서도 동일하다면 침투는 일어나지 않는다.

(3) 물과 관련된 공학적 문제

- 지하침투량의 산정, 양수량의 산정
- 굴착, 성질개선을 위한 배수
- 침투력의 영향을 받는 구조물의 안정해석(제방, 댐)

2) 흙 속의 물

(1) **지하수**: 지하수면 이하의 물, 흙 포화, Darcy's law적용
(2) **중력수**: 중력의 작용으로 아래로 스며드는 물, 불포화 침투로 정량적 평가 곤란
(3) **보유수**: 여러 조건의 변화로 완만히 장기간 이동하는 물, 흙의 역학적 성질에 중요.
　　① 모관수: 표면장력으로 공극에 보유된 물, 부의 공극수압(입자 사이 인력), 지하
　　　　　　　수위 위의 물의 존재 원인
　　② 흡착수: 표면의 흡인력으로 흡착된 물
　　③ 결합수: 공학적으로 토립자와 일체로 취급

2. Darcy의 법칙

1) 동수경사(Hydrauric Gradient)=수두(침투)

(1) Bernoulli 방정식

: 흙 속을 통과하는 물의 흐름을 지배하는 법칙-낙하와 같은 Potential의 변화에 의

존(열이나 전기의 흐름을 지배하는 법칙과 유사).

■한 점에서의 전수두(압력수두+속도수두+위치수두)

$$h = \frac{p}{\gamma_w} + \frac{v^2}{2g} + Z \quad (Z = \text{임의 기준면에서의 연직거리, 흙 속의 공극압} \quad p = \gamma_w \cdot h)$$

■흙을 통과하는 물의 흐름→**속도수두 무시**(흙을 통과하는 물의 흐름은 매우 느림)

$$h = \frac{p}{\gamma_w} + Z$$

그림 11 흙을 통과하는 물의 흐름(Das, 2003)

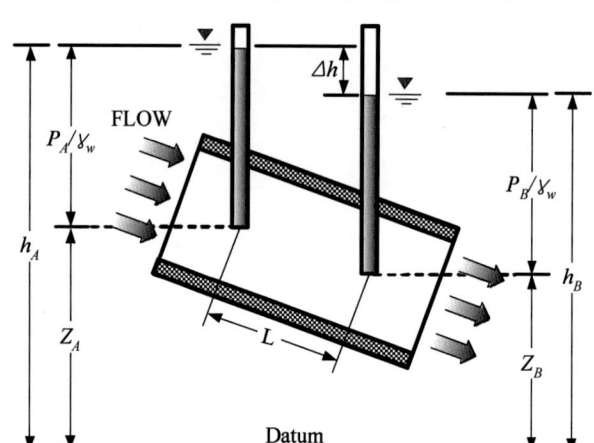

(2) 동수경사

■두 점 사이의 수두손실

$$\Delta h = h_A - h_B = \left(\frac{p_A}{\gamma_w} + Z_A \right) - \left(\frac{p_B}{\gamma_w} + Z_B \right) \quad \text{A, B 피에조메타 사이의 수두손실}$$

■무차원 형태의 수두손실

$$- i = - \lim_{\delta s \to 0} \frac{\delta P}{\delta s} = - \frac{dP}{ds} = \frac{\Delta h}{L}$$

－**동수경사**: vector양, 음의 표시 - 흐름의 방향과 같음을 의미.

■ $v \propto i$(선형관계)

일반적으로 흐름은 층류, 전이, 난류지역으로 나뉘며 대부분의 흙에서 간극을 통한 물의 흐름은 층류이다. 자갈, 굵은 모래는 난류상태가 존재하므로 이 관계가 적용될 수 없다.

Q & A

① '동수경사가 크다'의 의미

: 부(負; －)는 동수경사가 저하하면 속도가 증가하는 것을 의미한다.

2) Darcy's Law

1) **유출속도**(접근속도) $v = k \cdot i$ $\therefore q = k \cdot i \cdot A$ (k =비례상수, 투수계수) Darcy 제안(1856년); 포화된 흙을 통과하는 물의 속도 및 침투수량에 대한 관계식.

2) **가정**: 깨끗한 모래를 통과, 층류에 대해서만 성립, **순 단면적**에 대한 유출속도임. 흙은 강성체이며 정지되어 있는 것으로 간주.

3) **침투속도** v_s

■공극을 통해 흐르는 실제 물의 속도

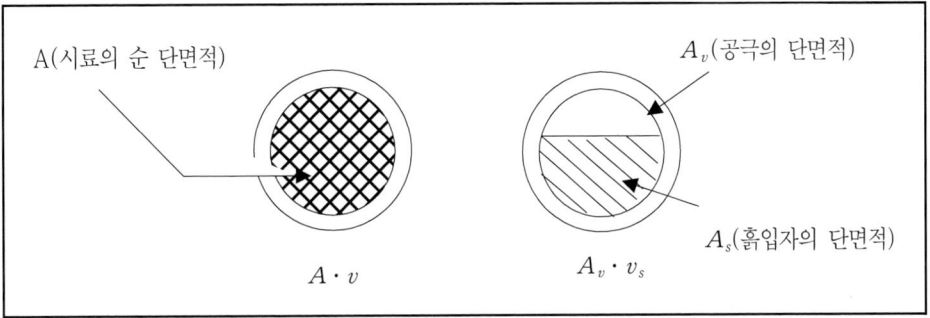

■관을 통해 흐르는 유출량 $q = A \cdot v = A_v \cdot v_s$ (연속 방정식)

$A = A_v + A_s$ 이므로

연속 방정식에 의한 침투수량은 $q = (A_v + A_s) \cdot v = A_v \cdot v_s$

$$v_s = v\frac{A}{A_v} = v\frac{(A_v + A_s)L}{A_v L} = v\frac{V_v + V_s}{V_v} = v\frac{V}{V_v}$$

$\dfrac{V}{V_v} = \dfrac{1+e}{e} = \dfrac{1}{n}$ 이므로 $\therefore v_s = \dfrac{v}{n}$

■ 공극률 n은 일반적인 흙에서 0.3~0.7의 값을 보이므로 $v < v_s$(실제 속도)

$n = \dfrac{V_v}{V}$ 이므로 100%를 넘을 수 없음 따라서 $v < v_s$

$v = v_s \cdot \dfrac{e}{1+e} = v_s \cdot \dfrac{(\nu-1)}{\nu}$ 여기서 ν는 비체적이다.

■ **정상침투** 간극압이 시간에 따라 일정하며 흐름량 일정. 흙의 변형은 발생하지 않는다.
■ **과도침투** 간극압이 시간에 따라 변화. 부정류. 간극압과 유효응력은 시간에 따라 변화되고 흙의 변형이 발생되며 간극압과 침투, 변형 사이의 관계가 복잡−압밀

3. 투수계수(Coefficient of Permeability)

1) 개 요

(1) 정 의

■ **투수계수** k
− 속도단위의 스칼라양(=동수전도도) $cm/\sec$
− k값은 흙의 상수로 간주되고 흙에 대해 고유의 값을 갖는다.

(2) 투수계수에 영향을 미치는 인자(물과 흙의 성질에 좌우)

	인 자	관 계	비 고
흙의 성질	입 경(D)	평방에 비례	$k = C \cdot D_{10}^2$
	공 기	반비례	기포에 의해 투수계수 저하
	포화도	비 례	불포화토는 낮으며 포화도에 따라 증가.

	인 자	관 계	비 고
흙의 성질	공극비	비 례	
	점성토의 구조	면모구조일수록 큼	이산구조는 유로가 길어지므로 이온 농도와 흡착수층의 두께
유체의 성질	유체의 단위중량	비 례	
	유체의 점성계수(μ)	반비례	
	온 도 (온도$\propto 1$ / 점성계수)	비 례	온도증가→점성계수 감소→투수계수 증가; 15도 기준
제안식	Taylor, Kozeny-Carman식	$k=D_s^2 \dfrac{\gamma_w}{\eta} \dfrac{e^3}{1+e} C$ $k=\dfrac{1}{k_o s^2} \dfrac{\gamma_w}{\eta} \dfrac{e^3}{1+e}$	물과 흙의 모든 영향을 반영하는 식 제안.

Q & A

① 불투수층으로 Na계 Montmorillonite를 사용하는 이유

  : 다른 흡착이온에 의해 동일 공극비에서 최소의 투수계수를 나타냄

2) 투수계수의 측정방법

(1) 경험식에 의한 방법

■ 비교적 균등한 사질토에 대하여 적용(자연토는 일반적으로 크고 작은 입경으로 구성되어 있고 다짐의 정도에 따라 공극비가 다르므로 입경으로 구하는 투수계수는 다만 추정에 불과).

Hazen(1930)	$k = C \cdot D_{10}^2$ $k = C_s \cdot (0.7 \sim 0.03T) \cdot D_{10}^2$	매우 균등한 모래 (조립토)	C=100~150 사이의 변수 둥근 입자 150
Terzaghi	$k = \dfrac{C_T}{\mu} \cdot (\dfrac{n-0.13}{\sqrt[3]{1-n}})^2 \cdot D_{10}^2$		
Casagrande	$k=1.4\,e^2 k_{0.85}$	가는 모래~중간크기 깨끗한 모래	

| Kozeny-carman | $k = C_1 \dfrac{e^3}{1+e}$ | 모 래 | |
| Samarasinghe | $\log[k(1+e)] = \log C_3 + n \log e$ | 정규압밀점토 | |

※모래질 흙의 적은 양의 실트와 점토는 투수계수에 영향을 미칠 수 있다.

표 3 입경에 따른 투수계수

토 질	토립자의 직경(mm)	투수계수 k(cm / s)
미세한 모래	0.05~0.10	0.001~0.005
가는 모래	0.10~0.25	0.005~0.01
중간 모래	0.25~0.50	0.01~0.1
굵은 모래	0.50~1.00	0.1~1.0
가는 모래	1.00~5.00	1.0~5.0

그림 12 흙의 투수계수와 시험방법

투수계수 (cm / sec)	10^2	10^1	1	10^{-1}	10^{-2}	10^{-3}	10^{-4}	10^{-5}	10^{-6}	10^{-7}	10^{-8}	10^{-9}	10^{-10}
배수성	양 호					약간불량				불투수성			
흙의 종류	깨끗한 자갈	깨끗한 모래, 깨끗한 모래와 자갈				미소 모래, 실트, 모래질 실트, 점토의 혼합토, 성층이 있는 점토				불투수성의 흙, 일정한 점토			
		식물 및 풍화에 의하여 변질한 불투수성 점토											
시험방법	현장 투수시험						압밀시험						
	정수위 투수시험												
	변수위 투수시험												

(2) 실내 투수시험

	정수위 투수시험	변수위 투수시험	압밀시험
적용범위	조립토 10^2~10^{-3} 투수계수가 비교적 큰 경우	세립토 10^{-3}~10^{-6} 투수계수가 비교적 작은 경우	10^{-7}이하의 불투수성 흙
시험원리	◆수두차가 일정하게 유지되도록 조정(동수경사의 계산이 용이)하면서 시간당 유량을 측정	물이 standpipe를 통하여 흙 속으로 자유로이 유입하도록 하고 유입하는 수위의 강하속도를 측정하여 계수를 산정.	간접적인 방법: 강제적인 배수와 침하로부터 투수계수 산정

	정수위 투수시험	변수위 투수시험	압밀시험
분석방법	연속 방정식, Darcy의 법칙에 의하여 $$Q = Avt = A(ki)t$$ $$Q = A\left(k\frac{h}{L}\right)t$$ $$k = \frac{QL}{Aht}$$	단위시간당 유입량 $-a\dfrac{dh}{dt}$ 연속 Eq. Darcy의 법칙에 의해 $$-a\frac{dh}{dt} = k\frac{h}{l}A \quad -a\frac{dh}{h} = k\frac{A}{l}dt$$ $$-a\int_{h_1}^{h_2}\frac{dh}{h} = k\frac{A}{l}\int_{t_1}^{t_2}dt$$ $$\therefore\ k = \frac{al}{A}\frac{1}{t_2-t_1}\log_e\left(\frac{h_1}{h_2}\right)$$ $$k = 2.3\frac{aL}{At}\log_{10}\frac{h_1}{h_2}$$	압밀시험결과 이용 $$k = C_v\cdot\gamma_w\cdot m_v$$ $$T_v = \frac{C_v\cdot t}{H^2}$$ $$C_v = \frac{k}{\gamma_w\cdot m_v}$$ $$M_v = \frac{\Delta e}{\Delta\sigma(1+e)}$$

*변수위 투수시험에서 Standpipe를 이용하는 이유: 투수량의 변화가 경미하므로

그림 13 실내 투수계수시험(김상규, 1996)

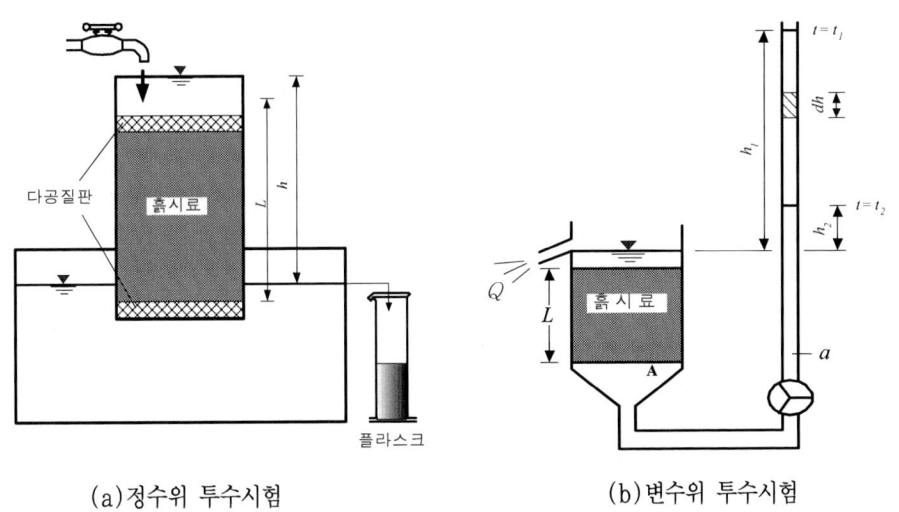

(a)정수위 투수시험   (b)변수위 투수시험

표 4 투수계수의 온도보정 방법

온 도	보정값	온 도	보정값
0	1.567	16	0.975
1	1.513	17	0.95
2	1.46	18	0.926
3	1.414	19	0.903
4	1.369	20	0.881
5	1.327	21	0.859
6	1.286	22	0.839

온 도	보정값	온 도	보정값
7	1.248	23	0.819
8	1.211	24	0.8
9	1.177	25	0.782
10	1.144	26	0.764
11	1.113	27	0.747
12	1.082	28	0.73
13	1.053	29	0.714
14	1.026	30	0.669
15	1		

(3) 지하수 이야기

① 지하수의 분포
- 지하수란?
  - 광의로 지표면 하에 존재하는 물을 총칭
  - 협의로 지하수면 아래에 완전 포화상태로 부존되어 있는 물
- 비포화대(통기대) : 지표면으로부터 지하수면까지의 공극, 현수수(통기대 내의 물)
  - 토양수대(zone of soil water) : 지표면에 접하는 부분으로 식물의 뿌리가 박혀 있는 면까지의 영역

 *흡착수: 대기로부터 직접 습기를 흡수하여 토질입자 표면에 얇은 피막을 이루는 물(점 착력이 커 좀처럼 증발되지 않는다)

 *모세관수: 모세관 현상에 의해 조금씩 유동하므로 식물에 의해 쉽게 증발되거나 흡수.

 *동수: 지표로부터 침투한 물이 중력에 의해 토양대를 통해 下方으로 흘러내리는 잉여 의 토양수

  - 중간수대(zone of intermediate water) : 토양수대로부터 모관수대로 移動하는 부분

 *중력수: 표면장력, 입자 사이의 인력이 토양수를 유지하기 어려울 정도가 되면 하부로 침투하여 형성

  - 모관수대(zone of capillary water) : 모세관 현상에 의해 지하수면으로부터 물이 상승한 부분
- 포화대: 지하수면 아래의 물로 포화되어 있는 부분

② 대수층의 분류

■**대수층**: 다량의 지하수를 포함하고 있는 암석 및 지층을 일컫는 말(함수층, 지하수
　　　　저수지)

－**자유면 대수층**: 대수층의 지하수면의 압력이 대기압과 동일한 대수층.

－**피압 대수층**: **포화대 내의 상·하부가 불투수층으로 피복**되어 대수층의 최상부의 압
　력이 대기압보다 높은 구속 대수층.

－누수 대수층: 피압 대수층이나 자유면 대수층에서 상하의 불투수층들로부터 물이
　새어나가거나 들어오는 대수층

－자분출대수층: 지하수위가 지표면보다 위에 위치하여 우물을 파면 펌프의 도움 없
　이도 물이 지표면 위로 분출

－부대수층(perched aquifer): 지표면과 지하수면 대수층 사이에 불투수층이 렌즈
　모양으로 존재할 때 그 위에 형성되는 대수층

그림 14 대수층의 분류

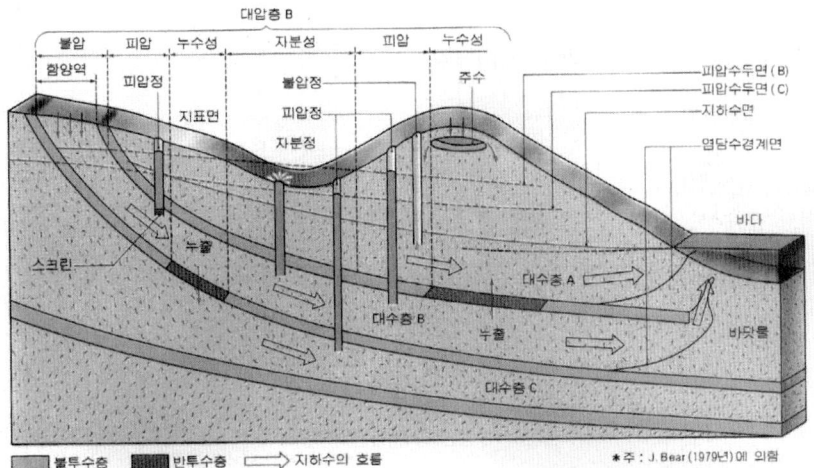

■**피압층**: 비교적 불투성의 물질로 구성된 지층

－난대수층(squiclude): 물로 포화될 수 있지만 거의 물을 배출할 수 없는 불투수성
　지층. 예)점토

－불투수층(aquifuge): 물을 포함하지도 않으며 또한 물이 이동하지도 않는 불투수
　성 지층. 예)결정질 암석

－반대수층(aquitard): 물로 포화되어 있지만 아주 적은 양의 물만이 이동, 산출될

수 있는 지층. 예)모래질 점토

③ 샘과 우물

■ *샘*(spring): 자연적으로 지면으로 흘러나오는 지하수의 유동

－샘의 생성: 투수도의 수직·수평변화가 샘의 국지화에 가장 흔한 이유

*난대수층(aquiclude, 투수성이 좋은 암석 근처에 있는 불투수 암석)의 존재로 생성

*다공질 모래와 하부의 불투수 점토 사이의 접촉부에 생성

■ *우물(Well)*

－영향추(cone of depression): 유동속도의 불균형으로 우물을 직접 에워싸고 있는 지하수면이 원추형으로 강하함

그림 15 우물의 종류

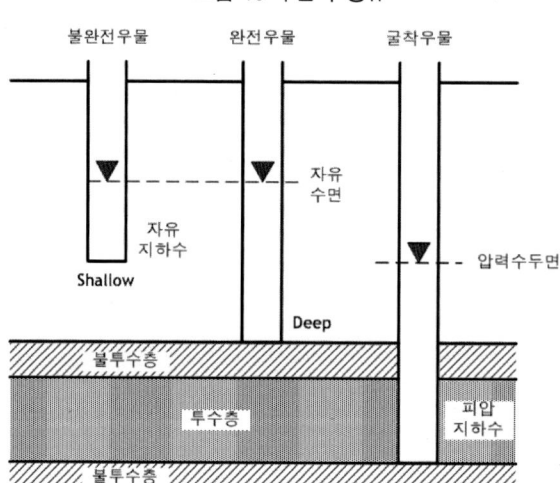

④ 정호(Well)

■ *잔정호*(shallow well): 정호의 바닥이 불투수층에 달하지 않은 것(＝굴정호＝통정 ＝pit well). 대부분의 우물이 속함.

■ *심정호*(deep well): 정호의 바닥이 불투수층에 달한 것.

■ *굴착정*(artesian well): 불투층(impermeable layer) 사이에 끼여 우물 수면과 수압차로서 물이 상승하는 형식의 우물.

■ *복류수*(underground flow): 하상이 투수성 재료(모래, 자갈)이고 지하수위가 얕을 때 하천의 물이 침투하여 지하로 흐르는 물(수자원으로 개발 여지가 큼).

(4) 현장투수시험

- ■ 적용대상: 중요하고 대규모인 공사에 적용(현장상황의 재현이 불가능한 경우)

① 양수에 의한 방법
- ■ 시험방법:
- **시험정 굴착**(집수관을 지하투수층까지 도달(관측정, 시험정), 반경방향으로 배치, 초기 지하수면의 위치 기록)
- **양수**(일정수위까지, 시험정과 관측정 배치, 매 시간마다 일정량 양수-수위가 일정하도록)
  - **관측정 굴착 후 수위 기록**
  - **시험정 유량 측정**

그림 16 양수에 의한 현장투수시험

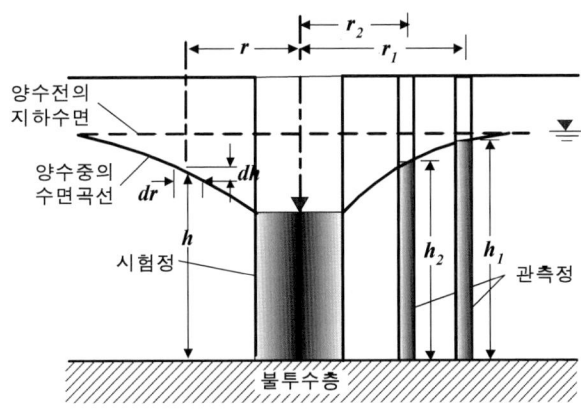

- ■ 시험식: 시간에 따른 유량의 변화 측정
  - 지하수 유출량=양수량
  - Darcy의 법칙 $Q = Aki$ $\quad Q = 2\pi rhk \dfrac{dh}{dr} \quad \dfrac{dr}{r} = \dfrac{2\pi k}{Q} h\, dh$
  - 양변 적분 $\displaystyle\int_{r_2}^{r_1} \dfrac{1}{r}\, dr = \int_{h_2}^{h_1} \dfrac{2\pi k}{q} h\, dh \;\rightarrow\; \log_e \dfrac{r_1}{r_2} = \dfrac{\pi k}{Q}\left(h_1{}^2 - h_2{}^2 \right)$
  - 그러므로 $\quad k = \dfrac{Q \log_e \dfrac{r_1}{r_2}}{\pi\left(h_1{}^2 - h_2{}^2 \right)} \quad k = \dfrac{2.3Q \log_{10} \dfrac{r_2}{r_1}}{\pi\left(h_2{}^2 - h_1{}^2 \right)}$

■ 영향원(Circle Of Influence): 시험정을 퍼 올릴 때 지하수위가 변하는 한계반경 R

② 단일 Boring Hole에 의한 투수시험
- 종류: tube법, Piezometer법, Auger법
- 시험방법: Hole의 굴착 후 관내 물을 양수하여 경과시간에 따른 수위 상승량 측정.
- 적용범위: 지하수위가 비교적 얕은 경우

※근사적 방법

$$k = \frac{Q \log_e \dfrac{R}{r_0}}{\pi(H^2 - h_0{}^2)} \qquad\qquad k = \frac{2.3Q \log_{10} \dfrac{R}{r_0}}{\pi(H^2 - h_0{}^2)}$$

r_0: 시험정의 반지름 R: 영향권의 반지름
H: 불투수층에서 지하수면까지의 높이 h_0: 시험정내의 수위
d: 시험정의 수면의 지하수면과의 고저차

$r = r_0$ 로 $h = h_0$,   또는 $r = R$로 거의 지하수위 면의 변화가 없는 것으로 가정하면
$r = R$, $h = H$인 관계에서 적분하여 산정.
일반적으로 영향권 내의 반경 R은 시험정의 반경 r_0의 3,000~5,000배이다. 따라서 $\log R / r_0$ 의 수치변화는 심하지 않으므로 R을 위에서와 같이 가정하면 근사적으로 투수계수를 결정할 수 있다.

---

3) 다층지반(성층토)의 투수계수

: 충적층은 입도, 퇴적시대의 차에 따라서 투수계수가 다른 성층상을 이룸.

(1) 흐름이 층에 평행한 경우 k_H

(각층의 손실수두 일정 / 전 유량은 각층 유량과 동일)
- Darcy의 법칙 $v_1 = i k_1$, $v_2 = i k_2 \cdots\cdots$
  - 단위시간의 각층 유량 $Q_1 = i k_1 H_1$, $Q_2 = i k_2 H_2 \cdots\cdots$
  - 연직단면을 흐르는 유량 $Q = Q_1 + Q_2 + \cdots\cdots = \Sigma Q$
  - 전 단면의 평균 투수계수를 k_H, 평균 침투유속을 v, 전두께를 H_0로 하면

$$v = i\,k_H$$

$$Q = v\,H_0 = i\,k_H\,H_0$$

$$i\,k_H\,L_0 = i\,k_1\,L_1 + i\,k_2\,L_2 + \cdots\cdots = i\varSigma kL$$

- 따라서

$$k_H = \frac{\varSigma kL}{L_0}$$

그림 17 등가투수계수(수평흐름)

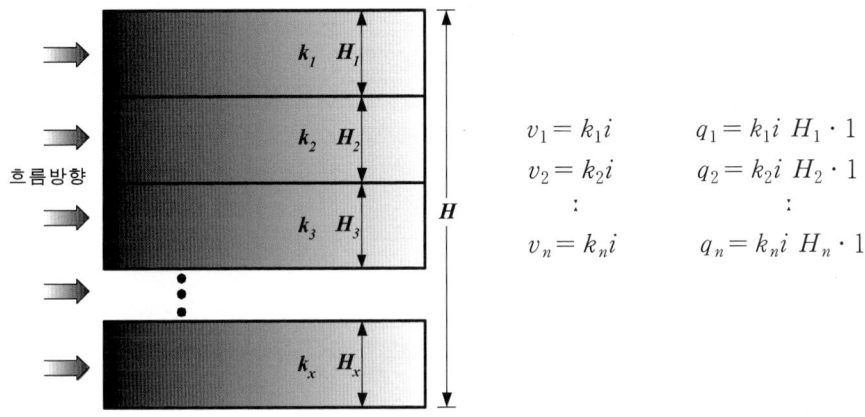

$$v_1 = k_1 i \qquad\qquad q_1 = k_1 i\,H_1 \cdot 1$$

$$v_2 = k_2 i \qquad\qquad q_2 = k_2 i\,H_2 \cdot 1$$

$$\vdots \qquad\qquad\qquad \vdots$$

$$v_n = k_n i \qquad\qquad q_n = k_n i\,H_n \cdot 1$$

(2) 흐름이 층에 직각인 경우 k_V

: 각층의 유량 일정 / 전손실수두는 각층 손실수두 합과 동일

- Darcy의 법칙 $v = i_1\,k_1 = i_2\,k_2 = \cdots\cdots$

- 전─시료의 낙차를 h로 하면 전 시료의 동수경사는 h/L_0이므로 전 시료의 성층과 직각의 평균 투수계수를 k_v로 하면 $v = \dfrac{h}{L_0}\,k_v$

- 각층의 하단낙차는 $h_1 = i_1\,L_1,\quad h_2 = i_2\,L_2,\quad h_3 = i_3\,L_3$

- 따라서 전손실수두 h는 $h = h_1 + h_2 + \cdots = i_1\,L_1 + i_2\,L_2 + \cdots\cdots$

- 위 식에서 $h = [\,\dfrac{L_1}{k_1} + \dfrac{L_2}{k_2} + \cdots\cdots\,]v$

- 그러므로

$$k_V = \frac{L_0}{\dfrac{L_1}{k_1} + \dfrac{L_2}{k_2} + \cdots} = \frac{L_0}{\varSigma\dfrac{L}{k}}$$

그림 18 등가투수계수(수직흐름)

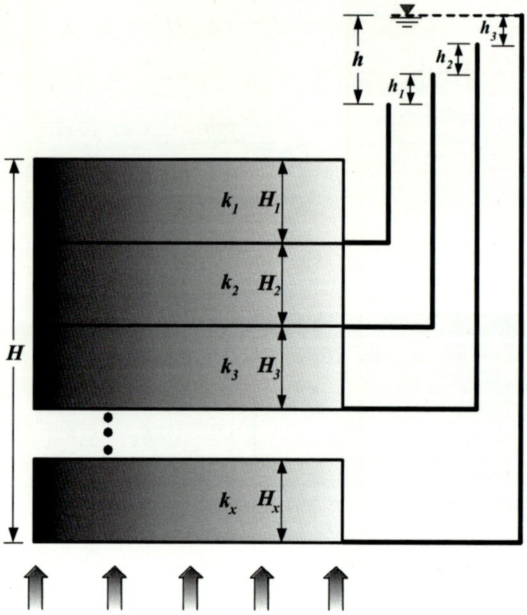

(3) 이방성 흙의 흐름

- 2차원 흐름의 경우 1차원 흐름으로 분석 불가능

1) 2차원 흐름에서는 만일 $k_x \neq k_z$라 하면($k_x = k_H$ 이고 $k_z = k_V$이다.)

$$k_x \frac{\partial^2 h}{\partial x^2} + k_z \frac{\partial^2 h}{\partial z^2} = 0$$

이 방정식을 다시 정리하면

$$\frac{\partial^2 h}{(k_z / k_x) \partial x^2} + \frac{\partial^2 h}{\partial z^2} = 0$$

$x_t = \sqrt{\dfrac{k_z}{k_x}} \; x$라 하고 Laplace 방정식의 형식으로 고치면

$$\frac{\partial^2 h}{\partial x_t^2} + \frac{\partial^2 h}{\partial z^2} = 0$$

2) 침투량 계산

$$q = k' \frac{\Delta h}{b(=l)} b = k_x \frac{\Delta h}{b\sqrt{\dfrac{k_x}{k_z}}} b = \sqrt{k_x k_z} \frac{\Delta h}{b} b = \sqrt{k_x k_z} h \frac{N_f}{N_d}$$

⇒ 등방성 투수계수 k값 대신에 $\sqrt{k_x \cdot k_z}$로 대체한 것

4. 침투이론

: 흙을 통과하는 물의 흐름은 한 방향이 아니며 흐름 직각방향 면적이 균일하지 않으므로 유선망을 이용함. ⇒ Laplace Eg.(지반 내 한 점의 정상류 상태)

1) 2차원 침투이론

(1) 기본 가정

① Darcy의 법칙은 정당하다.

② 흙은 균질($k_{v,\ k_H} = const.$ $k_v \neq k_H$)하고 등방성($k_v = k_H$)이다.

③ 흙은 포화되어 있고 모관현상은 무시한다.

④ 흙 골격은 비압축성이며 물이 흐르는 동안 흙은 압축·팽창이 발생하지 않는다.

(2) Laplace 방정식

→ 미분방정식과 이에 대응하는 초기·경계 값 문제를 산정하는 방법

→ 불연속적인 힘 즉, 단시간에 작용하거나 주기적이긴 하나 sine, cosin의 함수가 아닌 경우에 적용

그림 19 지반 내 한 요소에서의 흐름

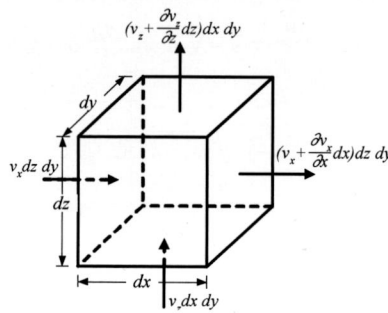

① 연속 방정식

- $\underline{q_{in} = q_{out}}$ (물은 비압축성이며 체적변화가 없으므로)

  -각 변의 길이가 dx, dy, dz인 요소를 통과하는 유량은 동일하다.(dy는 단위길이)

- 속도성분

  -수평방향 $v_x \Rightarrow$ 동수경사 $i_x = -\dfrac{\partial h}{\partial x}$

  -수평방향 $v_z \Rightarrow$ 동수경사 $i_z = -\dfrac{\partial h}{\partial z}$

- 단위시간당 총유입량($Q = A \cdot V$)

  $- Q_{in} = v_x \cdot dz \cdot dy + v_z \cdot dx \cdot dy$ (1)

- 총유출유량

  $- Q_{out} = \left(v_x + \dfrac{\partial v_x}{\partial x}\, dx\right) dz \cdot dy + \left(v_z + \dfrac{\partial v_z}{\partial z}\, dz\right) dx \cdot dy$ (2)

- 물이 흐르는 동안 압축이 없으므로 (1) = (2)

  $- \dfrac{\partial v_x}{\partial x}\, dx \cdot dz \cdot dy + \dfrac{\partial v_z}{\partial z}\, dz \cdot dx \cdot dy = 0$

  $-$ 즉, $\dfrac{\partial v_x}{\partial x} + \dfrac{\partial v_z}{\partial z} = 0$ (3)

② Darcy's law $k_x = k_z$ (등방성)이므로

- $v_x = -k \cdot \dfrac{\partial h}{\partial x}$ $v_z = -k \cdot \dfrac{\partial h}{\partial z}$ 이며 이 식을 식 (3)에 put

- $\underline{\dfrac{\partial^2 h}{\partial x^2} + \dfrac{\partial^2 h}{\partial z^2} = 0}$ (2차원 흐름에 대한 Laplace Eq.)

③ 의 미

- 비압축의 다공성 모체에 있어 x, z 방향의 동수경사 변화의 합은 zero이므로 등방균질의 흙으로 흐르는 물이 Laplace 방정식을 만족시킨다. 즉, 유선망을 이루는 유선과 등수두선은 서로 직교함을 알 수 있다.

2) 유선망(flow net)

(1) 정 의

	정 의	특 성
유선망	유선과 등수두선에 의해 이루어진 곡선군	
유 선	수위 차에 의해 물이 흐르는 경로(flow line)	
등수 두선	수두가 동일한 위치를 연결한 선 (equipotential line)	모든 점에서 전수두가 동일 물과 흙 사이의 저항으로 수두손실

(2) 목 적

: 침투유량, 임의점의 간극수압 측정

(3) 특성(흙은 균질 · 등방)

① 유선망은 이론상 **정사각형**.

② 인접한 두 유선 사이(유로)의 **침투수량은 동일**.

③ 인접한 두 등수두선 사이의 **수두손실은 동일**.

④ 유선과 등수두선은 **직교**.

⑤ 침투속도와 동수경사는 유선망 크기에 **반비례**.

   → 단위폭당 침투수량이 동일하고 물이 흐르는 동안 전수두는 일정하게 손실되므로

그림 20 널말뚝 주위의 흐름에 대한 유선망(이상덕, 1998)

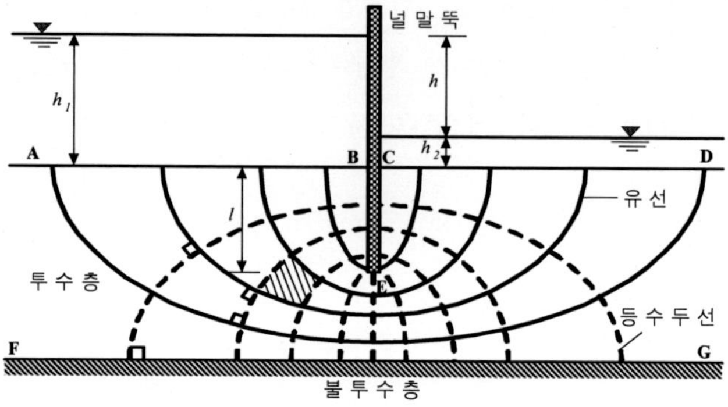

(4) 경계조건(유선망 작도)

① AB는 전수두가 h인 등수두선
② CD는 전수두가 0인 등수두선
③ BEC는 가장 짧은 유선
④ FG는 가장 긴 유선

(5) 작도방법(도해에 의한 방법)

① 경계조건을 만족시키는 유선과 등수두선을 그린다.
② 몇 개의 유선을 가정하여 원활한 곡선을 그리되 유선과 등수두선으로 이루어진 4개의 선분이 정사각형이 되도록 한다.
③ 시행착오를 통한 수정으로 2개의 인접한 유선과 등수두선이 한원에 접하는 정확한유선망을 작도한다.
④ 유선의 증가에 따라 등수두선의 수도 증가하여 N_f/N_d가 거의 일정하므로 유선은 4~6개가 적당하다.
■그 외 전기적, 점성유체 상사 등 실험에 의한 방법이나 수학적, 계측에 의한 방법 등이 있으나 접근이 쉽지 않아 **시행착오에 의한 도해법**을 보편적으로 이용함.

3) 침투량

(1) 침투수량의 결정

: 유선을 가로지르는 흐름은 존재하지 않으므로 $Q = \Delta q_1 + \Delta q_2 + \Delta q_3 \cdots$
흙이 등방 균질이라면 단위폭당 침투수량은 동일함.

그림 21 유로를 통과하는 침투량(Das, 2003)

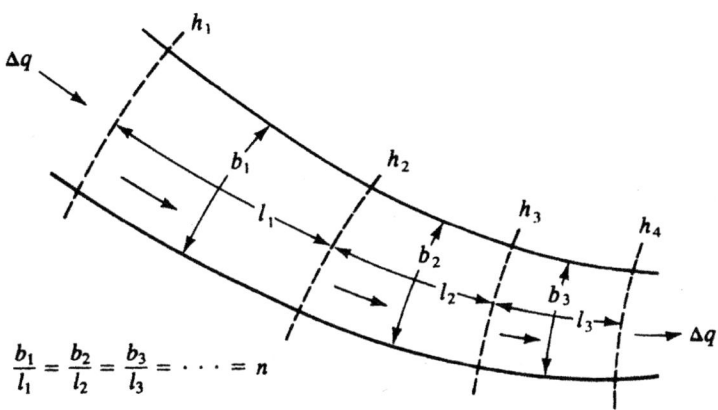

$$\frac{b_1}{l_1} = \frac{b_2}{l_2} = \frac{b_3}{l_3} = \cdots = n$$

■ for Darcy's law $q = k \cdot i \cdot A$

where, $A = 1 \times b$, $\Delta h = \dfrac{H}{N_d}$ (전손실수두 / 등수두선의 간격수)이므로

$i = \dfrac{H / N_d}{l} = \dfrac{H / N_d}{b}$ (유선망은 정사각형이므로 $l = b$ 가 성립)

therefore, $q = k \cdot \dfrac{H}{N_d} (\because q = k \dfrac{H}{N_d \cdot b} \cdot 1 \cdot b)$

if, 유선으로 이루어진 간격수(유로수) $= N_f$ 라 하면

전체유량은 $Q = q \cdot N_f$ (각 유로의 단위유량과 유로수의 곱)

■ $\therefore Q = k \dfrac{H}{N_d} \cdot N_f = k \cdot H \dfrac{N_f}{N_d}$

(2) 공극수압의 결정

① 전수두(h_t)의 결정

  -x점까지의 전수두 $h_x = \dfrac{x점까지의\ N_d}{총\ N_d} \cdot H(수두차)$

② 압력수두(h_p)의 결정

  -x점까지의 압력수두 $h_{px} = h_x - Z_x(위치수두)$

③ 공극수압(u)의 결정

  -x점까지의 공극수압 $u_x = \gamma_w \cdot h_{px}$

그림 22 댐 하부의 유선망

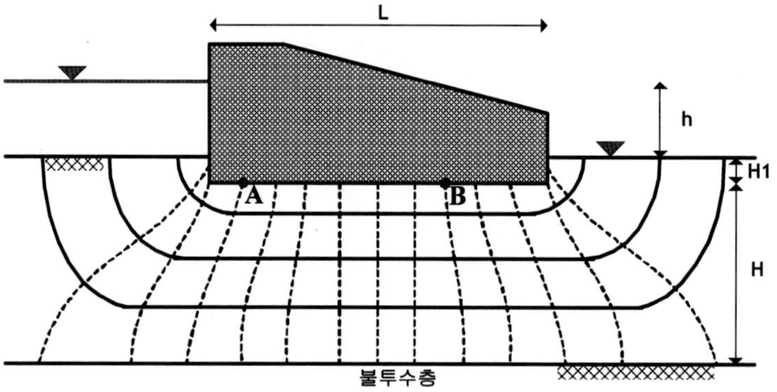

(3) 동수경사의 결정(수리구조물의 양압력)

: 물이 흐른 거리에 대한 수두손실(유선망의 임의 두 점 사이의 압력차)

① x점까지의 전수두 결정 $h_x = \dfrac{x점까지의\ N_d}{총\ N_d} \cdot H$

② x점까지의 동수경사 결정 $i_x = \dfrac{h_x}{l(물이흐르는거리)}$

③ 특성

  -유선망의 간격이 좁을수록 크다

  -Piping 현상여부, 침투수압의 결정에 이용

(4) 침투수압의 결정

- 전침투수압＝단위체적당 침투수압×체적 $F = i \cdot \gamma_w \cdot A \cdot z_x$
  where, A＝침투단면적, z＝토층두께

4) 흙댐에서의 유선망

(1) 침윤선의 정의

: 높이에 따른 손실수두가 일정한 선(압력＝대기압, 손실수두＝위치수두)
〈투수성을 갖는 제체 내 침투수의 표면 유선: 최상부 자유수면〉

(2) 침윤선의 작도(일반적으로 Casagrande방법이 이용)

① 기본 포물선(기본적으로 포물선이라고 가정)
: 한 점(초점)과 한 직선(준선)에 이르는 거리가 동일한 점의 궤적

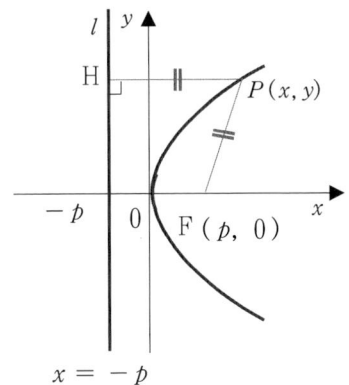

② 포물선 방정식
- 점 P는 포물선 상의 한 점이므로
  $PH = |x + y_o|$ $PF = \sqrt{x^2 + y^2}$
- $PH = PF$이므로
  $|x + y_o| = \sqrt{x^2 + y^2} \rightarrow y_o = \sqrt{x^2 + y^2} - x$

③ 침윤선의 작도

(3) 침윤선의 해석

① 초점 F의 결정

② 초점거리 y_o의 결정

③ 유출점 N의 결정(a, 도표 이용)

④ 기본 포물선 작도(m, d, h)

⑤ 유선망 작도

⑥ 유량의 산정

■ 유선망을 이용하는 방법: $Q = k \cdot H \cdot \dfrac{N_f}{N_d}$

■ Casagrande 제안식

$30 < \alpha < 180 \quad Q = k \cdot y_o = k \cdot (\sqrt{d^2 + h^2} - d)$

$\alpha < 30 \qquad Q = k \cdot a \cdot \sin^2\alpha \quad (a = \sqrt{d^2 + h^2} - \sqrt{d^2 - h^2\cot^2\alpha}$

(4) 흙댐의 침윤선 작도

① 경계조건

–상류 측 사면 AE =등수두선(유선은 사면에 직교)

–불투수성 지반선은 유선이다(등수두선과 직교)

그림 23 필터가 없는 경우의 흙댐을 통과하는 흐름

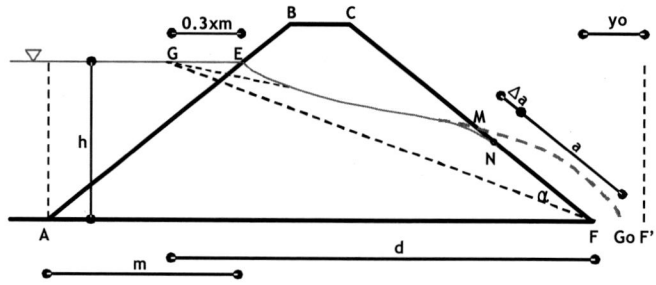

② 기본 성질

–기본 포물선은 상류수면 수평거리 m의 E점으로부터 30%되는 지점을 통과한다.

　－침윤선과 등수두선의 수두차는 인접 교차점에서 일정하다.

　－침윤선 상 $h_p = 0$이므로 $h_t = h_e$

③ *Filter 층이 없는 경우*(소형 댐)

　㉠ *F*점 결정－filter가 없는 경우 제체의 끝단이 초점이 됨(하류 선단 측)

　㉡ *G*점 결정－0.3×m에 의해 결정한다.

　㉢ 초점*거리*－ $y_o = \sqrt{(h^2 + d^2)} - d$(준선까지의 거리)

　㉣ 기본 포물선(*침윤선*) － $\widetilde{G_oG}$(침윤선의 유형 결정)

　㉤ *N*점(*침출단면＝유출점*) 결정－ $a = \sqrt{(d^2 + h^2} - \sqrt{d^2 - h^2 \cot^2 \alpha}$

　㉥ *유량*－ $q = k(\sqrt{d^2 + h^2} - \sqrt{d^2 - h^2 \cot^2 \alpha})$　d^2에 비해 $h^2 \cot^2 \alpha$이 미소하므로 무시
　　할 수 있다.

④ Filter 층이 있는 경우(하류면 경사가 급해져 단면축소 가능)

그림 24 필터가 있는 경우의 흙댐을 통과하는 흐름

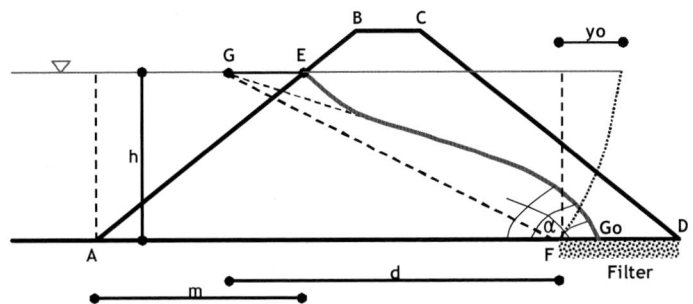

　㉠ *F*점(초점) 결정－filter의 선단으로 결정

　㉡ *G*점 결정－0.3×m에 의해 결정한다.

　㉢ 초점*거리*－ $y_o = \sqrt{(h^2 + d^2)} - d$(준선까지의 거리)

　㉣ 기본 포물선(*침윤선*) － $\widetilde{G_oG}$(침윤선의 유형 결정)

　㉤ $a + \Delta a = \dfrac{y_o}{1 + \cos \alpha}$　도표를 이용하여 침윤선 하류 측 사면과의 교점을 찾는다.

　㉥ 유선망을 작도한다.

　㉦ *유량* 산정

⑤ 침윤선의 해석

　　㉠ 초점 F의 결정

　　㉡ 초점거리 y_o의 결정

　　㉢ 유출점 N의 결정(a, 도표 이용)

　　㉣ 기본 포물선 작도(m, d, h)

　　㉤ 유선망 작도

　　㉥ 유량의 산정

　■ 유선망을 이용하는 방법: $Q = k \cdot H \cdot \dfrac{N_f}{N_d}$

　■ Casagrande 제안식

　　$30 < \alpha < 180$　　　$Q = k \cdot y_o = k \cdot (\sqrt{d^2 + h^2} - d)$

　　$\alpha < 30$　　　　　　$Q = k \cdot a \cdot \sin^2 \alpha$　　$(a = \sqrt{d^2 + h^2} - \sqrt{d^2 - h^2 \cot^2 \alpha})$

5) Filter

(1) 정　의

　: 침투수로 인한 흙의 유실을 방지하여 **배수촉진**을 목적으로 설치하는 배수층.

(2) Filter의 적용

　■ 흙댐의 심벽 양쪽, 하류경사면, 옹벽의 배수구 주변

　■ 입자크기가 급변하는 경우 사이에 설치

　　－세립→조립; 작은 입자 유실

　　－조립→세립; 공극수압 유발

　■ 필터재료를 이용한 히빙에 대한 안정성 증진

　　－히빙에 대한 안정성 증진공법→유효중량을 증가시키기 위하여 하류 쪽 표면 위에
　　　필터재료를 포설

(3) 필터재료의 조건

- 침투수로 인한 흙의 유실을 방지하면서 물은 배수시킬 목적으로 설치
  - 필터 설치: 흙댐심벽의 양쪽, 흙댐의 하류경사면, 옹벽배수
- 적당한 입도분포
  - 흙입자의 크기가 작아 인접해 있는 흙의 유실방지
  - 흙입자가 충분히 커서 물이 자유로이 배수
  - 필터재료의 입도분포조건: 가장 단순

    $$\frac{D_{15(F)}}{D_{15(B)}} > 4 \;\; : \; 충분한\; 배수가\; 될\; 조건$$

    여기서, $D_{15(F)}$: 필터재의 15% 통과백분율일 때의 입경

    $D_{15(B)}$: 모체 흙의 15% 통과백분율일 때의 입경

    $$\frac{D_{15(F)}}{D_{85(B)}} < 4 \;\; : \; 모체\; 흙을\; 입자유동으로부터\; 보호할\; 수\; 있는\; 조건$$

    여기서, $D_{85(B)}$: 모체 흙의 85% 통과백분율일 때의 입경

(4) 양압력(uplift pressure)

- 저수, 지하수 등에 의한 양압력은, 콘크리트댐 등에서(어스댐에서는 간극수압으로 고려됨) 중요시되는 하중으로, 내부수압에 의해 제체의 기초지반에 침투류가 발생하는 경우, 제체 및 기초지반의 단면에 수직·상향으로 작용하는 압력

- 계산방법

① 피에조메터(piezometer)로 구하는 방법
  : 구하고자 하는 점에 piezometer를 세웠을 때 상승된 물의 높이가 바로 압력수두가 되므로, 이것을 압력으로 고치면 양압력(간극압)이 된다.

② 유선망에서 구하는 방법
  : 전수두를 구하여, 이 값에서 위치수두를 빼서 압력수두를 구함

■ 양압력의 경감방법

① 중력식 Concrete Dam
 ㉠ 댐 내부 상류 측 및 기초에 걸쳐서 배수공을 설치하고
 ㉡ 기초에 Grouting을 하거나 지수벽을 설치하는 것이 일반적이다

② Fill Dam
 ㉠ 균일한 투수성 기초인 경우
  ; 수평drain설치(drain말단을 filter구조로 해서 하류비탈 끝 drain에 접속시
  킨다).
 ㉡ 투수·불투수층이 상호 존재하는 경우
  ; blanket공법, Grout공법 등과 압력감소정(relief well) 또는 trench형
  drain을 병행 사용한다 / 연속지수벽(콘크리트) 설치

6) 침투에 의한 불안정성

(1) 분사현상에 의하여 흙이 유수에 씻겨나간다면 유로가 짧아져 동수경사가 커짐으로
  물이 흐르는 방향으로 통로가 생기면서 흙이 세굴되어 나가는 과정
(2) 유선망이 촘촘한 댐 하류 지단에서 침투가 집중되는 곳부터 국부적으로 발생

그림 25 파이핑 현상(김상규, 1996)

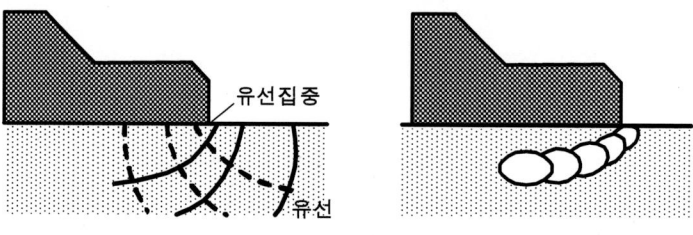

  (a) 댐 뒷굽에서의 파이핑 초기조건   (b)상향으로 진전되는 파이핑 현상

(3) 누수의 발생원인: 필터층의 설계 오류, 다짐의 불충분, 제체 내 누수경로 존재

(4) 축방향 단위길이에 대하여 깊이 D와 폭 D／2인 프리즘의 침투수력

$$J = \frac{H_{ave}}{D} \gamma_w (\frac{1}{2} D^2) = \frac{1}{2} \gamma_w D H_{ave}$$

프리즘의 전유효하중: $W = \frac{1}{2} \gamma' D^2$

■ 파이핑에 대한 안전율

$$F_s = \frac{W}{J} = \frac{\frac{1}{2} \gamma' D^2}{\frac{1}{2} \gamma_w D H_{ave}} = \frac{\gamma' D}{\gamma_w H_{ave}}$$

■ Lane(1935): 크리프 비를 기준으로 파이핑에 대한 안전율 검토방법 제안

$$CR = \frac{l_w}{h_1 - h_2}$$

여기서, $h_1 - h_2 = \Delta H$: 상하류 면의 수두차

l_w: 유선이 구조물 아래 지반을 흐르는 최소거리

그림 26 파이핑 현상에 대한 안정평가

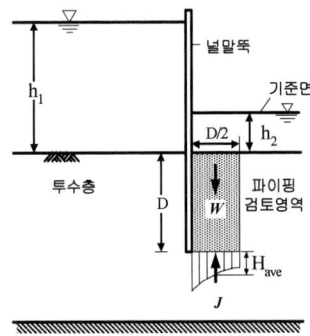 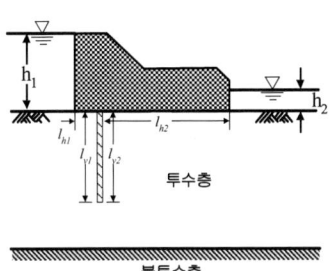

$$l_w = \frac{\Sigma l_h}{3} + \Sigma l_v$$

$$\Sigma l_h = l_{h1} + l_{h2}, \quad \Sigma l_v = l_{v1} + l_{v2}$$

■ 계산된 크리프 비가 표에서 제시한 각 흙의 값보다 크면 파이핑에 대하여 안전

표 5 크리프 비의 안전율(Lane, 1935)

흙의 종류	크리프 비의 안전치
아주 잔모래 또는 실트	8.5
잔모래	7.0
중간 모래	6.0
흙의 종류	크리프 비의 안전치
굵은 모래	5.0
잔자갈	4.0
굵은 자갈	3.0
연약 또는 중간 점토	2.0-3.0
단단한 점토	1.8
견고한 지반	1.6

연습문제

1. 균질한 흙에서 변수위 투수시험을 실시하였다. 시험 시작 전 직경 1㎝인 스탠드 파이프의 수위는 90㎝, 시험 종료 후의 수위는 40㎝ 이었으며, 시험 종료 시까지의 소요시간은 600초였다. 시험시료의 직경이 4㎝, 길이가 18㎝일 때 이 흙의 투수계수를 결정하고 흙의 종류를 예측하여라.

2. 간극비가 0.36이고 투수계수가 $3 \times E - 3$㎝/s인 지반에 투수시험을 실시하였다. 수두차가 20㎝인 경우에 길이 10㎝의 공시체를 흐르는 실제의 침투유속을 결정하시오.

3. 간극비가 0.71인 모래의 투수계수가 0.01㎝/s이었다. 이 흙의 다져서 간극비가 0.5가 되었다면 이 흙의 투수계수는 얼마인가?

4. 지반의 투수계수를 얻기 위하여 아래와 같은 정수위 투수시험을 실시한 결과, 15분 동안 600㎤의 유량이 메스실린더 내에 획득되었다면 대상지반의 투수계수는 얼마인가? 이때 실험에 사용된 증류수의 온도는 25°이었다.

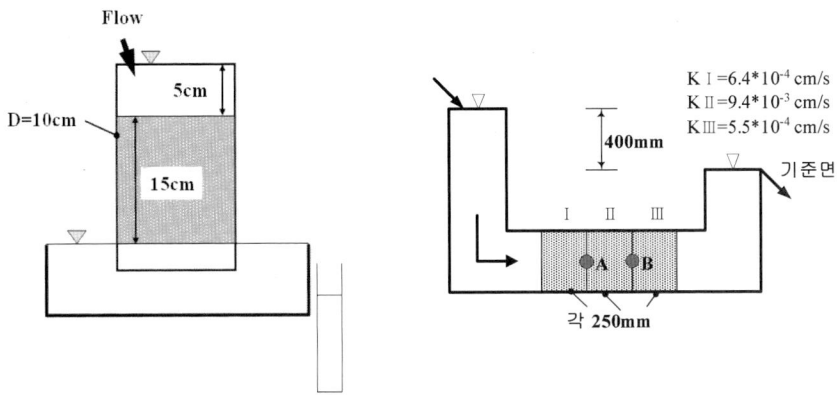

5. 위 그림과 같이 흐름이 층과 직각인 경우 평균 투수계수를 구하고 이에 따른 평균유속을 결정하시오.

참 조

1. 침투에 의한 파괴 현상

Piping에 의한 파괴

Quick sand 현상

Advanced

---

1. Quick clay

- 해저에서 퇴적된 점토가 지반의 융기로 인해 담수로 세척되어 생성된 예민한 점토로 강도가 적고 충격, 진동 시에 교란이 심하게 생기는 흙.
- 예민비가 8이상인 점토를 Quick Clay라 하고 64이상이 되면 Extra Quick Clay 라 함.
- Quick Clay는 자연함수비가 거의 일정한 반면 액성한계가 낮아져 액성지수가 1을 넘고 자연함수비가 액성한계보다 10% 이상 큼.

구 분	Quick sand	Quick clay
정 의	침투압에 의해 흙의 유효응력이 0이 되어 전단강도가 완전히 상실되어 흙이 위로 솟구치는 현상.	퇴적된 해성점토가 지반의 융기로 오랜 기간 동안 세척되어 염분이 상실되어 전단강도가 크게 감소된 특수토를 지칭
발생원인	$\tau=c'+\sigma'\tan\phi'$에서 모래는 $\tau=(\sigma-u)\tan\phi'$가 되고 간극수압이 전응력과 같게 되어 전단강도가 없어짐.	염분의 상실로 인한 흙구조의 변화, 즉 면모구조가 이산구조로 되며 이를 Leaching이라 함.
발생현상	−boiling 과 piping 발생 −포화된 느슨한 세립모래는 액상화 현상발생	충격, 진동 시 흙의 교란이 커서 강도저하가 큼.
공통점	원인은 다르나 전단강도가 감소한다는 결과는 같음.	
차이점	−현상 −원인: 유효응력감소	−특수토 이름(보통 예민비 8이상) −원인: 교란 및 구조변화

2. 동 상

- 동결지수
  - 흙이 어는 깊이는 0℃ 이하의 온도와 그 지속기간에 의존하는데 이것을 정량적으로 표시하기 위하여 동결지수라는 용어를 사용.
  - 동결기간 동안의 일평균기온(03시, 09시, 15시, 21시에 측정한 기온의 평균온도)을 적산하여 적산기온의 최대치와 최소치의 차가 가장 큰 값 즉, 기온강하가 계속된 값이 가장 큰 값을 동결지수라고 한다.
  - 포장의 동결 깊이를 결정하는 데 쓰이는 설계동결지수는 30년간의 기상자료에서 최대의 값을 취하거나 혹은 30년간의 자료 중 가장 최대값의 3개치를 평균한 값을 설계동결지수로 삼는다.
- 동결심도(Z)는 $Z = C\sqrt{F}$ 로 표시한다.

  여기서, Z: 동결심도(㎝)

  　　　 C: 햇볕이 쪼이는 조건, 토질배수조건 등을 고려하여 3~5의 값을 가진다.

  　　　 F: 표고 보정된 동결지수(。C-day)
- 동결지수 영향인자
  - 동결지수　　　 - 동결온도　　　 - 표고
- 동결지수 이용
  - 포장두께 산정
  - 기초의 동결에 대한 최소 근입깊이 산출

3. 필 터

- Filter의 조건
  - 공극의 크기가 충분히 작아 인접해 있는 흙의 유실이 방지되어야 한다.
  - 공극의 크기가 충분히 커서 filter로 들어온 물이 빨리 빠져나가야 하며 침투압이나

수압이 발생하지 않도록 투수성이 좋아야 한다.

−Filter의 설계기준

$$\frac{(D_{15})_f}{(D_{85})_s} < 5 \quad 4 < \frac{(D_{15})_f}{(D_{15})_s} < 20, \quad \frac{(D_{50})_f}{(D_{50})_s} < 25$$

−재료분리를 방지하기 위해 Filter는 75mm 이상 되는 흙을 함유해서는 안 된다.

−가는 입자가 내부에서 움직임을 방지하기 위하여 0.074mm보다 작은 세립토를 5% 이상 함유해서는 안 된다.

● Filter로 인한 문제점

−흙 속을 통과하는 물이 가는 입자로부터 갑자기 굵은 입자의 흙덩어리를 통과한다면 작은 입자가 유실될 수 있다.

−흙 속을 통과하는 물이 굵은 입자로부터 가는 입자로 통과한다면 간극수압이 유발될 수가 있다.

−Piping에 의한 제체 세굴은 동수경사의 증가로 침투유량이 커져 제체 파괴 가능.

V
흙의 다짐

V. 흙의 다짐

1. 다짐(Compaction)

1) 정 의

: 인위적인 압력으로 흙의 **밀도**를 높여 흙의 물리적·역학적 성질을 개선하는 공학적 처리(흙의 종류 판단, 공극 중 **공기의 체적**을 최소화하는 작업)

2) 다짐의 원리

다짐 → 단위중량 증가 → 전단강도 증진 →	침하감소(투수성, 압축성 감소) 지지력 증진

3) 다짐의 종류 및 이용

■도로, 제방, fill dam, 비행장, 기초지반 등의 성토작업에 이용(Proctor$\omega - \gamma$관계정리)

1) 정적 다짐; 자중이용(낙하고 zero)
2) 동적 다짐; 낙하에너지이용(동다짐공법; $10 \sim 60t$의 pounder이용, 낙하에 의한 충격에너지가 충격파로 전달 공극수를 배수시킴과 동시에 입자의 재배열로 공극을 감소시킴)
3) Kneading다짐; 점성토지반의 반죽다짐.

Q & A

① 다짐과 압밀의 구분

■다짐-공극 내의 공기만 배출되고 순간적인 체적감소
■압밀-공극 내의 물이 서서히 배출

구 분	다 짐	압 밀
함수비	변화 거의 없음.	변화됨.
시 간	단 기	장 기
목 적	투수성 저하, 강도증가	침하촉진, 강도증가 (부수적으로 투수성 저하)

2. 다짐시험(KSF 2312)

1) 목 적

; 다짐 시의 $\gamma_d - \omega$ 관계를 이용하여 최대건조단위중량과 최적함수비를 구하기 위함 (일반적으로 흙의 다짐정도는 흙의 **건조단위중량**을 통해 알 수 있다).

2) 시험의 종류(다짐에너지에 따른 분류)

방 법	해머무게 (kg)	낙하높이 (cm)	층 수	매 층당 타격횟수	몰드직경 (mm)	허용최대입경 (mm)
A(표준다짐)	2.5	30	3	25	100	19
B(표준다짐)	2.5	30	3	55	150	37.5
C(수정다짐)	4.5	45	5	25	100	19
D(수정다짐)	4.5	45	5	55	150	19
E(수정다짐)	4.5	45	3	92	150	37.5

*특별한 시방규정이 없는 한 KS F에 규정된 A-1 다짐시험을 시행함.

3) 다짐곡선

(1) 다짐시험결과의 정리

① 건조단위중량의 산정 $\gamma_d = \dfrac{G_s}{1+e} \cdot \gamma_w = \dfrac{\gamma_t}{1+w}$

② 다짐곡선; 함수비와 다져진 흙의 건조단위중량과의 관계곡선

그림 27 다짐곡선

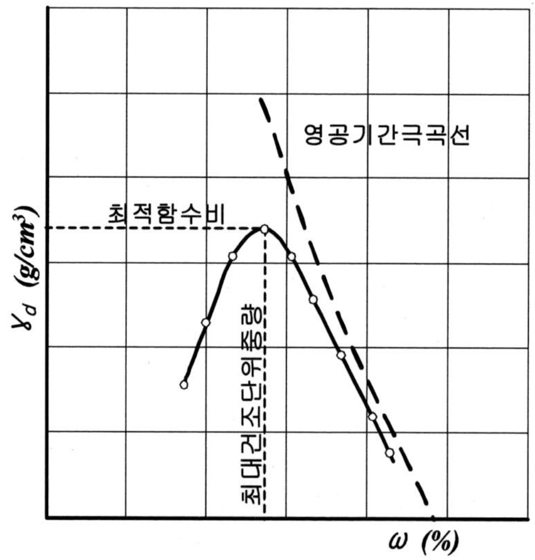

(2) 다짐곡선

① 최적함수비(OMC);

■ 다짐곡선의 정점에 해당하는 함수비: 흙이 가장 잘 다져지는 함수비(다짐곡선에서 정점이 존재한다는 것)

② 최대건조밀도($\gamma_{d\max}$);

■ 최적함수비에 대한 단위중량, 토공시공관리기준으로 이용

③ 영공기 – 공극곡선;

■ 공극 내 공기함유율이 zero(s=100%)인 경우 함수비에 대한 이론적 최대단위중량. (=포화곡선)

■ 잘 다져진 경우라도 공기가 100% 소산되진 않으므로 다짐곡선은 항상 왼쪽에 위치.

■ $\gamma_{zav} = \dfrac{G_s\gamma_w}{1+e}$ $\Rightarrow$ S=100%라면 $e = G_s \cdot w$ (e의 산정이 까다로우므로)

$\gamma_{zav} = \dfrac{G_s\gamma_w}{1+G_s w} \div G_s$ $\therefore$ $\underline{\gamma_{zav} = \dfrac{\gamma_w}{1/G_s + w}}$

■ 작도순서; 비중산정 → 함수비의 가정(5,10,15···) → γ_{zav} 작도

그림 28 흙의 종류에 따른 다짐곡선의 변화
(Johnson & sallberg, 1960)

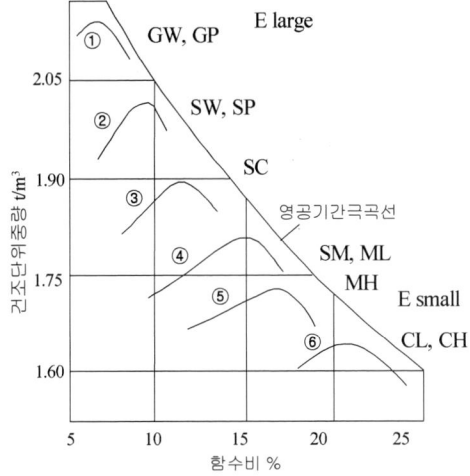

3. 현장다짐

1) 현장다짐방법

; 대상지반과 목적에 따라 결정
   1) 일반적인 다짐방법; 정적 다짐, 동적 다짐, Kneading 다짐
   2) 특수다짐; 바이브로 플로테이션, 동적 다짐, 발파다짐, Preloading, 탈수에 의한 다짐
   3) 평활, 공기타이어, 양족, 진동다짐

2) 다짐기계 종류

(1) 종 류

① 전압식; bull dozer, road roller, tamping roller, tire roller
② 진동식; 진동 roller, 진동 compactor, 진동 tire roller
③ 충격식; rammer, tamper

(2) 특 징

① 전압식; roller의 자체중량을 이용하여 정적압력으로 토사를 다지는 기계
   가) bull dozer; 예민비가 높은 점성토에 적합
   나) road roller
      ㉠ macadam roller; 3륜, 노반 박층토, 쇄석, 자갈 등의 포장기층 다짐에 사용
      ㉡ tandem roller; 아스팔트 포장의 전압 끝손질에 사용

② 진동식; roller의 자체중량의 부족을 충당하기 위해 진동력을 합한 전압식

　㉠ 진동 roller; 사질토 다지기에 사용

　㉡ 진동 compector; 기계가 작고, 좁은 장소에 적당

　㉢ 타이어 roller; 다짐두께가 얇은 곳에 유효하고, 모래를 많이 포함한 소성이 작
　　은 흙에 적합

③ 충격; 일정한 높이에서 자유낙하하는 충격력으로 다짐을 하는 방식

　　그림 29 타이어 롤러　　　　　　　　　　그림 30 양족 롤러

 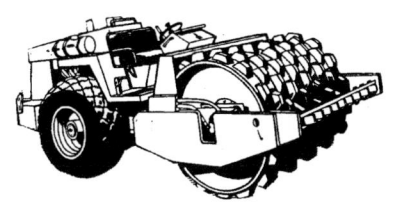

그림 31 롤러의 종류

 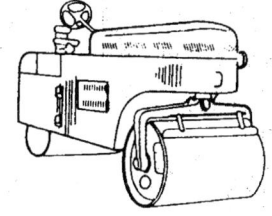 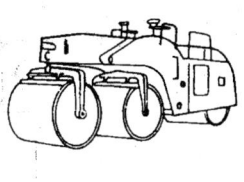

　(a) 마캐덤 롤러　　　　　(b) 2축탠덤 롤러　　　　　(c) 3축탠덤 롤러

3) 현장다짐의 관리

(1) 현장다짐시험

　① 모래치환법; 최대직경 5㎝ 이하의 흙　　　② 절삭법; 가장용이

　③ 고무막법; 물·기름 치환법　　　　　　　④ γ선 산란형 밀도계

그림 32 현장다짐시험의 종류(김상규, 1996)

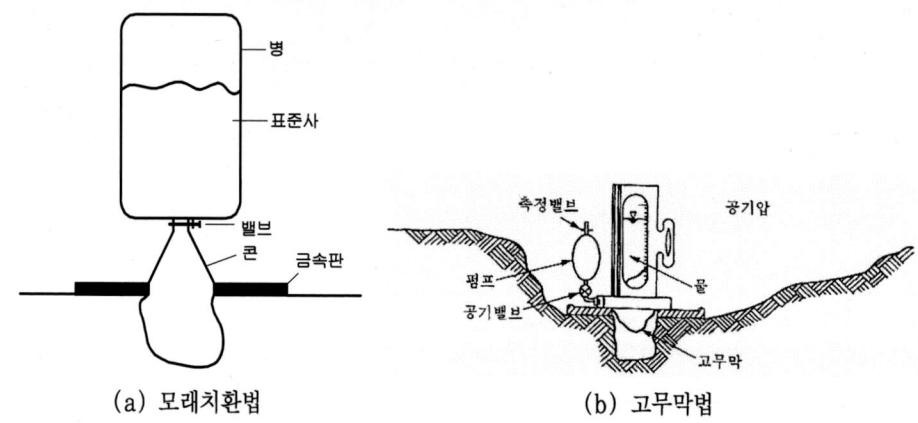

(a) 모래치환법   (b) 고무막법

(2) 상대다짐도(Relative compaction)

: 실험실 최대건조단위중량에 대한 현장 건조단위중량의 비

■ $R.C = \dfrac{\gamma_{dfield}}{\gamma_{dmax}} \times 100\%$

■ 상대밀도(D_r) : 조밀한 정도를 판단하는 기준

$$D_r = \frac{e_{max} - e}{e_{max} - e_{min}} = \frac{\gamma_d - \gamma_{d\,min}}{\gamma_{d\,max} - \gamma_{d\,min}} \times \frac{\gamma_{d\,max}}{\gamma_d}$$

표 6 상대밀도에 따른 지반의 상태

상대밀도	상 태	N 치	전단저항각(ø) Peck	전단저항각(ø) Meyerhof	비 고
$D_r < 0.2$	매우 느슨	0-4	28.5° 이하	30° 이하	ϕ13mm 철근으로 관입
$D_r = 0.2 \sim 0.4$	느슨	4-10	28.5-30°	30-35°	삽굴착 가능
$D_r = 0.4 \sim 0.6$	보통조밀	10-30	30-36°	35-40°	2.25kg햄마로 관입
$D_r = 0.6 \sim 0.8$	조밀	30-50	36-41°	40-45°	2.25kg햄마로 30cm 정도
$D_r > 0.8$	매우 조밀	50이상	41° 이상	45° 이상	2.25kg햄마로 5-6cm 관입

4. 다짐효과

1) 함수비에 따른 흙의 변화

: 함수비의 변동에 따른 4단계의 흙의 성 상 변화는 각각 명확한 경계에 의해서 판별되
  는 것이 아니고 연속적으로 옮겨지는 현상임.

그림 33 Hogentogler에 의한 다짐의 4단계

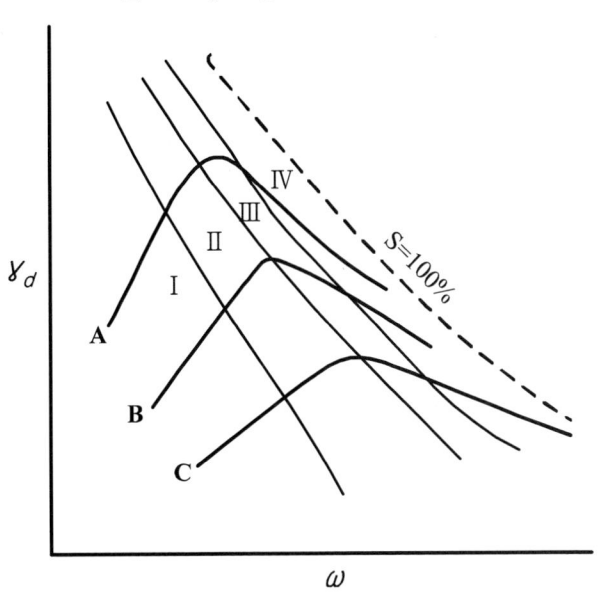

(1) 수화단계(Ⅰ, 반고체성 영역)

- 반고체상으로 수분의 부족으로 흙입자 간의 점착은 없이 큰 공극 존재.
- 흙입자가 다짐의 충격에 의해서 개개의 이동을 할 뿐 다짐효과는 미미, 공기간격은
  그대로 남게 되어 건조밀도가 낮은 다짐 흙을 얻게 됨.

(2) 윤활단계(Ⅱ, 액성 영역)

- 수량의 증가로 수분의 일부가 자유수로 존재, 흙입자의 이동을 도와(윤활제) 흙입자 상호간의 점착이 이루어짐.
- OMC 형성; 흙입자의 배치를 보다 안정하게 하므로 흙은 보다 조밀한 공극이 적은 상태로 되어간다. 그러므로 건조밀도는 함수비의 증가에 따라 급증하여 이 단계의 최대함수비 부근에서 최대건조밀도를 주는 최적함수비로 됨.

(3) 팽창단계(Ⅲ, 소성 영역)

- 최적함수비를 넘은 수분이 잔류공기를 압축, 다짐충격을 받아 팽창.

(4) 포화단계(Ⅳ, 반점성 영역)

- 증가된 수분이 흙입자와 치환되어 실질적으로 포화(건조밀도는 흙입자가 수분에 의해서 치환된 분량만큼 감소).

2) 다짐의 영향인자

(1) 다짐에너지

① Proctor $E_c = \dfrac{W_R \cdot H \cdot N_B \cdot N_L}{V}\,(kg \cdot cm/cm^3)$

where, E_c=다짐에너지, W_R=Rammer의 중량, N_B=층당 다짐횟수, N_L=층수, H=낙하고

그림 34 다짐에너지에 따른 다짐곡선

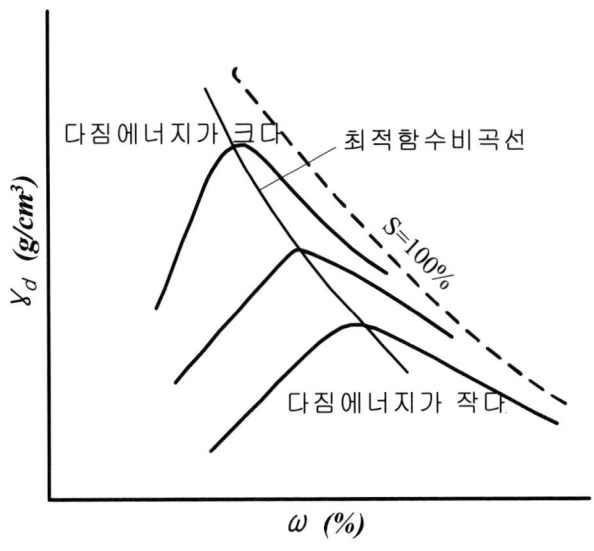

② 다짐에너지 증가 $\gamma_{d\max}$ 증가, OMC감소, 공기함률 일정〈입자배열 시 평행상태로 되려는 경향으로 입자 간의 거리가 축소되어 단위중량 증가〉

③ 수정다짐 $\gamma_{d\max}$〉표준 $\gamma_{d\max}$

(2) 흙의 종류

① 조립토
- 세립토에 비해 곡선폭이 작다
- 입자가 크고 분포가 좋을수록 $\gamma_{d\max}$ 증가

② 세립토
- 곡선이 완만하다
- 입자가 크고 LL, PL이 작을수록(소성이 작을수록) $\gamma_{d\max}$ 증가

③ 순수한 모래
- Bulking 현상 – 점성이 없는 깨끗한 모래에서 함수비가 작은 경우 흙입자의 이동은

입자의 마찰에 의해 저항되나 수분이 약간 증가하는 경우 모관장력(모세관 인장효과)
에 의해 저항력이 증가되어 건조단위중량이 공기건조 시보다도 저하되는 현상.(수분
이 더 증가될 경우 모관장력의 소산으로 처음 단위중량과 비슷해짐)

(3) 습윤 측, 건조 측의 성질

	건조 측	습윤 측
효 과	강도증진	차수목적
구 조	면모구조(엉성하게 엉킴)	이산구조(평행배열)
내구성	변화에 민감	
구 조	면모구조(엉성하게 엉킴)	이산구조(평행배열)
압축성	大(높은 압력)더 빠르게 압밀	大(낮은 압력)
투수계수	大(함수비 변화에 민감: 투수계수 변화가 크다)	OMC보다 약간 습윤 측에서 최소 (함수비 변화에 둔감: 투수계수 변화가 작다)
강 도	大	포화 후 swelling이 허용될 경우 大
변형계수	大	小
예민비	大	
체적팽창	大(간극비가 크고, 포화도 낮음)	小
간극수압	파괴 시 小	파괴 시 大

*상기와 같은 흙 성질의 변화는 궁극적으로 흙의 구조변화에 기인함.

5. 현장에서의 지지력 평가

1) 평판재하시험(KSF 2310)

: 지반에 압력을 가하고 이때의 지반 거동(지지력, 침하)을 관찰하여 측정하는 시험.

(1) 목 적

: 지반의 지지력 평가, 지지력 계수 산정, 하중에 의한 지반의 변형 특성 측정.

(2) 지지력 평가

① 극한하중 산정:
- 하중-침하곡선 상 곡선이 침하량의 축과 평행에 가까워졌을 때의 하중강도
- 재하판 직경의 10% 침하발생 시의 하중.

② 항복하중 산정: 재하량의 부족으로 극한지지력을 구할 수가 없는 경우.
- 최대곡률법; 하중-침하량 곡선에서 초기와 후기 직선 부분의 교점을 항복점으로 간주.
- logP-logs법; 하중-침하 관계를 대수눈금에 그려 발생되는 절점을 이용. 이점을 항복점으로 간주하여 1.5배를 극한지지력으로 적용, 신뢰도가 가장 높음.

③ 허용 지지력 산정;
- **극한하중의** 1 / 3과 **항복하중** 1 / 2 중 작은 값을 설계허용지지력으로 결정.

(3) 지지력 계수의 산정

- $K = \dfrac{하중강도}{침하량} \quad (kg/cm^3)$
- 재하판의 직경에 따른 상관식(Scale Effect를 고려)

$$K_{75} = \frac{1}{2.2} K_{30} \quad K_{75} = \frac{1}{1.5} K_{40} \quad K_{40} = \frac{1.5}{2.2} K_{30}$$

(4) 시험방법

① 최대하중의 예측
- N치를 알 때
  - 사질지반 $Q_u = 4.3NBA$(A, B는 각각 재하판의 면적과 직경임.)

　　－점성토지반 $Q_u = 4.5NA$

　■ 설계하중의 3배

② 하중의 재하

　■ 예측된 최대하중을 5단계 이상으로 나누어 재하.

　■ 하중단계에 대하여 2, 4, 8, 15, 30, 45(이상 15분마다)……침하량 측정.

　■ 곡선의 형상이 평활하거나 침하속도가 15분에 1 / 100mm 이하인 경우 다음 단계로.

③ 시험장비

시험장비	개 수	규 격	비 고
재하판 (Bearing Plate)	1개	45.7cm	두께 25mm
잭(Jack)	1조	50ton	유압계 포함
다이얼 게이지 (Dial Gauge)	2조	0.01mm	
자기식 홀더 (Magnetic Holder)	2조	－	
재하장치	1대	백호우	
기타 부대 장비	1식	－	

2) 실내 CBR시험(KS F 2320)

(1) 목적; 아스팔트 등 가요성 포장의 두께 결정

(2) 시험개요; 도로의 원지반이나
　　포장재료의 지지력과 표준재료의 지지력 비를 결정.

　　Mold의 시료에 대한 강봉의 관입량과 하중강도와의 관계를 구함.

　　시료성형(다짐과 동일) → 수침(4일) → 팽창량 측정 → 무게 측정 → 관입시험

(3) 노상토의 지지력비

■ $CBR_y = \dfrac{\text{시험단위하중}}{\text{표준단위하중}} \times 100\%$

(4) 수정 CBR; 노반재료의 강도표시 시 소요밀도에 대응하는 CBR값

(5) 표준하중강도

관입량(mm)	단위하중(kg/cm^2)	전하중(kg)
2.5	70	1370
5.0	105	2030
7.5	134	2630
10.0	162	3180
12.5	183	3600

연습문제

1. 다짐의 원리와 목적에 대해 설명하시오.

2. Rockfill 댐의 축조에 있어 댐의 중심부에 침투를 막기 위해 심벽을 설치하는 경우 심벽의 다짐을 어떻게 수행해야 할 것인지에 대해 서술하시오(목적 및 당위성).

3. 최적함수비에 따라 건조 측-습윤 측 다짐을 구분하여 두 영역을 비교 설명하고 다짐곡선풍화토의 비중이 2.7일 때 함수비가 0~100%로 변할 때 영공기간극값인 γ_{zav}를 10% 단위로 산정하세요.

4. 상대 다짐도를 정의하고 그 산정방법을 측정방법을 들어 자세히 설명하세요.

5. 풍화토의 비중이 2.7일 때 함수비가 0~100%로 변할 때 영공기간극값인 γ_{zav}를 10% 단위로 산정하세요.

6. 함수비에 따른 다짐 특성을 4단계로 나누어 설명하세요.

참 조

1. 동다짐 전경

pound의 낙하전경

생성된 크레터

Advanced

---

1. Bulking 현상

- 건조 상태에 있는 모래나 실트가 물을 약간 흡수하게 되면, 그 흙은 극히 느슨한 상태가 되어 마치 벌집처럼 엉켜서 건조한 경우에 비하여 흙의 조직은 변화되지 않은 채로 체적이 크게 증가한다. 이러한 현상을 용적팽창현상이라고 하며 이러한 현상은 두입자 사이의 수막에 작용하는 표면장력 때문에 생기며 이러한 체적변화는 입자의 크기와 함수비에 의존하는데 함수비가 5~6%일 때 그 체적은 최대가 된다고 하며, 모래의 경우 함수비가 5~6%인 경우 원체적의 25%까지 팽창한다. 팽창한 층에 계속하여 다량의 물을 가하면 입자가 분리되어 수축하게 되는데 이러한 현상을 水締(수체)의 원리라고 하며 물다짐에 이용되고 있다. 이때 다짐의 정도는 크게 기대할 수 없으며 되메움 등의 불충분한 틈을 충진하는 효과가 있다.

Fig. 용적 팽창곡선

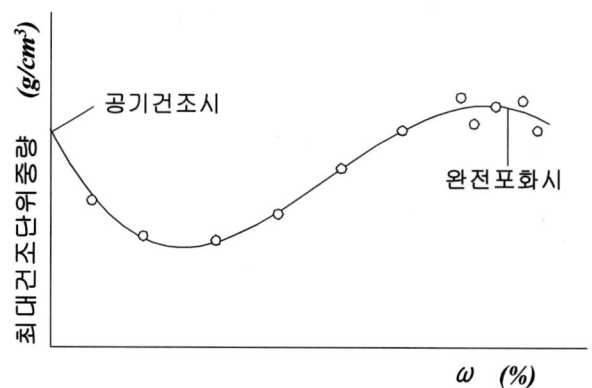

2. 과다짐

- 최적함수비의 습윤 측에서 너무 높은 에너지로 다지는 경우 표면 흙입자의 파손으로 전단파괴가 발생하여 흙이 분산화됨에 따라 강도가 오히려 감소하여 흙에 결함이 생기는 현상

3. 수정 CBR

- CBR
  - Califonia Bearing Ratio의 약자로 캘리포니아 쇄석을 100으로 기준한다.
  - 직경 15cm 몰드에 채워 넣은 다짐흙 또는 교란되지 않은 상태로 현장에서 채취된 시료에 지중 5cm의 강봉을 관입하였을 때 일정깊이 관입에 있어서의 표준단위하중에 대한 시험단위하중의 비를 CBR이라 하며 단위는 %이다.
  - $CBR = \dfrac{\text{어느관입깊이에서의 시험하중}}{\text{어느관입깊이에서의 표준하중}} \times 100(\%)$

    표준하중 2.5mm 관입: $70\text{kg}/\text{cm}^2$ 5.0mm 관입: $105\text{kg}/\text{cm}^2$

- 수정 CBR
  - "CBR" 시험방법에 의해 최적 함수비 상태로 각 층 10회, 25회, 55회에 대한 3개의 공시체를 만들어 관입시험을 통해 건조밀도-지지력 비를 구한다.

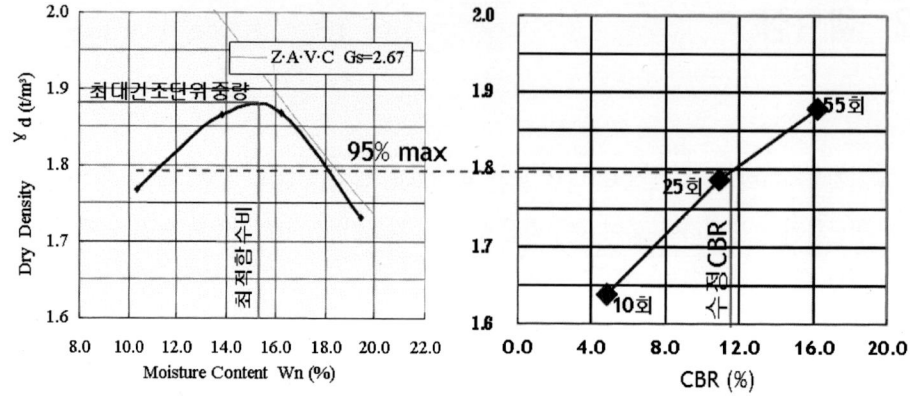

- 소요의 다짐도에 대한 건조밀도에서 수평선을 긋고 건조단위중량-CBR 관계선과 만나는 위치에서 CBR을 구하며 이 CBR을 수정CBR이라 한다.
- 토취장, 절토부에서 시험한 여러 개의 수정CBR로부터 설계CBR을 산출하고, 교통량, 동결심도, 설계CBR 등으로부터 포장설계를 함.

VI

지반 내의 응력

VI. 지반 내의 응력

1. 흙의 응력과 변형

1) 응력과 변형

: 모든 재료의 거동과 역학적 특성은 응력-변형 관계를 이용하여 설명하고 정량화, 재료의 응력-변형률 곡선의 양상에 따라 탄성, 소성, 점성, 취성 등으로 구분하고 재료의 해석에 주요성질을 이용.

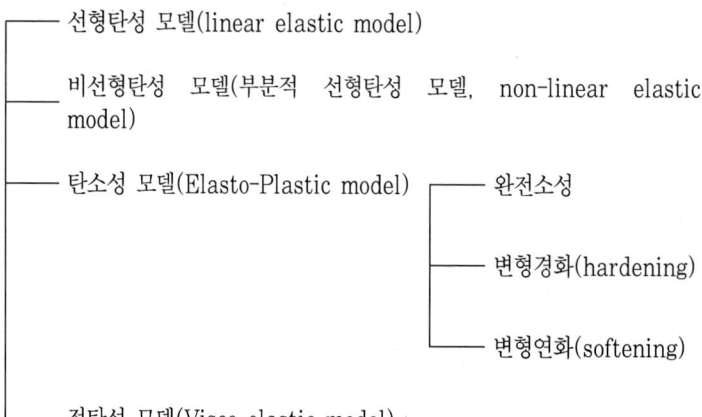

- 선형탄성 모델(linear elastic model)
- 비선형탄성 모델(부분적 선형탄성 모델, non-linear elastic model)
- 탄소성 모델(Elasto-Plastic model)
  - 완전소성
  - 변형경화(hardening)
  - 변형연화(softening)
- 점탄성 모델(Visco-elastic model)

(1) 흙의 응력 – 변형률 특성

■ 기본적으로 흙은 하중변화를 받는 다른 고체들처럼 거동한다. 그러나 강(鋼)이나 콘크리트와는 중요한 다른 점들을 가지고 있다.

　a) 일부가 부착된 형태를 제외하고는 흙은 인장을 받을 수 없다.

　b) 하중을 받을 때, 흙은 일반적으로 체적의 변화나 공극수압의 증가를 받는다.

　c) 포화된 흙은 공극수가 외부로 배출되는 만큼 체적변화가 발생한다. 손실된 물의 비는 흙의 투수계수에 의해 조절된다.

　d) 일부 흙(딱딱하거나 단단한)들은 전단력에 의해 소성파괴를 나타내기도 하는 반면 다른 흙들은 단순한 소성의 비틀림을 나타낸다.

　e) 전단 미끄러짐은 고체역학의 문제를 강체역학적 문제로 변화시키는 문제를 발생

2) 임의의 점에서의 응력상태와 모아의 원

■ 부호규약: 토질역학에서 사용하는 부호규약은 구조역학의 경우와 정반대

　– 수직응력(normal stress): 압축(+), 인장(−)

　– 전단응력(shear stress): 입자를 왼쪽으로 돌리면 (+) ↓□↑

　　　　　　　　　　　　　　입자를 오른쪽으로 돌리면 (−) ↑□↓

■ 외부하중에 의한 응력 증가량 → 지반의 변형 유발 → 지반 내 흙입자에 작용하는 초기 응력상태가 변화(초기상재압력+응력증가〔연직응력증가 $\Delta \sigma_v$, 수평응력증가 $\Delta \sigma_h$, 전단응력증가 $\Delta \sigma_{hv}$〕)

　∴ 지반의 응력변화를 간편하게 표현할 필요가 있음.

(1) 경사면 상에 작용하는 응력

■ 임의의 경사면에 작용하는 수직응력과 전단응력

$$\sigma_n = \frac{\sigma_y + \sigma_x}{2} + \frac{\sigma_y - \sigma_x}{2} \cos 2\theta + \tau_{xy} \sin 2\theta \qquad (1)$$

$$\tau_n = \frac{\sigma_y - \sigma_x}{2} \sin 2\theta - \tau_{xy} \cos 2\theta \qquad (2)$$

(2) 주응력

- 정의: 전단응력이 발생하지 않는 면을 **주면**이라 하고 주응력이란 주면 상에 발생하는 응력으로 설계 또는 구조해석을 위하여 최대응력을 구하는 것이 필요

- 주면의 방향: 식 (2)를 0으로 놓고 풀면

$$\tan 2\theta_p = \frac{2\tau_{xy}}{\sigma_y - \sigma_x}$$

- 최대 주응력, 최소 주응력: 식(1)에 $\cos 2\theta$, $\sin 2\theta$를 아래의 관계식을 이용하여 대입

$$\sigma_{1,3} = \frac{\sigma_y + \sigma_x}{2} \pm \sqrt{\left(\frac{\sigma_y - \sigma_x}{2}\right)^2 + \tau_{xy}^2} \qquad R = \sqrt{\frac{\tau^2_{xy}}{((\sigma_y + \sigma_x)/2)^2}}$$

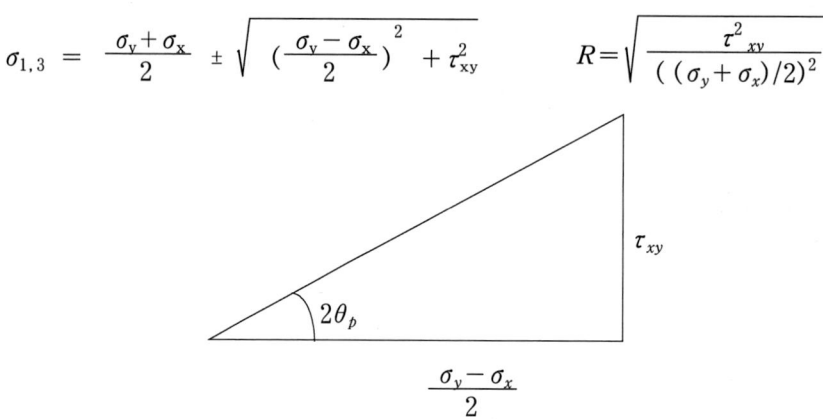

(3) Mohr원의 원리

- Mohr의 응력원은 2차원 응력상태를 표시하는 방정식을 1개의 원으로 나타내는 방법으로 중심좌표는 $\dfrac{\sigma_1 + \sigma_3}{2}$, 반경좌표는 $\dfrac{\sigma_1 - \sigma_3}{2}$ 이다.

- 모아원의 방정식: $[\sigma - \dfrac{\sigma_1 + \sigma_3}{2}]^2 + [\tau - 0]^2 = [\dfrac{\sigma_1 - \sigma_3}{2}]^2$

그림 35 모아원의 원리

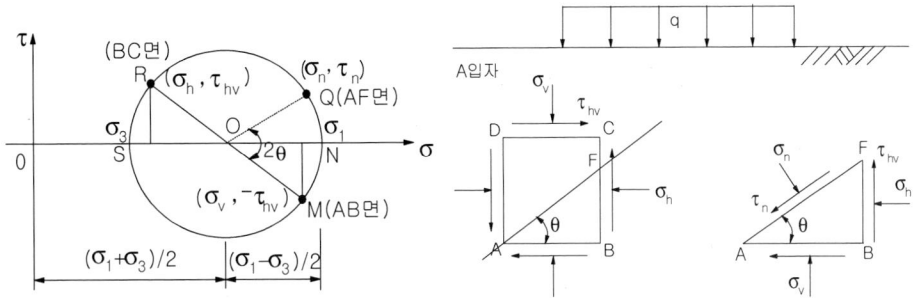

-R점: BC면(또는 AD면)에 작용하는 응력

-M점: AB면(또는 CD면)에 작용하는 응력

-Q점: AF면에 작용하는 응력(구하고자 하는 응력)

-주응력: N점, S점

(4) Mohr원의 작도법

① 해석적 방법

㉠ 최대 주응력, 최소 주응력을 찾는다.

㉡ σ_1, σ_3을 지름으로 하는 원을 그린다.

중점: $(\dfrac{\sigma_x + \sigma_y}{2}, 0)$, 반경: $\sqrt{(\dfrac{\sigma_y - \sigma_x}{2})^2 + \tau_{xy}^2}$

② 극점(Pole)법

-배각을 사용하지 않고 응력상태를 구할 수 있어 토질공학 분야에서 많이 사용

-극점: 모아의 원 상에서 주어진 주응력상태에서 모든 방향의 응력을 구할 수 있는 점 이 존재하는데 이를 극점(POLE)이라 함.

-극점을 찾는 방법: 흙입자의 한 면에 작용하는 응력을 모아원상에 표시하고 그 점에 서 그 면에 평행한 선을 그어 모아원과 만나는 점

-임의의 평면에 작용하는 응력 산정: 극점에서 임의의 평면에 평행하게 그은 선이 Mohr원과 만나는 점의 좌표가 그 면에 작용하는 응력의 크기를 나타낸다.

- 최대최소 주응력의 방향: 모아의 응력원 상에 $(\sigma_1, 0)$, $(\sigma_3, 0)$점을 연결한 선이 이루는 각
- 그림 (a)의 AB면의 응력은 Mohr원 상에서 점 M으로 표시, M점에서 AB면에 평행선을 그으면 Mohr원의 P점에서 만나며, 이 점 P가 Pole(BC면의 응력은 Mohr원에서 점 R로 표시, R점에서 BC면에 평행한 선을 그으면 점 P와 교차
- EF면에 작용하는 응력: Pole(P점)에서 EF와 평행한 선을 그으면 Mohr원의 점 Q와 만나며, 이 점 Q가 EF면에 작용하는 응력

그림 36 Pole 방법

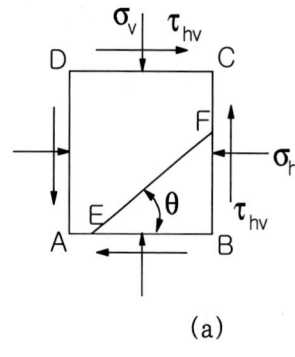

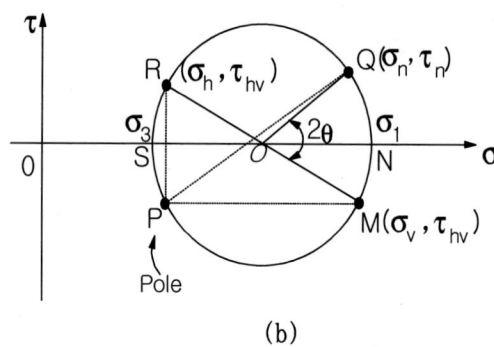

(a)   (b)

(5) Mohr원의 이용

- 임의의 평면에 작용하는 응력 산정
- 주응력의 크기 산정
- 최대전단응력의 크기 산정
- Mohr 파괴포락선

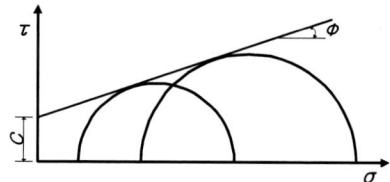

① 여러 개의 시료에 대한 구속압력(σ_3)을 바꿔 시험하여 Mohr원을 그려 접선을 그어 파괴포락선을 구함.

② 파괴포락선의 경사를 전단저항각, 수직축인 전단응력과의 교점을 점착력으로 결정
  - 즉 전단강도를 구하게 됨.

2. 상재압력

1) 지중응력의 구성

(1) 상재압력(overburden pressure or geostatic stress)

■ 흙 자체의 무게로 인하여 생기는 응력(흙 위에 있는 흙의 하중으로 인하여 생기는 응력)
■ 연직응력과 수평응력

(2) 외부하중으로 인한 응력의 증가분

■ 구조물(건물, 물탱크 등)의 하중으로 인하여 지반에 상재압력에 추가하여 새로이 작
  용하는 응력
  ※지중응력 산정 시 고려 사항: 작용하중, 변형구속, 물의 흐름, 토체 자체의 구성
  (공극), 지반의 퇴적이력 등

2) 연직응력

■ A 입자에 작용하는 연직응력: 요소 A 위에
  있는 흙의 무게를 A 입자의 수평방향 면적으
  로 나눈 값

  $$\sigma_v = \gamma \cdot z \cdot \Delta x \cdot \Delta y / (\Delta x \cdot \Delta y)$$
  $$= \gamma \cdot z$$

  여기서, σ_v: 상재압력 혹은 연직방향응력,
          γ: 흙의 단위중량
■ 물에 의해 포화되어 있는 경우 A입자에 작용
  하는 전연직응력:

  $\sigma_v =$물의 단위면적당 중량(h_w부분)+포화
  된 흙의 단위면적당 중량(z부분)

  $$= \gamma_w \cdot h_w + \gamma_{sat} \cdot z$$

그림 37 지중 내 한 단면(이인모)

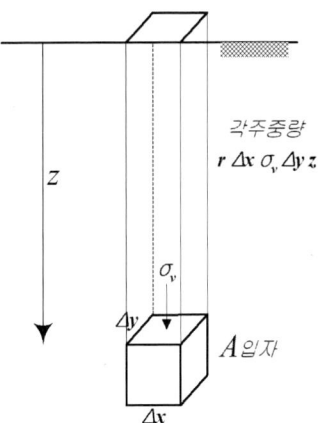

각주중량
$r \Delta x\, \sigma_v \Delta y\, z$

z

σ_v

Δy

A입자

Δx

3) 수평응력

■ 물과 달리 흙입자는 연직응력과 수평응력이 다름. 수평응력은 연직응력의 비로 정의

$$\sigma_h = K \sigma_v$$

여기서, σ_h: 수평방향응력, K: 연직방향응력과 수평방향응력의 비를 나타내는 비례 계수로 토압계수

■ 흙의 변위가 전혀 없을 때의 수평방향응력

 $- \sigma_h = K_0 \sigma_v$, 여기서 K_0는 정지토압계수

■ 수평응력을 구할 때 흙입자와 물을 항상 따로 취급

 − 연직응력: $\sigma_v = \sigma_v{'} + u = \gamma{'} z + \gamma_w z$

 수평응력: $\sigma_h = \sigma_h{'} + u = K_0 \sigma_v{'} + u = K_0 \gamma{'} z + \gamma_w z$

4) 유효응력의 개념

: 흙의 변형은 입자의 재배열에 의해 발생되며 전단력은 입자의 접촉력에 의해 발생된다.

(1) 정 의

① 간극수압(u)

 ■ **공극에 채워진 유체(또는 물, 증기와 물) 내에서 유발된 압력**(공극유체는 수직응력을 전달시킬 수 있으나 전단응력을 전달시키지는 못하므로 전단 저항의 발생에는 비효과적이다. 이러한 이유로 간극압을 중립 응력이라고 언급하기도 한다).

② 유효응력(σ' : Effective stress)

 ■ **흙입자 간의 접촉에 의하여 흙구조를 통해서 전달되는 응력.**

 − 두 체적의 변형을 효과적으로 조정하는 응력 성분이 고, 흙의 전단강도는 흙의 수직응력과 전단응력이 흙 입자와 입자 사이의 접촉을 통하여 전달되어진다.

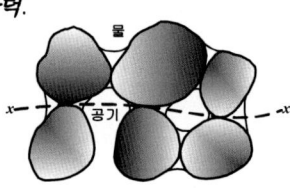

③ 전응력(σ)

　■ 전 토체에 작용하는 단위면적당 법선응력

(2) 유효응력의 원리

① 일반식

　■ 입자에 발생되는 힘→접촉력, 수압, 전기력(인력과 반발력)

　　－수압은 접촉면을 제외한 단면에 작용하며(접촉면적은 무시 가능, Bishop), 전기력
　　은 소성이 작거나 사질토의 경우에 무시가 가능하다

　　∴ **작용력＝접촉력과 공극 내의 수압이다**

　■ <u>$\sigma' = \sigma - u$</u> ($\sigma = \sigma' + u(1-a) - A' + R'$)

　　－전응력과 중립응력은 측정이 가능하고 유효응력은 추정된 값이다

② 유효응력의 의미(A. W. Skempton, 1914, 영국) : 포화토에 성립

　■ 흙의 변형이나 비틀림, 전단거동과 같은 측정효과는 오직 유효응력의 지배를 받는다
　　(흙입자는 작용하는 수압에 충분히 강하므로).

　■ 동일한 광물입자와 구조를 가진 두 흙의 거동은 유효응력이 같으면 같다.

　■ 따라서 전응력은 유효응력과 공극수압의 두 항목으로 나뉜다(포화된 흙의 경우
　　Terzaghi(1943)는 유효응력이 전응력과 간극압의 차로 정량화되는 것을 증명하였다).

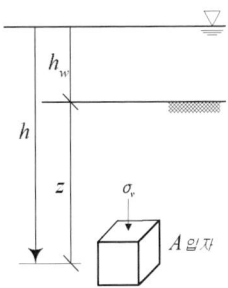

　■ 그림에서 A점에서의 유효응력(σ_v')＝전 상재압력－수압

$$\begin{aligned}
\sigma_v' &= \gamma_w \cdot h_w + \gamma_{sat} \cdot z - \gamma_w(h_w + z) \\
&= (\gamma_{sat} - \gamma_w)z \\
&= \gamma' z
\end{aligned}$$

여기서, $\gamma' = (\gamma_{sat} - \gamma_w)$: 수중단위중량, 즉, 유효응력은 흙의
깊이×수중단위중량

■ 그림의 A점에서 전 상재압력(연직응력), 유효응력, 수압

  －전 상재압력(전 연직응력): $\sigma_v = \gamma_{sat} z$

  －유효응력: $\sigma_v' = \gamma' z = (\gamma_{sat} - \gamma_w) z$

  －수압: $u = \gamma_w z$

  －편의상 $\gamma_{sat} = 2.0 t/m^3$으로 가정하면 $\gamma' = 1 t/m^3$이므로
전 상재압력에 대하여 흙입자와 물이 같은 비율(50%)을 분담

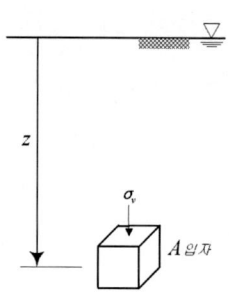

■ 지금까지의 유효응력 및 수압은 기본적으로 지하수위가 일정하여 정수상태에서만 적
용, 투수가 발생하는 경우 수압도 단순히 $\gamma_w z$가 아니며, 유효응력도 변화

3. 외부하중으로 인한 응력의 증가분

: 흙에 관한 제반문제는 초기의 상재하중보다는 외부하중에 의한 응력의 증가량이다

1) 지중응력 증가량 산정방법

■ Boussinesq 등이 제안한 탄성론으로부터 유도(가정조건이 실제와 불일치)
  경험치, 측정치 이용(응력증가의 측정이 쉽지 않음)
  수치해석 이용(지반물성의 정확한 값 유추가 어려움)
  －집중하중과 선하중을 기본으로 적분에 의해 증가량(Δ) 산정
■ **탄성론**으로부터 유도
  －기본 가정: 흙은 균질(homogeneous), 등방성(isotropic), 탄성(elastic)
  －탄성론에 의해 얻어진 도표를 이용하여 응력을 계산하는 방법
  －중첩의 원리

표 7 하중조건에 따른 지중응력 증가량의 산정

하중조건	계산식	비 고
집중하중	$\Delta\sigma_z = I_B(\dfrac{P}{z^2})$ p:집중하중, z:깊이, R:작용점으로부터의 길이	$I_B = \dfrac{3z^5}{2\pi R^5}$
원형하중	$\Delta\sigma_v = I_B q_s$ q : 원형 등분포하중의 크기, x : 원형 중심부에서부터의 거리 r : 작용하중의 반경	$I_B = 1 - \dfrac{z^3}{(x^2+z^2)^{3/2}}$
직사각형 하중	$\Delta\sigma_z = q\,I_B$ B:폭, L:넓이, z: 깊이	I_B는 m=B/z, n=L/z의 함수이며, 모서리 아래에서의 응력 증가량을 구하는 식
	$\Delta\sigma_z = \dfrac{Q}{(B+z)(L+z)}$ B:폭, L:넓이, z:깊이	수직응력증가:수평응력증가=2:1로 가정해서 해석
선하중	$\Delta\sigma_z = \dfrac{2pz^3}{\pi(x^2+z^2)^2}$	
대상분포하중	$\Delta\sigma_z = \dfrac{q}{\pi}[\beta + \sin\beta\cdot\cos(\beta+2\delta)]$	
제방하중	$\Delta\sigma_v = I_B q_s$	a/z, b/z의 함수
복잡한 형태의 분포하중	$\Delta\sigma_z = 0.005\ nq$	

■부호규약
  -수직응력(normal stress): 압축(+), 인장(-)
  -전단응력(shear stress): 입자를 왼쪽으로 돌리면 (+) ↓□↑
                          입자를 오른쪽으로 돌리면 (-) ↑□↓

2) 집중하중으로 인한 응력의 증가

■$Boussinesq이론$(1883): 지표면에 집중하중 P가 작용할 때 깊이 z와 거리 r인 요소에서의 응력 증가량 유도
■탄성론에 근거하여 응력의 증가량을 Cartesian 및 원통형 좌표를 이용하나 변수조건 때문에 원통형 좌표가 더 유리하다.

■ 연직응력 증가분: $\Delta \sigma_z = \dfrac{3Pz^3}{2\pi R^5} = I_B(\dfrac{P}{z^2})$ ← Mohr원(극좌표)을 이용하여 제안

여기서, $I_B = \dfrac{3z^5}{2\pi R^5}$: 영향계수(영향계수 도표를 이용하여 산정)

표 8 집중하중에 따른 지중응력의 증가량

$\dfrac{r}{z}$	영향계수 I_s	$\dfrac{r}{z}$	영향계수 Is	$\dfrac{r}{z}$	영향계수 I_s
0.0	0.4775	1.0	0.0844	2.0	0.0085
0.1	0.4657	1.1	0.0658	2.1	0.0070
0.2	0.4329	1.2	0.0513	2.2	0.0058
0.3	0.3849	1.3	0.0402	2.3	0.0048
0.4	0.3294	1.4	0.0317	2.4	0.0040
0.5	0.2733	1.5	0.0251	2.5	0.0034
0.6	0.2214	1.6	0.0200	2.6	0.0029
0.7	0.1762	1.7	0.0160	2.7	0.0024
0.8	0.1386	1.8	0.0129	2.8	0.0021
0.9	0.1083	1.9	0.0105	2.9	0.0018

■ 지표면에 집중하중 작용 시 이로 인한 연직응력 증가량은 깊이의 제곱에 반비례

■ 연직응력 증가량은 하중의 중심선에서 가장 크며, 깊이가 깊어짐에 따라 감소하고, 어느 깊이 이상에서는 영향을 받지 않음

■ 지표면에 등분포하중이 작용된다면, 응력의 증가량은 집중하중에 의한 증가량 공식을 적분하여 구할 수 있음.

그림 38 집중하중에 의한 응력의 증가량(이인모, 2003)

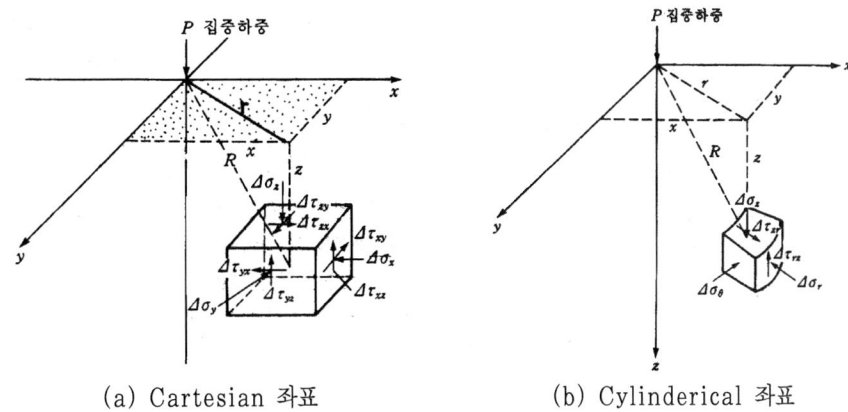

(a) Cartesian 좌표   (b) Cylinderical 좌표

(1) 원형하중에 의한 응력의 증가량

■ 지표면에 반경 r인 원형면적위로 q라는 응력이 작용될 때 이 응력으로 인하여 **원형의 중심부**에서 z만큼 깊은 곳에 생긴 응력의 증가량

■ 연직응력 증가량: $\Delta \sigma_z = q \left[1 - \dfrac{z^3}{(x^2 + z^2)^{3/2}} \right]$ $\underline{\Delta \sigma_v = I_B q_s}$

여기서, q : 원형 등분포하중의 크기, x : 원형 중심부에서부터의 거리

■ 방사방향 및 접선방향의 응력 증가량:

그림 39 원형 등분포하중에 대한 등압선도

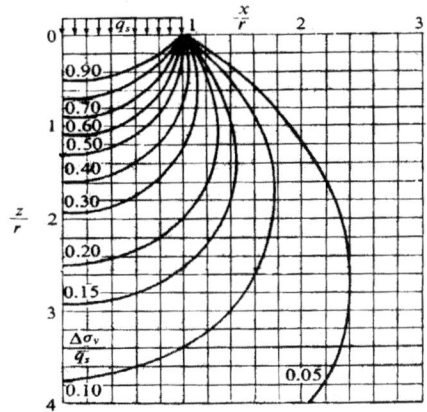

(2) 직사각형 하중에 의한 응력의 증가량

■ $B \times L$의 직사각형 면적에 q의 응력이 작용할 때 이 응력으로 인하여 직사각형 **모서리 아래** 깊이 z에서의 응력 증가량

$$\Delta \sigma_z = q \, I_B$$

여기서, $I_B = f(m, \ n)$: 영향계수 ($m = \dfrac{B}{z}$, $n = \dfrac{L}{z}$)

B: 직사각형 단면의 폭, L: 직사각형 단면의 길이

■ 직사각형 단면 내부점 또는 재하단면 외부점 아래에서의 연직응력: 그 점이 직사각형 단면의 한 모서리가 되도록 나누어 각 직사각형마다 계산한 값을 가감하여 구함

그림 40 직사각형 하중에 의한 응력증가(김상규, 1996)

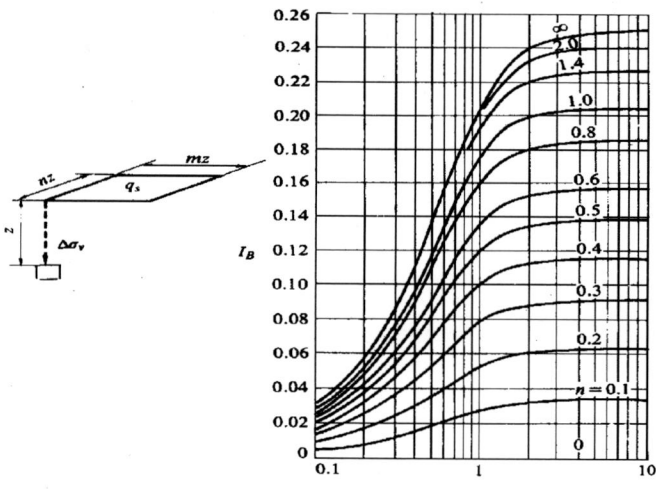

3) 선하중에 의한 지중응력의 증가량

■ 선하중: 단위길이당 하중(t / m, kN / m 등)

■ 선하중에 의한 지중응력의 증가량:

$$\Delta \sigma_z = \frac{2pz^3}{\pi (x^2 + z^2)^2} \qquad \Delta \sigma_x = \frac{2px^2 z}{\pi (x^2 + z^2)^2} \qquad \Delta \tau_{xz} = \frac{2pxz^2}{\pi (x^2 + z^2)^2}$$

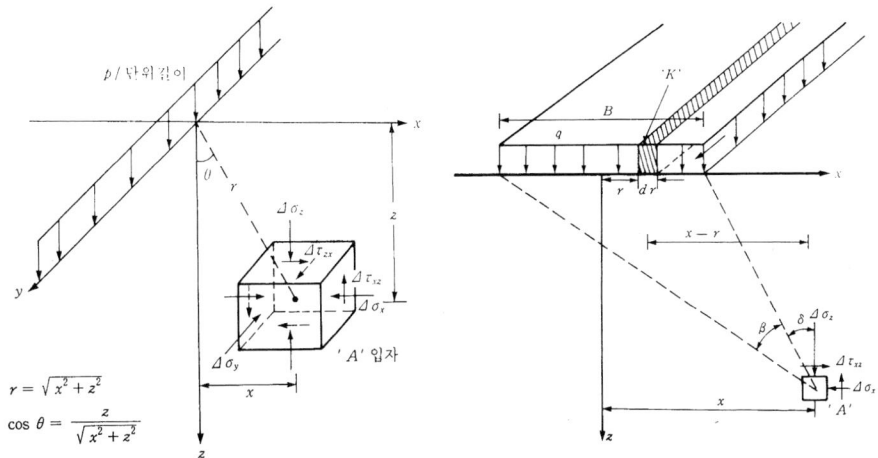

그림 41 선하중에 의한 응력증가   그림 42 대상 등분포하중에 의한 응력증가(이인모)

4) 대상 등분포하중(띠하중)에 의한 응력의 증가

■ 대상 등분포하중: 그림과 같이 줄기초에 (q / 단위면적)의 응력이 작용하는 경우

■ 대상하중에 의한 연직응력 증가량 $\varDelta\sigma_z$, 수평응력 증가 $\varDelta\sigma_x$, 전단응력 증가 $\varDelta\tau_{xz}$

$$\varDelta\sigma_z = \frac{q}{\pi}[\beta + \sin\beta \cdot \cos(\beta + 2\delta)]$$

$$\varDelta\sigma_x = \frac{q}{\pi}[\beta - \sin\beta \cdot \cos(\beta + 2\delta)]$$

$$\varDelta\tau_{xz} = \frac{q}{\pi}[\sin\beta \cdot \cos(\beta + 2\delta)]$$

5) 제방(성토)하중이 작용하는 경우

■ Osterberg(1957)의 도표 이용

■ 연직응력 증가량: $\varDelta\sigma_v = I_B q_s$

여기서, I_B: 영향계수($ = f(a/z,\ b/z)$), a와 b: 사다리꼴의 치수, z: 깊이

(1) 성토중심 아래(좌우대칭)의 응력

- a/z, b/z를 계산 ⇒ 그림으로부터 영향계수 I_B
- $\Delta\sigma_v = 2 \cdot I_B \cdot q_s$ (여기서, $q_s = \gamma_t \cdot H$)

(2) 좌우비대칭 성토 아래의 응력

- a/z, b_1/z 및 a/z, b_2/z를 계산 ⇒ 영향계수 I_{B1}, I_{B2}
- $\Delta\sigma_v = (I_{B1} + I_{B2}) \cdot q_s$

(3) 사면(비탈면) 중앙 아래의 응력

- $2a/z$, $(a+b)/z$ 를 계산 ⇒ 영향계수 I_B
- $\Delta\sigma_v = I_B \cdot q_s$

그림 43 제방하중에 의한 응력증가(Osterberg, 1957)

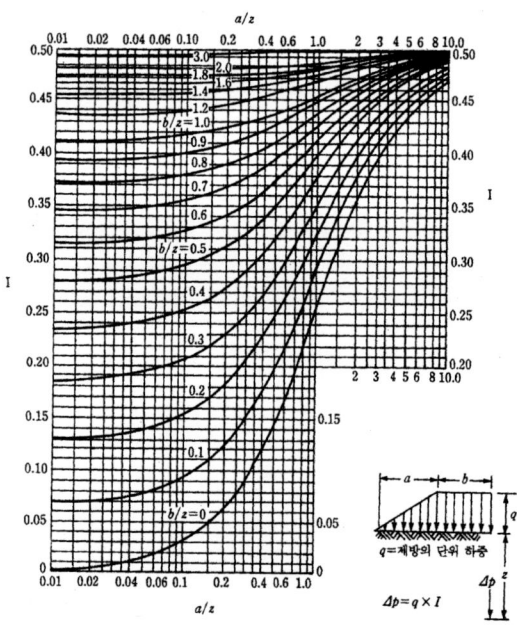

(4) 사면 임의점 아래의 응력

- $(a_1 + a_2)/z$, $(a_1 + b)/z$와 a_1/z, $b/z(b = 0)$ 및 a_2/z, $b/z(b = 0)$를 계산
  $\Rightarrow$ 그림으로부터 영향계수 I_{B1}, I_{B2}, I_{B3}
- $\varDelta\sigma_v = I_{B1} \cdot (H_1 + H_2) \cdot \gamma_t - I_{B2} \cdot H_1 \cdot \gamma_t + I_{B3} \cdot H_2 \cdot \gamma_t$

(5) 성토부 이외의 응력

- a_1/z, $(a_1 + a_2 + b)/z$와 a_1/z, a_2/z를 계산 $\Rightarrow$ 영향계수 I_{B1}, I_{B2}
- $\varDelta\sigma_v = (I_{B1} - I_{B2}) \cdot q_s$

4. 침투에 따른 유효응력의 변화(Das, 2003)

: 지반의 유효응력은 정수압상태와 상향, 하향 침투의 3가지 상태가 존재하며, 유효응력은 전응력 중에서 물이 분담하는 부분을 제외한 흙입자가 받아주는 부분을 의미하는 것으로 하방향 흐름인 경우 유효응력이 증가하고, 상방향 흐름인 경우 유효응력이 감소 $\Rightarrow$ 즉, 물이 흐를 때 전응력은 일정하나, 수압과 유효응력은 변화

1) 침투수가 없는 경우

- A점: 전응력 $\sigma_A = \gamma_w H_1$, 수압 $u_A = \gamma_w H_1$, 유효응력 $\sigma_A = 0$
- B점: 전응력 $\sigma_B = \gamma_w H_1 + \gamma_{sat} H_2$, 수압 $u_B = \gamma_w (H_1 + H_2)$
  유효응력 $\sigma_B{}' = \sigma_B - u_B = (\gamma_{sat} - \gamma_w) H_2 = \gamma' H_2$
- C점: 전응력 $\sigma_C = \gamma_w H_1 + \gamma_{sat} z$, 수압 $u_C = \gamma_w (H_1 + z)$
  유효응력 $\sigma_C{}' = \sigma_C - u_C = \gamma' z$

그림 44 정수압 상태에서 유효응력 및 간극수압

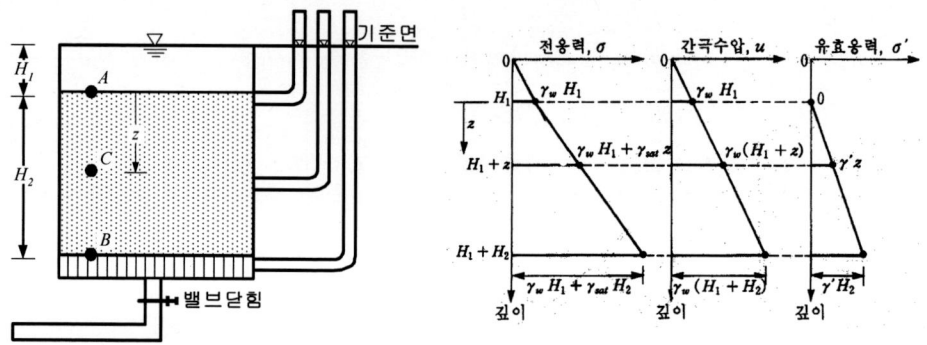

2) 상방향 침투인 경우

■전수두: A점 $h_A = H_1$(압력) $+ (-H_1)$(위치) $= 0$

B점 $h_B = (H_1 + H_2 + h) + (-H_1 - H_2) = h$

전수두는 B점부터 A점까지 물이 흐르면서 직선적으로 감소

C점 $(\dfrac{z}{H_2})h = \dfrac{h}{H_2}z = iz$, 동수경사: $i = \dfrac{h}{H_2}$

■A점: 전응력 $\sigma_A = \gamma_w H_1$, 수압 $u_A = \gamma_w H_1$, 유효응력 $\sigma_A = 0$

■B점: 전응력 $\sigma_B = \gamma_w H_1 + \gamma_{sat} H_2$, 수압 $u_B = \gamma_w(H_1 + H_2 + h)$

유효응력 $\sigma_B{}' = \sigma_B - u_B = (\gamma_{sat} - \gamma_w)H_2 - \gamma_w h = \gamma' H_2 - \gamma_w h$

■C점: 전응력 $\sigma_C = \gamma_w H_1 + \gamma_{sat} z$, 수압 $u_C = \gamma_w(H_1 + z + iz)$

유효응력 $\sigma_C{}' = \sigma_C - u_C = (\gamma_{sat} - \gamma_w)z - iz\gamma_w = \gamma' z - iz\gamma_w$

그림 45 상향침투 시 유효응력 및 간극수압

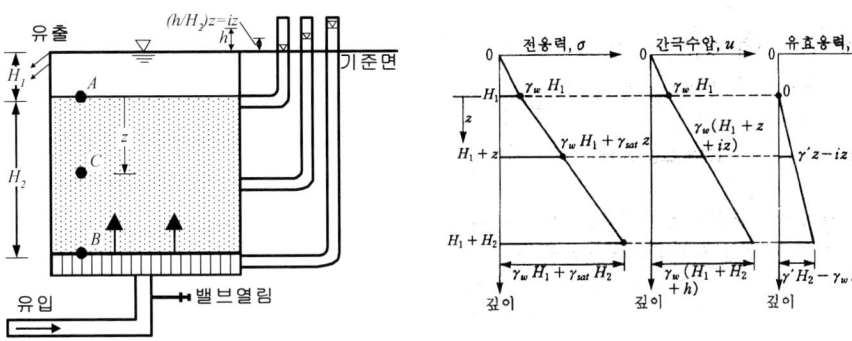

3) 하방향 침투인 경우

■ 전수두: A점 $h_A = H_1(압력) + (-H_1)(위치) = 0$

B점의 전수두: $h_B = (H_1 + H_2 - h) + (-H_1 - H_2) = -h$

A점 전수두가 B점보다 크므로 아랫방향으로 흐름이 발생

C점의 전수두: $(\frac{z}{H_2})(-h) = \frac{-h}{H_2} z = -iz$, 동수경사: $i = \frac{h}{H_2}$

그림 46 하향침투 시 유효응력 및 간극수압

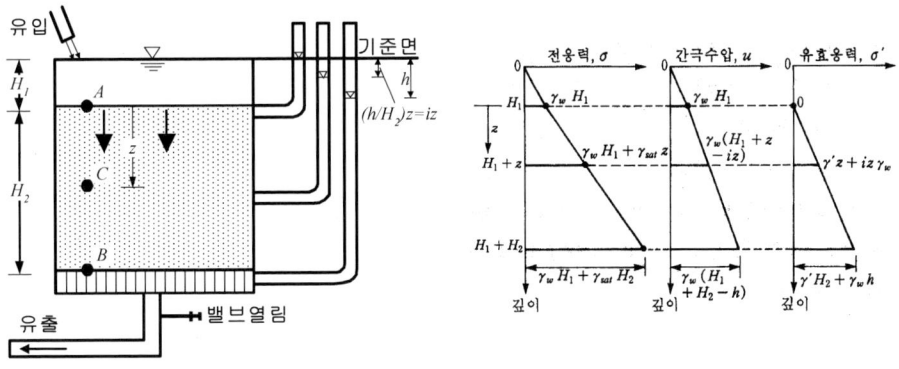

■ A점: 전응력 $\sigma_A = \gamma_w H_1$, 수압 $u_A = \gamma_w H_1$, 유효응력 $\sigma_A = 0$

■ B점: 전응력 $\sigma_B = \gamma_w H_1 + \gamma_{sat} H_2$, 수압 $u_B = \gamma_w (H_1 + H_2 - h)$

유효응력 $\sigma_B{}' = \sigma_B - u_B = (\gamma_{sat} - \gamma_w)H_2 + \gamma_w h = \gamma' H_2 + \gamma_w h$

■ C점: 전응력 $\sigma_C = \gamma_w H_1 + \gamma_{sat} z$, 수압 $u_C = \gamma_w(H_1 + z - iz)$

유효응력 $\sigma_C{}' = \sigma_C - u_C = (\gamma_{sat} - \gamma_w)z + iz\gamma_w = \gamma' z + iz\gamma_w$

4) 한계동수경사

(1) 보일링(boiling) = 분사현상(quick sand) = 파이핑 현상(piping)

: 상방향 흐름에 의해(침투수압에 의해) 흙(특히, 모래)이 분출하는 현상으로 유효응력
이 0(즉, 흙입자 사이의 접촉응력이 0 ⇒ 흙구조의 파괴를 의미)일 때 발생, 이때의
동수경사를 한계동수경사

(2) 한계동수경사

■ 상향침투 시의 유효응력으로부터 $\sigma' = \gamma' z - i_{cr} z \gamma_w = 0$

■ $i_{cr} = \dfrac{\gamma'}{\gamma_w}$ $\gamma' = \gamma_{sat} - \gamma_w = \dfrac{G_s + e}{1 + e}\gamma_w - \gamma_w = \dfrac{G_s - 1}{1 + e}\gamma_w$

$\therefore i_{cr} = \dfrac{\gamma'}{\gamma_w} = \dfrac{G_s - 1}{1 + e}$

(3) 분사현상에 대한 안전율

■ $F = \dfrac{i_{cr}}{i}$

－동수경사가 한계동수경사보다 크면($i > i_{cr}$) 분사현상이 발생,

－사질토(모래): 분사현상이 잘 발생(∵ 전단강도가 유효응력에 비례)

－점성토: 유효응력이 0이 되어도 점착력에 의해 전단강도가 0이 되지 않아 분사현상
이 발생하지 않는다.

－분사현상을 일으키는 한계동수경사는 개략적으로 0.9~1.1(약 1.0)

5) 침투수력

- 깊이 z, 면적 A인 밑면에 작용하는 힘
  - 정지상태: $F_0{'} = \sigma{'} A = \gamma{'} z A$
  - 상방향 흐름: $F_{UP}{'} = \sigma{'} A = \gamma{'} z A - i z \gamma_w A$
  - 하방향 흐름: $F_{DN}{'} = \sigma{'} A = \gamma{'} z A + i z \gamma_w A$
  - 물의 흐름에 의해 추가적인 힘이 발생하며, 작용방향은 물의 흐름방향과 동일
- 침투수력: 물의 흐름에 의하여 흙에 추가적으로 작용하는 힘. 즉, 침투수에 의해 생긴 유효응력($i z \gamma_w A$)
- **단위체적당 침투수력** $= \dfrac{i z \gamma_w A}{z A} = i \gamma_w$

> ▶요약: 물이 흐르게 되면 물이 흐르는 방향으로 흙입자에 추가적인 힘이 발생하며, 이를 침투수력이라 하고, 흙입자 표면과 유수의 마찰저항에 기인. 그 크기는 단위체적당 $i \gamma_w$.

6) 토질역학에서 물체력의 고려법

(1) 물체력(body force)

- 어떤 물체가 고유로 가지고 있는 힘
  - 예) 몸무게가 W인 사람은 하방향으로 W의 물체력, 용기에 담긴 건조한 흙의 무게가 W라면 이 흙의 물체력은 W

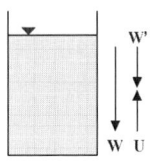

- 흙이 포화되어 있는 경우
  - 용기에 담긴 포화된 흙의 물체력: $W = \gamma_{sat} V$
  - 물에 의한 물체력: $U = \gamma_w V$
  - 흙입자만의 무게에 의한 물체력: $W = W - U = \gamma{'} V$
- 물이 상방향 또는 하방향으로 흐르는 경우의 물체력을 고려하는 방법

① 전중량에 경계면에서의 수압을 고려하는 방법
   (total weight+boundary water force)
② 유효중량에 침투수력을 고려하는 방법
   (effective weight+seepage force)
   -흙의 물체력을 구할 때 두 방법 중 어느 방법을 사용하는 것이 좋은가 하는 것
   은 경우에 따라 다르다: 널말뚝 구조에서 파이핑 또는 분사현상 발생여부를 평
   가하는 방법 ②를 사면안정계산에서는 방법 ①을 사용하는 것이 편리

(2) 정지상태의 경우

■ 전중량+경계면에서의 수압 고려
   -흙 시료의 전중량: $W = \gamma_{sat}H_2A$
   -흙의 상부에서 수압에 의해 작용하는 힘: $U_{top} = \gamma_w H_1 A$
   -흙의 저부에서 수압에 의해 작용하는 힘: $U_{bottom} = \gamma_w(H_1 + H_2)A$
   -총물체력
      $= U_{top} + W - U_{bottom} = \gamma_w H_1 A + \gamma_{sat} H_2 A - \gamma_w(H_1 + H_2)A = \gamma' H_2 A$
■ 유효중량+침투수력 고려
   -총물체력 $= W' = \gamma' H_2 A$

(3) 상방향 흐름인 경우

■ 전중량+경계면에서의 수압 고려
   -흙 시료의 전중량: $W = \gamma_{sat}H_2A$
   -흙의 상부에서 수압에 의해 작용하는 힘: $U_{top} = \gamma_w H_1 A$
   -흙의 저부에서 수압에 의해 작용하는 힘: $U_{bottom} = \gamma_w(H_1 + H_2 + h)A$
   -총물체력
      $= U_{top} + W - U_{bottom} = \gamma_w H_1 A + \gamma_{sat} H_2 A - \gamma_w(H_1 + H_2 + h)A$
      $= \gamma' H_2 A - \gamma_w h A$
■ 유효중량+침투수력 고려
   -흙 시료의 유효중량: $W' = \gamma' H_2 A$

-침투수력: $F_{sp} = i\gamma_w Vol = i\gamma_w H_2 A = \dfrac{h}{H_2}\gamma_w H_2 A$

-총물체력 $= W' - F_{sp} = \gamma' H_2 A - \gamma_w h A$

(4) 하방향 흐름인 경우

■ 전중량+경계면에서의 수압 고려

-흙 시료의 전중량: $W = \gamma_{sat} H_2 A$

-흙의 상부에서 수압에 의해 작용하는 힘: $U_{top} = \gamma_w H_1 A$

-흙의 저부에서 수압에 의해 작용하는 힘: $U_{bottom} = \gamma_w (H_1 + H_2 - h)A$

-총물체력

$$= U_{top} + W - U_{bottom} = \gamma_w H_1 A + \gamma_{sat} H_2 A - \gamma_w (H_1 + H_2 - h)A$$
$$= \gamma' H_2 A + \gamma_w h A$$

■ 유효중량+침투수력 고려

-흙 시료의 유효중량: $W' = \gamma' H_2 A$

-침투수력: $F_{sp} = i\gamma_w Vol = i\gamma_w H_2 A = \dfrac{h}{H_2}\gamma_w H_2 A$

-총물체력 $= W' + F_{sp} = \gamma' H_2 A + \gamma_w h A$

7) 널말뚝에서의 흐름으로 인한 안정문제

: 널말뚝 하단으로의 투수(왼쪽은 하방향, 오른쪽은 상방향 흐름)

■ 상방향 흐름은 흙의 유효응력을 감소시키며, 유효응력이 0이 되면 흙으로 거동할 수 없고, 물로 거동⇒보일링 또는 분사현상(모래지반), 히빙현상(점토지반) 발생

■ Terzaghi(1922): 모델시험결과 널말뚝 근입깊이 D의 반에 해당하는 구역에서 주로 히빙(또는 보일링)현상이 발생한다고 제안

그림 47 널말뚝 하단으로의 침투(이인모, 2003)

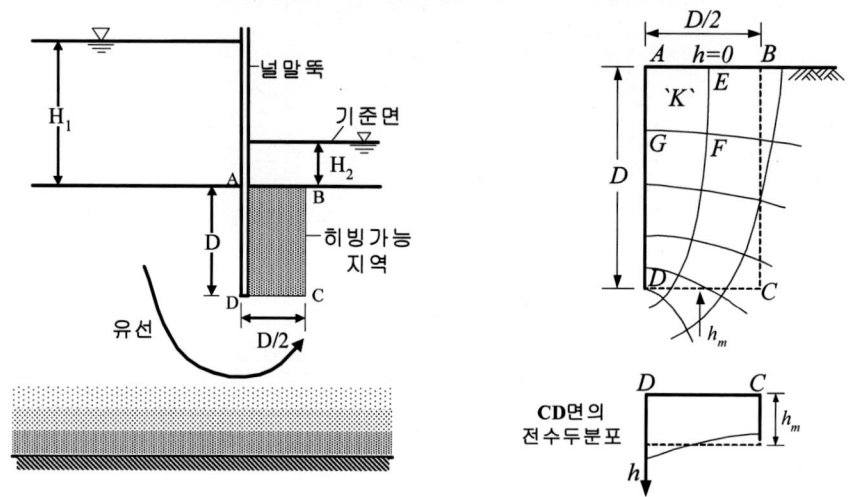

(1) 히빙(Heaving)에 대한 안정성 검토방법

① 히빙 가능지역의 동수경사를 구하여 이를 한계동수경사와 비교하는 방법(히빙 가능
지역의 동수경사가 한계동수경사보다 크면 히빙 발생)

② 물체력을 이용하는 방법(하방향 및 상방향으로 작용하는 물체력을 구하여 그 합이
상방향이 되면 히빙 가능성)

(2) 동수경사를 이용한 안정성 검토

■ 상방향 흐름을 일으키는 $ABCD$ 구역의 동수경사를 구하여 한계동수경사와 비교하여
히빙 가능성 판단

■ $AEFG$ 구역(K입자)에서의 동수경사: $i = \dfrac{\Delta h}{(AG)}$

 - GF면과 AE면 사이의 수두손실 $\Delta h = \dfrac{H_1 - H_2}{N_d}$

 - 히빙에 대한 안전율: $F_s = \dfrac{i_{cr}}{i}$

■ $ABCD$ 구역에서의 평균 동수경사로부터 히빙 가능성 평가

$$- i_m = \frac{(CD면의\ 전수두) - (AB면의\ 전수두)}{(AD)} = \frac{h_m - 0}{D} = \frac{h_m}{D} - F_s = \frac{i_{cr}}{i_m}$$

(3) ABCD 구역에서의 물체력을 이용한 안정성 검토

① 유효중량+침투수력 이용

■ABCD 구역에 작용하는 물체력: ABCD 구역의 자중에 의한 유효중량 W'와 상방향 침투로 인한 침투수압 F_{sp}가 존재

- 유효중량: $W' = \gamma' \cdot (\dfrac{D}{2} \cdot D) = \dfrac{1}{2} \gamma' D^2 (\downarrow)$

- 침투수력: $F_{sp} = i\gamma_w Vol_{ABCD} = \dfrac{h_m}{D} \gamma_w (\dfrac{D}{2} \cdot D) = \dfrac{1}{2} \gamma_w h_m D (\uparrow)$

- 총물체력 $= W' - F_{sp} = \dfrac{1}{2} \gamma' D^2 - \dfrac{1}{2} \gamma_w h_m D$

- 총물체력이 0이하이면(상방향 침투수력이 유효중량보다 크면) 히빙 발생

- 히빙에 대한 안전율: $F_s = \dfrac{1/2 \cdot \gamma' D^2}{1/2 \cdot \gamma_w h_w D} = \dfrac{\gamma'/\gamma_w}{h_m/D} = \dfrac{i_{cr}}{i_m}$

② 전중량+경계면 수압 고려

■ABCD 구역에 작용하는 물체력: 전중량 W, 경계면 수압 U_{Top}, U_{Bottom}

- 전중량: $W = \gamma_{sat} \cdot (\dfrac{D}{2} \cdot D) = \dfrac{1}{2} \gamma_{sat} D^2 (\downarrow)$

- 경계면 수압: $U_{Top} = \gamma_w H_2 \dfrac{D}{2} = \dfrac{\gamma_w}{2} H_2 D (\downarrow)$

- 경계면 수압: $U_{Bottom} = u_{Bottom} \cdot \dfrac{D}{2} = \dfrac{1}{2} D\gamma_w (h_m + H_2 + D)$

  CD면 평균 전수두: h_m, 위치수두 $= -(H_2 + D) \Rightarrow$ 압력수두

  $= h_m + H_2 + D$

  $\therefore u_{Bottom} = \gamma_w (h_m + H_2 + D)$

  총물체력 $= W + U_{Top} - U_{Bottom}$
  $= \dfrac{1}{2} \gamma_{sat} D^2 + \dfrac{1}{2} \gamma_w H_2 D - \dfrac{1}{2} \gamma_w D(h_m + H_2 + D)$
  $= \dfrac{1}{2} (\gamma' + \gamma_w) D^2 + \dfrac{1}{2} \gamma_w H_2 D - \dfrac{1}{2} \gamma_w D(h_m + H_2 + D)$
  $= \dfrac{1}{2} \gamma' D^2 - \dfrac{1}{2} \gamma_w h_m D$

8) 지하수위 위에 위치한 지반에서의 유효응력

■ 지하수위 아래 지반은 포화되어 있으며, 수압은 $u = \gamma_w z$로 (+)값

■ 모세관 현상: 자유수면에 유리관을 세웠을 때 부착력과 표면장력에 의해 유리관 속으로 (h_c만큼) 물이 상승하는 현상

  – 물은 모관과의 접촉선에서 곡면을 이룬 메니스커스(meniscus)를 형성

  – 자유수면 아래의 물은 압축, 모관 속의 물은 인장

■ 수위상승높이(모관상승고)

  – 수압과 모관 둘레에 작용하는 표면장력의 평형조건으로부터

$$\frac{\pi d^2}{4} \gamma_w h_c = \pi d\, T \cos \alpha$$

$$h_c = \frac{4\,T \cos \alpha}{d \gamma_w}$$

  여기서, h_c: 모관상승고, T: 표면장력, d: 관의 직경, α: 표면장력의 작용방향이 연직면과 이루는 각도, γ_w: 물의 단위중량

  – 메니스커스가 반원인 경우 $\alpha = 0°$ 이므로

$$h_c = \frac{4\,T}{\gamma_w d}$$

  – $\alpha = 0°$, 20°C에서 물의 표면장력 $T = 0.075 g/cm$

$$h_c = \frac{0.3}{d}\ (cm)$$

■ 모관상승 영역에서 유효응력: (−)의 간극수압(모관압력) 발생 ⇒ 유효응력 증가

  – 간극수압: $u = -h_c \gamma_w$

  – 유효응력: $\sigma' = \sigma - u = \sigma - (-h_c \gamma_w) = \sigma + h_c \gamma_w$

■ 자연지반의 모관현상

  – 자연지반에서 지하수위 위의 흙은 간극을 통하여 지하수위 아래의 물을 빨아들여 모관현상 발생

  – 흙에서의 개략적인 모관상승고: 유효경의 1/5를 모관 직경으로 가정하여 계산 (∵ 유리관과 달리 흙의 간극은 일정한 형상이 아니라 불규칙한 분포)

  흙 속의 모관성: 입경이 작을수록 모관상승고 증가

  – 몇 가지 흙에 대한 개략적인 모관상승고

흙의 종류	잔자갈	굵은 모래	가는 모래	실 트	점 토
모관상승고(cm)	2~10	15	30~100	100~1000	1000~3000

연습문제

1. 집중하중 200t이 지표면에 작용할 때 하중 직하 15m의 점에 연직응력을 구하시오.

2. 구형 단면 상에 등분포하중 15t / ㎡이 작용할 때 중심점 아래 깊이 6.25m에서의 연직응력 증가량은 얼마인가?

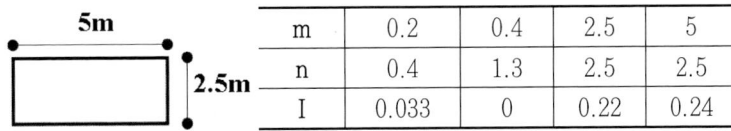

m	0.2	0.4	2.5	5
n	0.4	1.3	2.5	2.5
I	0.033	0	0.22	0.24

3. 널말뚝이 설치된 모래층에 물막이공 내의 물을 배수하였을 때 분사현상이 일어나지 않도록 하기 위해서는 얼마의 압력이 필요한가?(단, 모래의 비중은 2.65, 공극률은 39.4%, 안전율은 3으로 한다.)

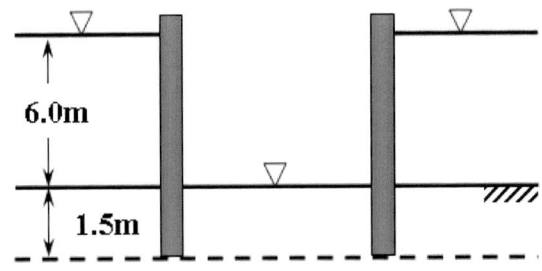

4. 토질역학에서 사용되고 있는 물체력의 두 가지 산정방법에 대해 서술하세요.

5. Quick sand 또는 파이핑 현상의 원인과 발생조건에 대해 설명하세요.

6. 유효응력의 정의와 의미를 제시하세요.

Advanced

1. Newmark 영향원법

- 지중응력
  - 지표 또는 지중에 하중이 작용할 때 지반 내에 생기는 응력
  - 작용하중에 대한 지중응력의 비를 지중응력영향계수라 함. $\triangle P = I \cdot P$
    여기서, $\triangle P$: 지중응력(또는 지중응력 증가량), I: 영향계수, P: 작용하중

- Newmark 영향원
  - 재하면의 형태가 원형 또는 4각형, 집중하중, 도로와 같은 사다리꼴하중은 관계도 표를 이용하여 쉽게 지중응력을 구할 수 있음.
  - 그러나 재하면이 불규칙한 경우는 적용되지 못하므로 임의평면에 대해 지중응력을 구하려면 Newmark의 영향원을 이용해야 함.

- 해석법
  - 지중응력을 구하려는 깊이 Z를 기본 축척으로 하여 재하면적을 작도함. 이때 구하는 위치를 영향원의 중심과 일치시킴.
  - 영향원의 block수를 세어 n이라 하면 $\triangle P = n \cdot I \cdot P$ 임($I = 0.005$)
  - 개정 Newmark 영향원은 같은 점에서 깊이 Z를 달리하는 경우 유용함.

VII

흙의 압축성

$$\text{VII. 흙의 압축성}$$

1. 개 요

1) 흙의 변형

(1) 압축의 발생원인

① 입자의 재배열   ② 토립자의 변형   ③ 공기·물의 배제   ④ 온도, 동결
- 흙입자와 물은 공학적으로 비압축성이므로 **공기의 압축과 공극수의 소산**이 체적감소
  의 원인이 됨.

(2) 시료에 따른 압축 특성

① Sand(즉시침하와 압밀침하가 동시에 발생)
- 즉시침하와 압밀이 동시에 발생, k가 큼 – 빠른 배수, 공극비가 작아 압축량이 작음.

② Clay(압밀침하량은 즉시침하량보다 몇 배나 크다)

■ 장기간 압밀이 발생, k가 작음-느린 배수, 공극비가 커(0.3~3.2) 압축량이 큼.

※ 물이나 공기가 빨리 빠져나가면 빨리 압축됨.

(점토의 투수성 < 모래의 투수성) → (점토의 압축속도 < 모래의 압축속도)

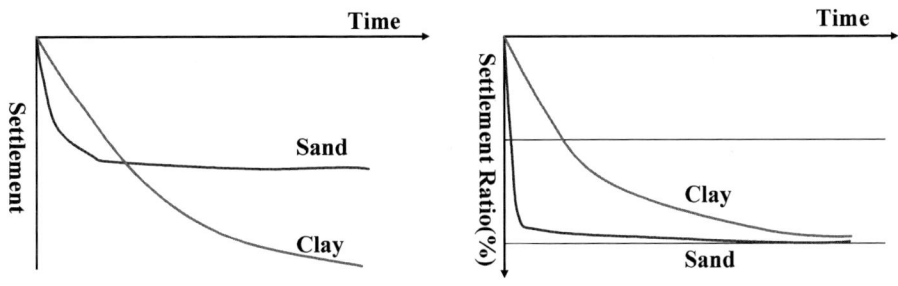

	조립토(Sand)	세립토(Clay)
공극비	소	대
압축량	소	대
K(투수계수)	대	소
침 하	※건설도중(Loading)에 거의 대부분이 일어남	※즉시침하는 작지만 전체적인 침하량은 크다

2) 흙의 압축

: 일반적인 압축이란 즉시침하와 압밀, 파괴, 토립자의 변형을 포함한다.

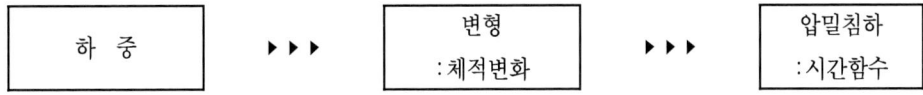

(1) 즉시침하

■ 함수비의 변화 없이 단시간의 탄성변형으로 생긴 침하

(2) 압밀침하

- ■외력에 의해 간극의 물이 배제되며 생긴 체적변화로 특정위치가 변하는 현상.

3) 흙의 압밀

(1) 정 의

① 오랜 시간에 거쳐 흙 속의 물이 배제(포화지반으로 가정)되며 천천히 압축되는 현상
② 정적하중이 지반에 가해져 흙 골격이 자연스럽게 서서히 압축하여 간극수가 배출되면서 밀도가 커지는 현상
③ 과잉공극수압이 '0'이 될 때까지 압축되는 현상

---

*압축과 압밀
압축(Compression) : 흙의 체적과 유효응력 사이가 시간에 무관
압밀(Consolidation) : 오랜 시간에 걸쳐 흙 속의 물이 배출되면서 흙이 천천히 압축되는 현상

---

*다짐과 압밀
다짐(Compaction) : 다짐이나 전압에 의해 공극 중의 공기가 빠져 발생하는 변형
압밀(Consolidation) : 공극수의 배출에 의한 압축변형

---

(2) 압밀 메커니즘

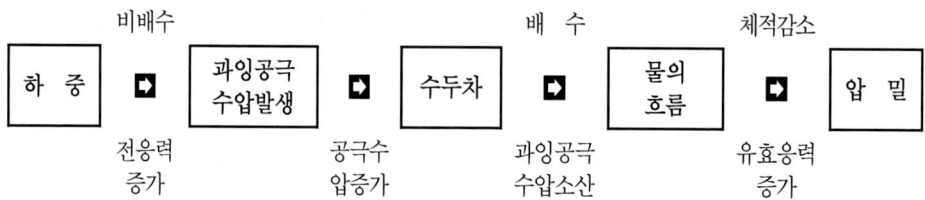

2. Terzaghi 압밀이론

1) 기본 가정

① 흙은 **균질**하고 완전히 **포화**되어 있다.

② 흙입자와 물의 **압축성은 무시**한다(체적변화가 없다).

③ 흙 속의 물의 이동은 Darcy의 법칙에 따르며, **투수계수는 일정**하다(실제와 가장 큰 오차 발생).

④ 압축토층은 횡적으로 변위되지 못하도록 구속되어 있다.

  =압축 및 흐름(배수)은 1차원 (연직방향만)

⑤ 유효응력이 증가하면 압축토층의 **간극비**는 유효응력의 증가에 반비례해서 감소한다. (공극비-유효응력은 선형적으로 반비례, 시간에 무관)

⑥ **작은 변형**(small strain): 적용된 하중은 토체의 작은 변형(Terzaghi theory= small strain theory)을 일으키기 때문에 압축계수(a_v)와 Darcy의 투수계수 (k)는 압밀동안 일정한 값을 갖는다.

  ※만약 2차 압축이 발생하게 된다면 $\Delta e - \Delta \sigma'$의 관계는 일정하지 않게 된다.

Problems of Terzaghi Theory
- 점토층의 균질 문제
- 소변형 이론에 근거한 전개
- 투수계수와 체적압축 계수는 압밀 중 크게 변동한다.
- 과잉수압의 개념을 이용한 가정.
- 압밀속도의 변화
- 간극수압 소산 후 압축현상을 설명할 수 없다.

---

2) 과잉간극수압

: 외부하중에 의해 발생되는 간극수압

$$U = U_e + U_s \ (\text{전간극수압}=\text{과잉간극수압}(\text{excess})+\text{정간극수압}(\text{static}))$$

3) Terzaghi 압밀 모델(1925)

그림 48 Terzaghi의 압밀 모델

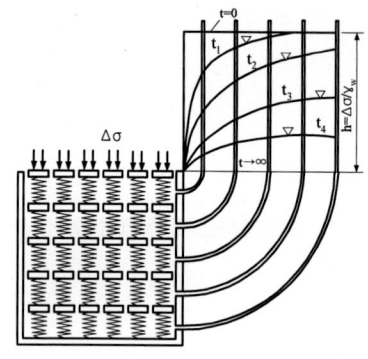

(1) Terzaghi Model

: 압밀의 과정과 압밀에 영향을 미치는 요소의 설명
- Isochrone: 시간에 따른 수위(공극수압)의 변화
- 가정조건: 스프링 사이의 공간을 포화시키고 $\Delta\sigma$의 하중을 작용시켰다고 가정
- spring → soil skeleton
  구멍 → 투수계수
  모델 내 물 → 공극수

(2) Model의 조건

① 구멍으로 물이 빠지지 않도록 밀폐시키면 모든 하중은 물이 받으며 spring은 변화하지 않는다. 따라서 과잉공극수압 $u_e = \Delta\sigma = h\gamma_w$ 은 처음에 가해진 하중과 같다.

② 만일 구멍을 개방한다면 물은 가장 상단의 구멍을 통하여 빠져나가며 이때 상단의 spring은 압축을 받아 하중의 일부를 부담하고 공극수압은 감소한다(그러나 가장 아래의 spring은 변화가 없다). 이 단계에서 각 피조미터 튜브에 나타난 수위는 t_1 곡선이며 아이소크론(isochrone)이라 한다.

③ t_2 시간 경과 후 아이소크론은 t_2 곡선이 되고 $t \to \infty$가 되면 과잉공극수압은 0이 된다. 이때 외부에서 가해진 하중은 모두 스프링이 부담하여 최대로 압축된다.

④ 이 모델에서 물이 빠지는 시간은 구멍의 크기에 영향을 받는다.

(3) 전응력의 변화(Isochrone의 변화)

■ t=0일 때

상단 구멍 폐쇄 후 재하, 스프링이 압축되지 않으므로 모든 하중을 물이 부담

■ 0 < t < ∞

상단 구멍을 개방(배수), 상부 스프링 압축, 하부 일정(하중분담, 공극수압 감소)

■t = ∞

스프링 최대압축(압밀 100%), 과잉공극수압=0, 스프링이 모든 하중 부담

그림 49 압밀의 진행과정

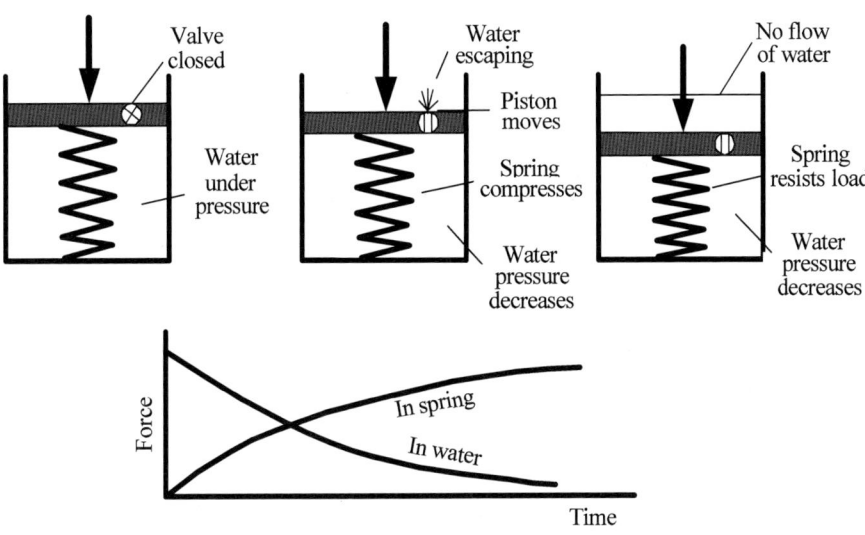

4) Terzaghi 1차원 압밀 기본 미분방정식

그림 50 압밀방정식을 위한 입자요소 상세

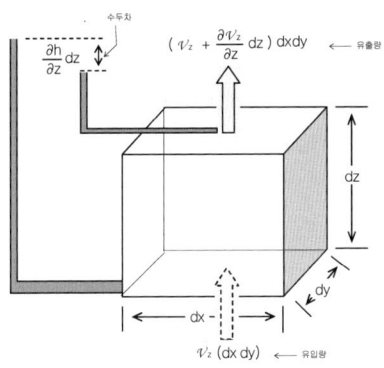

- 단위시간당 유입유량
  $$q_1 = V_z \cdot dx \cdot 1$$
- 단위시간당 유출유량
  $$q_2 = \left(V_z + \frac{\partial V_z}{\partial Z} dz \right) \cdot dx \cdot 1$$
- 공극수의 변화량(유량의 변화량)
  =유출량−유입량이므로
  $$\Delta q = q_1 - q_2$$
  $$= \frac{\partial v_z}{\partial z}(dz\, dy\, dz)$$

- 여기서, Darcy's law에 의해

$$v_z = k\,i = k\left(\frac{\partial h}{\partial z}\right) = k\left(\frac{1}{\partial z}\right)\left(\frac{\partial u}{\gamma_w}\right)$$ 이므로 $v_z = \frac{k}{\gamma_w}\left(\frac{\partial u}{\partial z}\right)$가 된다.

- 상기의 속도값을 유량의 변화량 식에 대입하면

$$\frac{k}{\gamma_w}\frac{\partial\left(\frac{\partial u}{\partial z}\right)}{\partial z}\,dx\,dy\,dz = \frac{\partial V}{\partial t}$$ 정리하면 $\dfrac{k}{\gamma_w}\dfrac{\partial^2 u}{\partial z^2} = \dfrac{1}{dx\,dy\,dz}\left(\dfrac{\partial V}{\partial t}\right)$

- 압밀중의 부피변화율은 공극의 부피변화율과 같으므로

$$\frac{\partial V}{\partial t} = \frac{\partial V_v}{\partial t}$$ 이며 공극의 부피 $V_v = eV_s \Rightarrow \partial V_v = V_s\,(\partial e)$ 이므로

$$\frac{\partial V}{\partial t} = V_s\frac{\partial e}{\partial t} = \frac{V}{1+e}\frac{\partial e}{\partial t} \leftarrow \left(V_s = \frac{V}{1+e}\ 적용\right)$$

$$= \frac{dx\,dy\,dz}{1+e}\frac{\partial e}{\partial t} \leftarrow (V = dx\,dy\,dz)$$

- 부피의 변화율을 유량의 변화량 식에 대입하면

$$\frac{k}{\gamma_w}\frac{\partial^2 u}{\partial z^2} = \frac{1}{dx\,dy\,dz}\left(\frac{dx\,dy\,dz}{1+e}\cdot\frac{\partial e}{\partial t}\right) = \frac{1}{1+e}\left(\frac{\partial e}{\partial t}\right)$$ 이 된다.

- 그런데 공극비의 변화 ∂e는 유효응력 증가에 선형적으로 반비례한다고 가정하면,

$$\partial e = -a_v\,\partial\sigma'$$

여기서, a_v는 압축계수라 하며 -는 압력증가에 대한 공극비의 감소 즉, 압축을 의미하고 있다.

- 또한, 유효응력 증가는 공극수의 감소에 기인하므로,

$$\partial e = a_v\,\partial u\ 또는\ \left(\frac{\partial e}{\partial t} = a_v\frac{\partial u}{\partial t}\right)$$가 된다.

- 이 식은 상기의 공극 부피변화율 식에 대입하면

$$\frac{k}{\gamma_w}\frac{\partial^2 u}{\partial z^2} = \frac{1}{1+e}\left(a_v\frac{\partial u}{\partial t}\right) = \frac{a_v}{1+e}\left(\frac{\partial u}{\partial t}\right)$$

- $a_v\,/\,1+e$를 m_v 즉, 체적변화계수라 할 때

$$\frac{k}{\gamma_w}\frac{\partial^2 u}{\partial z^2} = m_v\left(\frac{\partial u}{\partial t}\right)$$ 이며 시간에 대한 공극수압의 비에 대해 정리하면

$$\frac{\partial u}{\partial t} = \frac{k}{\gamma_w m_v}\frac{\partial^2 u}{\partial z^2}$$

- 압밀계수 $c_v = \dfrac{k}{\gamma_w m_v}$ 라 하면

$$\frac{\partial u}{\partial t} = c_v\frac{\partial^2 u}{\partial z^2}$$ 라 하며 이를 Terzaghi 압밀이론의 기본 미분방정식이라 한다.

• 압밀계수를 투수계수(k)에 대하여 정리하면

$$k \ = \ c_v \, \gamma_w \, m_v$$

3. 과잉공극수압이 깊이에 따라 일정한 경우에 대한 해

1) 시간계수(T)-압밀도(U)-깊이(z) 관계

■ $u_t = \displaystyle\sum_{m=0}^{m=\infty} [\frac{2u_i}{M} \sin(\frac{Mz}{H})] e^{-M^2 T}$

　-공극수압(u)과 심도(z / H)와 시간계수(T)의 관계는 sine 곡선이 된다.

■ 깊이에 따른 압밀도와 시간계수 사이의 관계를 그림으로 나타내면,

그림 51 깊이에 따른 압밀도와 시간계수 사이의 관계

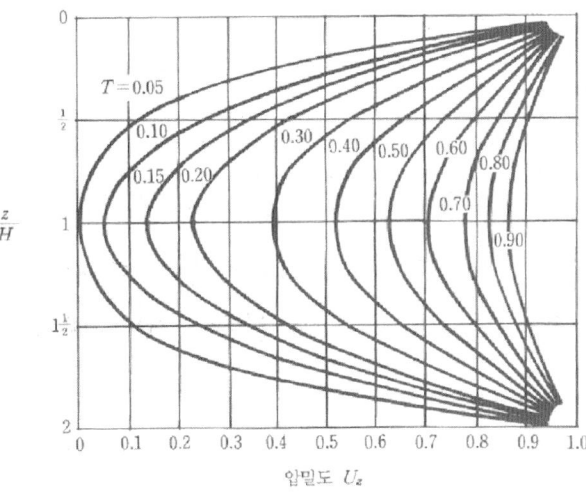

2) 시간계수(Time factor)의 정의

- $T = \dfrac{C_v \cdot t}{H^2}$

  여기서, T: 시간계수(Time factor, 무차원),

  $\quad\quad\quad$ C_v: 압밀계수(cm²/ sec)

  $\quad\quad\quad$ t: 압밀침하에 소요되는 시간(sec)

  $\quad\quad\quad$ H: 점토층의 배수길이(양면배수인 경우 H / 2, 일면배수인 경우 H, cm)

4. 압밀도(Degree of Consolidation)

- 압밀이 어느 정도 진행되었는가를 나타내는 것, 지반 내의 어떤 점에서 임의시간 t에 있어서의 간극수압의 소산의 정도 또는 압밀의 진행정도를 백분율로 표시한 것

1) 압밀도의 결정

- 임의지점에서의 압밀도는 다음의 두 가지 방법에 의해 표시할 수 있다.
  ① 임의시간에 임의깊이에서의 과잉공극수압 크기
  ② 어떤 시간 t가 경과한 후의 어떤 지층의 압밀침하량

- 방법 ①, 공극수압 측정

  $- U = \dfrac{\text{소실된 공극수압}}{\text{초기 공극수압}} = \dfrac{u_i - u_t}{u_i}$

  $- U = 1 - \dfrac{u_t}{u_i}$

  여기서, u_i: 초기 과잉공극수압(재하직후 t=0일 때의 과잉공극수압, kg / cm²)

  $\quad\quad\quad$ u_t: t시간 경과 후의 과잉공극수압(kg / cm²)

또는, 압밀도를 시간계수의 함수로 표시하면

$$- U = 1 - \sum_{m=0}^{m=\infty} [\frac{2}{M} \sin(\frac{Mz}{H})] e^{-M^2 T}$$

■방법 ②, 침하량 측정

$$- U = \frac{S_t}{S} \times 100(\%)$$

여기서, S: 최종 압밀침하량(㎝)

S_t: t시간 경과 후의 압밀침하량(㎝)

2) 평균압밀도

(1) 평균압밀도의 정의

■지층의 깊이에 따라 압밀도가 다르므로 압밀층 전두께에 대하여 과잉공극수압의 평균을 취한 압밀도

■어느 시간 t에서 지층의 깊이에 따른 과잉공극수압의 분포는 sine곡선을 보이므로, 압밀도는 지층의 깊이에 따라 다르다.

■실제로 공학적으로 요구되는 것은 각 깊이에서의 압밀도라기보다는 이들을 합하여 평균을 취한 점토층 전체의 압밀도이다.

(2) 시간계수 T - 평균압밀도 U_ave의 근사식

■Terzaghi는 초기공극수압의 분포가 점토층의 깊이에 따라 균일한 경우에 평균압밀도와 시간계수와의 관계에 대한 다음 근사식을 제안하였다.

$$- U_{av} = 0 \sim 60\%; \quad T = \frac{\pi}{4} (\frac{U_{av}}{100})^2, \ 곡선부분$$

$$- U_{av} = 60 \sim 100\%; \quad T = 1.781 - 0.933 \log(100 - U), \ 직선부분$$

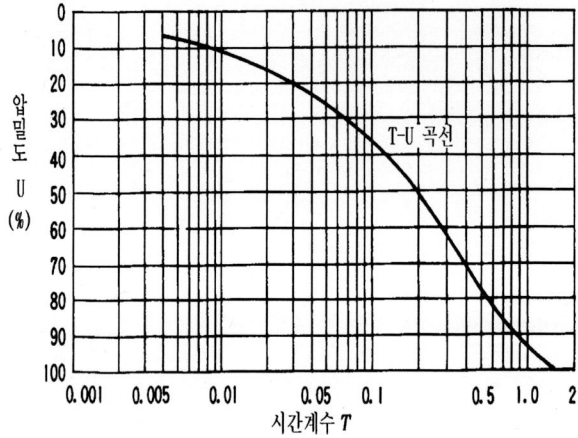

그림 52 평균압밀도-시간계수 곡선

압밀도(U)	시간계수(T)
0.1	0.008
0.2	0.031
0.3	0.071
0.4	0.126
0.5	0.197
0.6	0.287
0.7	0.403
0.8	0.567
0.9	0.848
1.0	∞

3) 압밀시험(KS F 2316)

(1) 1차원 압밀시험(Oedometer Test)

■ 압밀링 ⇒ 일반적으로 높이 2.0cm, 직경 6.0cm

■ 시험방법

① 압밀하중 $0.1kg/cm^2$(또는 $0.05kg/cm^2$)을 약 24시간 동안 가하고 다이얼게이지로 시료의 압축량을 측정한다.

② 적절한 시간 간격(8, 15, 30초, 1, 2, 4, 8, 15, 30분, 1, 2, 4, 8, 24시간)으로 압축량을 측정한다.

③ 압밀이 완료되면 이 하중을 2배로 증가시켜 동일한 방법으로 연직하중(0.1, 0.2, 0.4, 0.8, 1.6, 3.2, $6.4kg/cm^2$)이 될 때까지 시험을 반복하고 그 다음에는 하중을 제거한다.

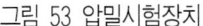
그림 53 압밀시험장치

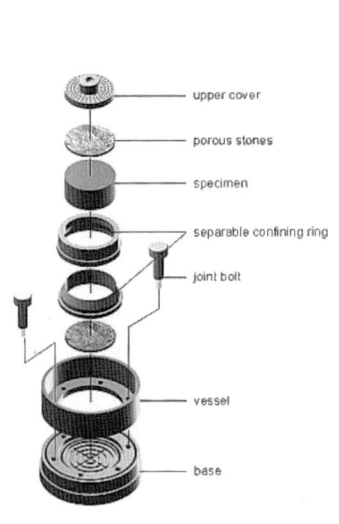

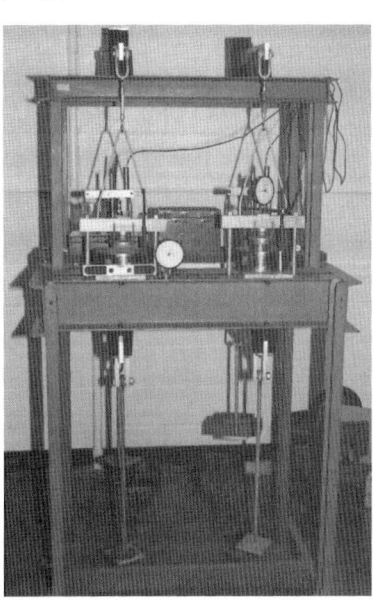

5. 공극비-압력 관계곡선

1) 선행압밀압력의 결정

① 최대곡률점에서 수평선과 접선을 긋는다. → 두 선을 동일 각도로 이등분한다.

② 직선부분의 연장선을 긋는다.

③ 이등분선과 연장선이 만나는 점의 압력을 선행압밀압력으로 결정

그림 54 압밀시험에 의한 공극비-압력 곡선

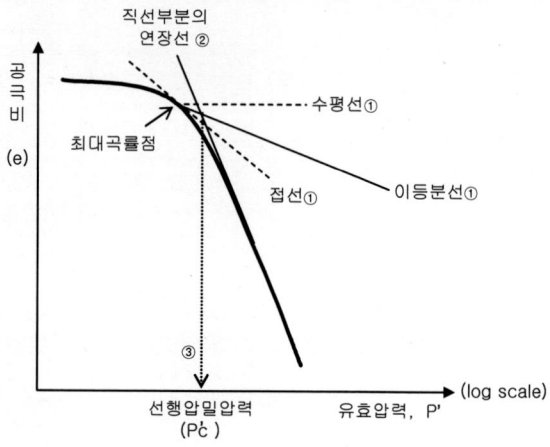

2) 압축지수(Coefficient of Compressibility, C_c)

(1) 압축지수의 정의

■ 압밀침하량 산정에 중요한 값

$C_c = \dfrac{e_1 - e_2}{\log_{10} p_1{}' - \log_{10} p_2{}'}$

$\qquad = -\dfrac{\Delta e}{\log_{10} \dfrac{p_1{}'}{p_2{}'}}$

$\qquad = -\dfrac{\Delta e}{\Delta \log_{10} p'}$

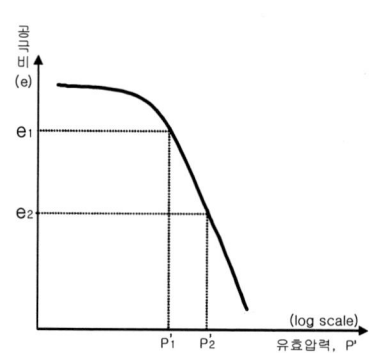

■ 압축지수의 값은 흙이 연약할수록 크고, 견고할수록 작으며, 일반적인 값은 $0.2 \sim 0.9$ 의 범위에 있으나 예민비가 크거나 유기질인 점토는 1보다 훨씬 큰 값을 갖는다.

(2) 압축지수를 추정하는 경험식

■ Terzaghi & Peck(1967)

– 흐트러진 지반 $Cc = 0.007(LL-10)$

– 흐트러지지 않은 지반 $Cc = 0.009(LL-10)$

여기서, LL은 액성한계(%) → 예민비가 작은 점토에 적용되며 유기질 흙,

LL > 100%, Wn > LL인 예민한 흙에서는 적용이 불가능

■ NAVFAC(1971)

– $Cc = 1.15(e_o - 0.35)$

여기서, e_o는 지반의 초기공극비

3) 재압축지수(C_r)

■ 재압축곡선(recompression curve) : 곡선 $\overline{CDE}$
■ 하중 제거 후 다시 압력을 가했을 때의 기울기
■ 재압축지수(Cr) = (0.05~0.1)Cc
■ 압축지수와 재압축지수의 이용

– 압축지수 : 정규압밀점토 침하량 산정

– 재압축지수 : 과압밀점토 침하량 산정,
 하중 제거 시 융기량 산정

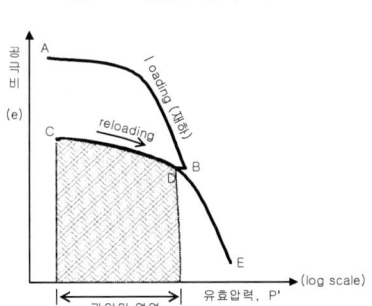

그림 55 과압밀 영역 분포

4) 과압밀비(OverConsolidation Ratio, OCR)

■ 수중에서 퇴적되어 형성된 점토층이 퇴적 이후 지층이나 수위의 변화가 전혀 없다면

→ *정규압밀점토*(normally consolidation clay)

■ 지표면의 토층이 일부 제거되었거나 지하수위가 지표면 아래로 강하하였다면

→ *과압밀점토*(overconsolidation clay)

■산정공식

$$-OCR = \frac{P_c'}{P'} \begin{array}{l} \rightarrow \text{선행압밀압력} \\ \rightarrow \text{유효연직압력} \end{array} \qquad \begin{array}{l} OCR = 1 \quad (\text{정규압밀토}) \\ OCR > 1 \quad (\text{과압밀토}) \end{array}$$

그림 56 재하-제하-재재하 과정에서 공극비의 변화

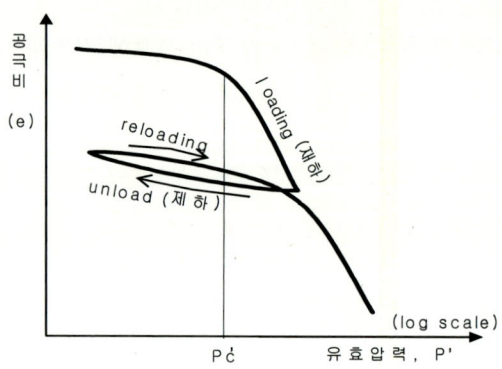

6. 압밀계수의 결정

1) √t법(Tayor, 1942)

그림 57 √t법에 의한 압밀계수산정

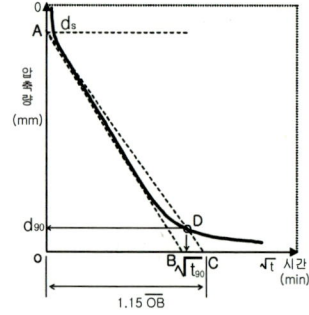

■평균압밀도($\overline{U}$)-시간계수($\sqrt{T}$) 이론곡선에서 초기직선의 기울기의 (1/1.15)배 되는 기울기로 그은 직선과 이론곡선이 만나는 점의 압밀도가 90%라는 것에서 착안

■초기직선에 해당하는 부분의 연장선을 긋고 세로축과 만나는 점(A점) d_s를 구한다.

■선분 OC=1.15OB가 되게 선분 AC를 그었을 때, 실측곡선과 만나는 점(D점)이 압밀도 90%가 되는 점이다.

■d_{90}에 대응하는 t_{90}을 결정하여 압밀도 90%에 해당하는 시간계수 T_{90}을 구하고 이를 통하여 압밀계수를 구한다.

$$-\sqrt{t}\text{법}:\quad C_v = \frac{T_{90}H^2}{t_{90}}$$

여기서, $T_{90} = 0.848$(평균압밀도－시간계수 곡선 이용)

2) $\log t$법(Casagrande and Fadum, 1940)

그림 58 $\log t$법에 의한 압밀계수산정

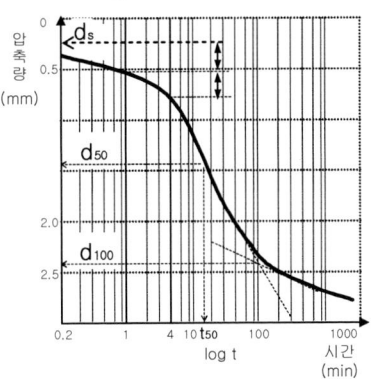

■평균압밀도($\overline{U}$)－시간계수($\log T$) 곡선의 직선부분과 그 곡선의 점근선과의 교점이 압밀도가 100%가 된다는 것에 착안→실측곡선에서 중간부분과 마지막부분의 직선의 연장선의 교점을 d_{100}으로 정함.

■실측곡선에서 중간부분과 마지막부분의 직선의 연장선의 교점을 d_{100}으로 정한다.

■$t=0$의 읽음값이 없으므로 곡선에서 1분과 이 시간의 4배되는 시간(4분) 사이의 압축량과 동일한 값의 점을 1분의 눈금 위에 찍어 수정영점(d_s)을 결정.

■d_s와 d_{100} 사이의 거리의 반이 d_{50}이 되므로, 이에 대응하는 값을 t_{50}으로 결정

$$-\log t\text{법}:\quad C_v = \frac{T_{50}H^2}{t_{50}}$$

여기서, $T_{50} = 0.197$(평균압밀도－시간계수 곡선 이용)

3) $\sqrt{t}$, $\log t$법의 차이

① $\log t$에 의한 c_v가 약간 작다(c_v가 클수록 압밀시간이 짧아짐)

② $\sqrt{t}$법이 작성상 간편함

③ 일반적으로 $\log t$법이 실제 값과 근사함(두 값 중 안전 측을 적용함)

7. 2차압밀

■ 2차압밀에 대한 이론은 많은 학자들이 레올로지(rheology)로 설명하고 있으나, 아직도 정립된 이론이 없다.

그림 59 2차압밀계수의 결정

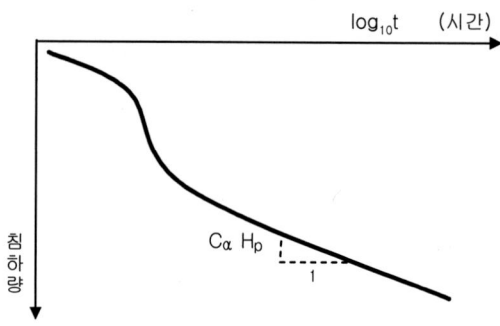

■ 위 그림의 직선의 기울기로부터 2차압밀지수 C_α

$$- C_\alpha = \frac{변형률}{대수로\ 표시한\ 시간차} = \frac{\Delta H / H_p}{\Delta \log_{10} t}$$

(H_p: 1차압밀이 완료된 후의 흙 시료의 두께)

8. 압밀침하량의 산정

1) 정 의

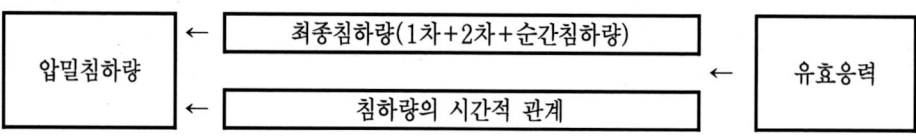

그림 60 시간-침하 곡선

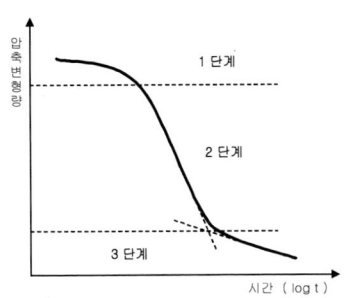

- 지반의 압밀침하속도를 알기 위해서는 압밀계수를 알아야 한다.
- 압밀계수의 값은 압밀시험을 할 때의 시료의 압밀속도를 측정하여 구한다.
  시간-침하량 곡선
- 단계1: 상부의 곡선부분, 재하 즉시 발생하는 탄성적인 압축변형
- 단계2: 직선부분, 1차압밀에 해당하는 부분으로, 공극수가 빠져나가 과잉공극수압이 소산되면서 발생

- 단계3: 하부의 직선부분, 2차압밀에 해당하는 부분으로, 과잉공극수압이 소산된 후에 흙구조의 소성적 재배열(유기질 성분이 많은 흙)로 생긴다.
- 단계별 압밀($S_t = S_i + S_c + S_s$): 전체침하량=즉시침하량+1차압밀침하량+2차압밀침하량

2) 1차압밀침하량

(1) 유효응력

- 연약점토의 압밀침하량은 상부하중에 의한 지반 내 유효응력의 변화에 지배된다.

가정조건	응력은 재하단면의 중앙단면에 작용한다		
압밀전후의 응력	$P_2 = P_1 + \Delta P$	P_1	중앙단면 상부 흙의 압력에 의한 유효응력
		ΔP	지반 위 구조물에 의해 증가되는 유효응력
증가응력 ΔP의 산정	2 : 1 분포법 (간편법)	$\Delta P = \dfrac{B^2}{(B+Z)^2} P$	

(2) 1차압밀침하량(이론 해)

정 의	과잉공극수압이 소산되면서 발생되는 침하량.		
가 정	흙이 연직으로만 압밀		
산 정 식	정 규 압 밀	$\dfrac{\Delta H}{H}=\dfrac{\Delta e}{1+e_o}$ 이므로	$\Delta H=\dfrac{\Delta e}{1+e_o}H$	e-logP curve
		$a_v=-\dfrac{\Delta e}{\Delta \sigma}$ 〃	$\Delta H=\dfrac{a_v \overline{\Delta \sigma}}{1+e_o}H$	압축계수
		$m_v=\dfrac{a_v}{1+e}$ 〃	$\Delta H=m_v \cdot H \cdot \overline{\Delta \sigma}$	체적변화계수
		$C_c=-\dfrac{\Delta e}{\Delta \log \overline{\sigma}}$ 〃	$S_c=\dfrac{C_c}{1+e_o}\cdot H \cdot \log \dfrac{\overline{\sigma_o}+\overline{\Delta \sigma}}{\overline{\sigma_o}}$	압축지수 Schmertmann
		하중제거곡선의 기울기	$S_c=\dfrac{C_s H}{1+e_o}\cdot H \cdot \log \dfrac{\overline{\sigma_o}+\overline{\Delta \sigma}}{\overline{\sigma_o}}$	팽창지수
	압축지수의 산출이 용이하므로 편리 $\overline{\Delta \sigma}$: 외부하중에 의한 유효응력 증분〈Boussinesq, Westergaard법〉 $\overline{\sigma_o}$: 하중작용 전의 원유효연직응력		
	과 압 밀	$P_o+\Delta P \langle P_c$ 일 때	$S=\dfrac{C_r}{1+e_o}H \log \dfrac{P_o+\Delta P}{P_o}$	
		$P_o+\Delta P \rangle P_c$ 일 때	$S=\dfrac{C_r}{1+e_o}H \log \dfrac{P_c}{P_o}+\dfrac{C_c}{1+e_o}H \log \dfrac{P_o+\Delta P}{P_c}$	
	기초하압밀침하량	simpson법칙 $\Delta \sigma_v=\dfrac{1}{6}(\Delta \sigma_t+4\Delta \sigma_m+\Delta \sigma_b)$ —지반 상, 중, 하의 응력 증가분을 이용		

3) 2차압밀침하량

정 의	과잉공극수압이 완전히 소산된 후의 침하량.		
산정식	$C_a = \dfrac{\Delta e}{\log t_2/t_1}$ $C_a' = \dfrac{C_a}{1+e_p}$	$S_s = C_a' H \log t_2/t_1$	2차압밀곡선의 기울기인 2차 압밀지수를 이용
	$C_a = \dfrac{\Delta H/H_p}{\Delta \log t}$	$S_s = C_a H_p \Delta \log t$	

- C_a : 2차압밀지수
- 실제 1,2차압밀의 구분은 명확치 않다.
- 1차압밀침하는 Terzaghi의 압밀이론을 따르나 2차압밀은 그렇지 않아 Rheology라는 유동학에 근거하여 설명하고 있으나 정립된 이론을 없다.

4) 기초 전체의 침하

(1) 산정식

- $\underline{S_t = S_c + S_s + \rho_i}$(1차압밀침하량＋2차압밀침하량＋즉시침하량)

(2) 즉시침하

- 무한깊이의 탄성체 위에 놓인 기초의 즉시침하량은 탄성론을 이용하여 산정.
- $\rho_i = P\,B\dfrac{1-\mu^2}{E} I_p$

  여기서, I_p =기초의 영향계수
- 상기 산정식은 하중이 지표면 위에 작용된다는 가정하에 유도되었으나 실제 기초는 일정심도 하에 위치하므로 안정 측의 값을 얻을 수 있다.

5) 침하시간의 추정

- $t = \dfrac{T \cdot H^2}{C_v}$

- $U = f(T)$ - 압밀도

9. 장기침하량 예측이론

■ 이론적인 침하량과 실제 계측기기를 이용한 압밀침하량을 측정해보면 지반의 불균질
  성, 토질시험 시 토질정수의 결정상의 문제, 모래 seam의 존재, 2차압밀 등의 원인
  으로 이론적인 계산 결과와 꼭 일치되는 경우가 드물다.

계측치를 이용한 장기침하량 산정법			
쌍곡선법	가정조건	침하의 평균속도가 쌍곡선적으로 감속된다(비교적 실측치와 일치)	
	산정식	$S_t = S_o + \dfrac{t}{\alpha + \beta t}$	성토종료 경과시간 t에서의 침하량
		$\dfrac{t}{S_t - S_o} = \alpha + \beta t$	변형식
		$S_f = S_o + \dfrac{1}{\beta}$	최종침하량(S_f) t=∞
Hoshino법	특 징	전단에 의한 유동변형을 포함하여 장기침하량을 예측하는 기법	
	산정식	$S_t = S_i + S_d = S_i + \dfrac{AK\sqrt{t}}{\sqrt{1 + K^2 t}}$	기본식
		$\dfrac{t}{(S_t - S_i)^2} = \dfrac{1}{A^2 K^2} + \dfrac{1}{A^2} t$	변형식
		$S_f = S_i + A$	최종침하량(S_f) t=∞
Asaoka법	특 징	실측침하곡선에서 얻어진 자료로부터 최종침하량과 침하속도를 산정하는 방법 (60% 압밀도 이상의 자료가 신뢰-Brenner)	
	산정식	$S + C_1 \dot{S} + C_2 \ddot{S} + \cdots + C_n S^{(n) = S_f}$	열전도형의 미분방정식
		$S_t = S_j - (S_f - S_o) \cdot \exp(-t/a_1)$	임의의 시간에서의 침하량-지수함수화
		$S_f = \dfrac{\beta_o}{1 - \beta_1}$	최종침하량

1O. 압밀에 의한 강도 증가

■점성토 지반의 비배수강도는 어떤 하중에 의해 압밀이 진행되면 일정비율로 증가한다.

지반의 강도증가량	$\Delta C = m \cdot \gamma \cdot H \cdot U \cdot I = \dfrac{\Delta C_u}{\Delta P} \gamma \cdot H \cdot U \cdot I$	$m = \Delta C_u / \Delta P$
요구된 압밀도 하 점착력 증가량	$C_i = C_{i-1} + \Delta C_{i-1}$	
압밀에 의한 강도증가율	$C = (0.25 \sim 0.35)\, P$	石井
	$C_u / P = 0.11 + 0.0037 \times PI$	Skempton
	$C_u / P = 0.25 \sim 0.40 (PI = 40 \sim 80\%$일 때$)$	일본의 충적점토
	$m = \dfrac{\sin \phi_{cu}}{(1 - \sin \phi_{cu})}$: 강도증가계수	삼축압축시험(CU시험)을 통한 ϕ_{cu} 값
	$m = 0.45 \times W_n$	자연함수비(W_n)

■점성토의 비배수강도(C_u)는 채취된 심도 위의 유효상재응력과 소성지수에 밀접한 관계가 있음이 알려졌다(Skempton, 1953).

■1차원 압밀에 의한 Cc값의 적용

Regression equation	Correlation coefficient	No. of samples	Applicability	Reference
$Cc=0.007(w_L-7)$ $Cc=1.15(e_0-0.35)^*$ $Cc=0.256+0.43(e_0-0.84)$ $Cc=0.0046(w_L-9)$ $Cc=0.009(w_L-10)^{**}$ $Cc=0.007(w_L-10)^{***}$			Remoulded clays All clays Brazilian clays Brazilian clays N.C.clays	Skempton(1944) Nishida(1956) Cozzolino(1961) Cozzolino(1961) Terzaghi & Peck (1967)
$Cc=0.40(e_0-0.25)$	0.85	717	Clays from Greece and some parts of the U.S	Azzouz et al (1976)
$Cc=0.01(w_n-0.35)$	0.79	717		
$Cc=0.006(w_L-9)$	0.59	678		
$Cc=0.37(e_0+0.003w_L-0.34)$	0.86	678		
$Cc=0.40(e_0+0.001w_n-0.25)$	0.85	717		
$Cc=0.37(e_0+0.003-w_L +0.0004w_n-0.34)$	0.86	678		

Regression equation	Correlation coefficient	No. of samples	Applicability	Reference
$C_c = 0.21 + 0.008 w_L$	0.70	113	Weathered and soft Bangkok clay	Adikari(1977)
$C_c = 0.22 + 0.29 e_0$	0.77	113		
$C_c = 0.20 + 0.008 w_n$	0.77	113		
$C_c = 0.20 + 0.008 w_L + 0.009 e_0$	0.70	113		
$C_c = 0.1882 + 0.3097 e_c$	0.88		Soft Bangkok clay	Sivandran(1979)
$C_c = 0.1509 + 0.3401 e_c - 0.0062 e2_c$	0.90			
$C_c = 0.575 e_0 - 0.241$	0.966		French clays	Vidalie(1977)
$C_c = 0.0147 w_n - 0.213$	0.963			
$C_R = 0.0043 w_n$			Marine clays of Southeast Asia All clays	Cox(1968) Elnaggar & Krizek(1970)
$C_R = 0.0045 w_L$				
$C_R = 0.156 e_0 + 0.0107 (e_0 < 2)$	0.93	≈ 230		
$C_R = 0.14 (e_0 + 0.007)$	0.74	717	Clays from Greece and some parts of the U.S.	Azzouz et al (1976)
$C_R = 0.003 (w_n + 7)$	0.68	717		
$C_R = 0.002 (w_L + 9)$	0.53	678		
$C_R = 0.00566 w_n - 0.037$	0.81		Bangkok clays	Authors
$C_R = 0.00463 w_L - 0.013$	0.63			
$C_R = 0.0039 w_n + 0.013$ (for $w_n < 100\%$)	0.86		French clays	Vidalie(1977)
$C_R = 0.403 \log w_n - 0.478$	0.86			

연습문제

1. 압밀의 발생 메커니즘에 대해 설명하세요.

2. 과잉간극수압이란 무엇인가요?

3. Terzaghi의 압밀이론에 대한 기본 가정과 그 문제점을 제시하세요.

4. Terzaghi의 1차원 압밀이론을 유도하시오.

5. 압밀시험결과를 이용한 압밀계수를 산정법인 $\sqrt{t}$와 $\log t$법을 설명하세요.

6. 선행압밀응력을 정의하고 산정방법을 설명하세요.

7. 과압밀과 정규압밀에 대해 비교하여 서술하세요.

8. 압축지수란? 의미와 산정방법, 활용방안 등에 대해 서술하세요.

9. 상부 등분포하중이 작용한 후 4개월이 경과하였다. A점에서의 압밀도와 과잉공극수압의 크기를 산정하시오. 단, 점토지반의 압밀계수는 5.5×10^{-4} ㎠/sec이다.

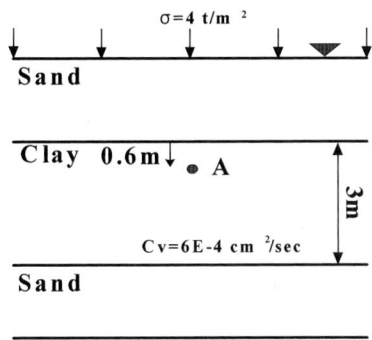

Advanced

1. Ko 조건

- 반무한한 넓이의 하중을 지표면에 가하면 흙의 압축은 1차원적으로 연직방향으로만 일어나고 수평방향으로는 변형이 없이 정지상태를 유지한다. 이러한 자연조건과 동일하게 재현시키기 위하여 시료를 강성이 큰 압밀링에 넣고 시료의 횡방향변형을 구속하여 실제의 1차원 압밀상태를 재현하게 된다.
- 이와 같이 실제의 자연지반의 압밀상태와 같이 삼축시험에서 공시체의 반경방향으로 변형이 일어나지 않는 조건에서 압밀하는 것을 Ko-Consolidation이라고 한다. Ko-압밀은 압밀시험 및 비등방 삼축압축시험에서 현장조건과 일치시키기 위하여 사용된다.

2. Rowe Type Consolidation

Fig. Rowe Cell 압밀시험장치 구조

- 표준압밀시험의 문제점
  - 시료의 크기가 작으므로 침하가 작게 산정될 수 있다.
  - 간극수압측정, 수평배수가 불가능하다.
  - 단계하중만 가할 수 있다.
  - 얇은 시료에 비해 응력분포가 변한다.

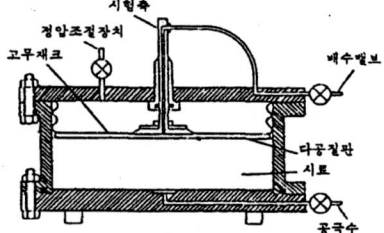

●특징

 -고무막을 통해 가압하므로 시료구속 영향이 경감되므로 성과가 양호함.

 -배수조건 조절하여 간극수압 측정 가능함.

 -Back pressure를 가할 수 있음.

 -직경이 큰 시료(D=25cm)도 시험 가능함.

 -연속 하중 적용으로 시험시간 단축, 시험결과가 보다 양호함.

 -시료 가운데 구멍을 뚫어 배수층을 두어 방사선 방향으로 배수시켜 수평방향에 대한 압밀계수 C_h값을 측정할 수 있음.

3. 일정변형률압밀시험(Constant Rate Strain)

●표준압밀시험 방법은 시간이 많이 소요되므로 최근에는 상당히 빠르면서도 좋은 결과를 얻을 수 있는 *CRS*(일정변형률 압밀시험: Constant Rate of Strain)와 CG (일정기울기 압밀시험: Controlled Gradient)이 개발되어 사용되고 있음.

●시험방법

 -시료를 고정 링상자에 설치하고 포화시키며 시험하는 동안 시료의 상부 면으로만 배수를 허용한다. 하중을 계속 증가시켜서 압축변형률이 일정하게 되도록 하고 과잉간 극수압을 측정한다.

●평가

 -표준압밀시험보다 선행압밀하중을 정확히 구할 수 있음.

 -일정변형률속도에 따라 시험결과가 다를 수 있으므로 토질에 따른 적용이 검토되어야 함.

 -향후 CG시험과 함께 실무 보급이 클 것으로 전망됨.

VIII
흙의 전단

Ⅷ. 흙의 전단

> 흙의 안정해석을 수행함에 있어 그 거동을 예측하는 것이 중요하며 거동은 흙 자체의 역학적 성질인 전단응력과 전단강도의 관계로부터 예측할 수 있으므로 본 장의 응력변형거동과 전단강도의 시험, 지반에 따른 전단 특성, 한계상태 등을 통하여 흙의 거동과 파괴에 대해 정리하고자 함.

1. 개 설

1) 전단강도의 의미

(1) 정 의

Das	흙 속의 임의의 면을 따라 발생하는 파괴와 활동에 저항하는 흙의 단위면적당 내부저항
김상규	활동면에서 전단에 의해 생기는 최대저항
Powrie	토공구조물에서 고려해야 할 Key Question 중의 하나는 '구조물은 안전한가'이며 이러한 문제는 다음 issue를 통해 해결해야 함. -토체 내로 분배되는 하중은 어떻게 적용되는가? -이러한 응력에 저항할 만큼 흙은 충분히 강한가? 이러한 issue를 해결하기 위해 응력-변형률 개념과 Mohr C의 이해 중요
사전적 의미	물체의 변형 중 체적의 변화 없이 형상만 변화하는 변형을 전단이라 함.

> **Why**
> : **흙의 안정문제** 해석(지지력 산정, 사면안정, 횡토압 산정)
> **How**
> : **응력－변형** 해석, Mohr-circle, 전단강도시험(c, ϕ), 해석(응력 경로, 한계상태)

(2) 목 적

- 흙의 강도는 입자 사이의 마찰에 기인함.
- 전단에 저항하기 위한 흙의 응력은 평면에 작용하는 유효수직응력에 의존함.
- 양의 공극수압(Positive ～)은 토공구조물에 악영향을 미침.
- 전단 시 흙은 한계상태에 도달하며 비체적－유효수직응력－전단응력에 의해 결정됨.
- Peak strength; 조밀한 흙은 파괴 시 Peak에 도달되며 이때 반드시 체적이 증가 되거나 dilate되기 때문이다.(Resident strength와 비교)
- 포화점토는 파괴 시 비체적과 함수비에 의존하며 이러한 비배수 전단강도는 유효응력 보다는 전응력의 항으로 파괴규준을 정의할 수 있다.

2) 흙의 파괴

(1) 흙의 파괴 메커니즘

> 외력 ➡ 전단응력의 발생 ➡ 소성유동(변형증가) ➡ 파괴

: 즉, 흙의 전단응력이 전단강도를 초과하는 순간에 파괴 발생.

(2) 흙의 거동

- 일반재료; 탄성체(선형거동) 압축·인장파괴 파괴점 명확
- 흙; 비탄성체(탄소성, 소성유동) 전단파괴 파괴점 불명확
  ↓
  ※흙의 거동은 응력－변형－시간 관계로 표현(비탄성체로서 시간에 따른 비선형거동을 하며 완전한 수학적 표현이 불가능함.)

3) 흙의 파괴 유형

(1) 파괴(활동면)를 따른 활동(사면, 굴착면의 활동)

(2) 활동면으로 둘러싸인 토괴가 파괴상태에 있는 경우(기초파괴)

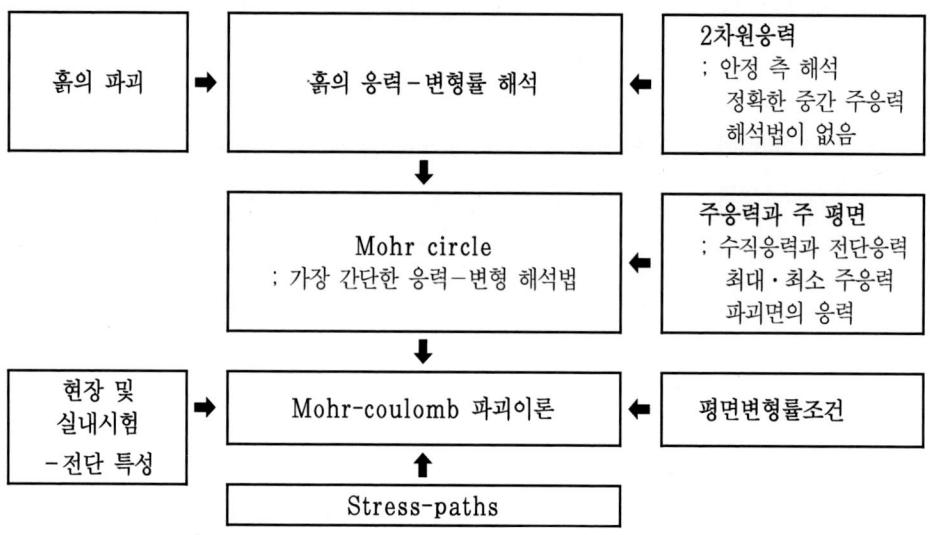

| 흙의 파괴 | ➡ | 흙의 응력-변형률 해석 | ⬅ | 2차원응력
: 안정 측 해석
  정확한 중간 주응력
  해석법이 없음 |

⬇

| Mohr circle
: 가장 간단한 응력-변형 해석법 | ⬅ | 주응력과 주 평면
: 수직응력과 전단응력
  최대·최소 주응력
  파괴면의 응력 |

⬇

| 현장 및
실내시험
-전단 특성 | ➡ | Mohr-coulomb 파괴이론 | ⬅ | 평면변형률조건 |

⬆

| Stress-paths |

2. 응력해석

: 응력을 받고 있는 흙요소를 자유물체도로부터 기하적으로 해석-*일정방향에서의 응력, 변형을 알면 다른 방향의 응력, 변형의 계산이 가능*하다.

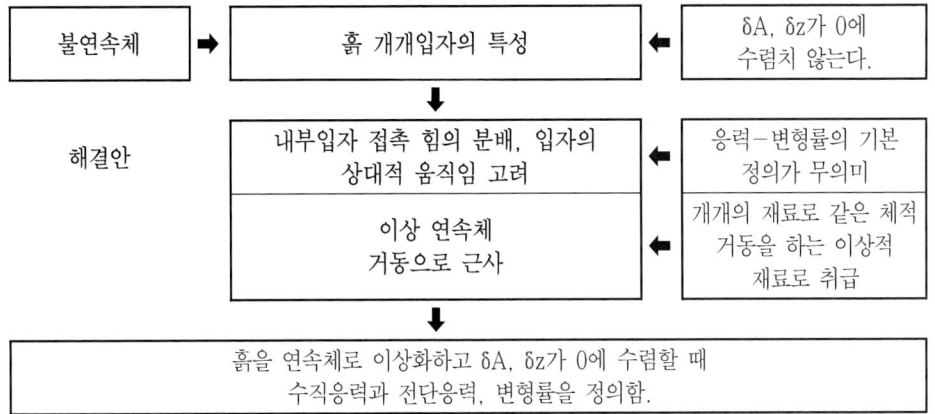

1) 주응력

지반 내 요소가 응력을 받을 경우 이 요소는 전단응력이 zero인 면이 존재하며 이 요소면을 주응력면이라 하고 이면에 대한 법선응력을 주응력이라 한다. 이 응력은 크기에 따라 최대, 중간, 최소 주응력이라 한다.

(1) 주응력면

: 응력을 받는 한 요소 중 전단응력이 zero인 서로 수직한 3개의 평면
: 전단응력이 zero이고 수직응력이 최대이거나 최소인 면

(2) 주응력

: 주응력면에 작용하는 법선방향의 응력

Q & A

① ★주응력을 적용하는 이유

- 주응력은 기학적인 이론에 의해 쉽게 산정이 가능하며 주응력을 알 경우 임의면의 응력을 쉽게 산정할 수 있기 때문.
- 지표면이 수평, 흙이 균질인 경우; 수평면, 연직면이 주응력면임.
- 정규압밀점토; 수평면이 최대 주응력면 $- \sigma_2 = \sigma_3$; 연직면이 최소 주응력면

2) 수직응력과 전단응력

; 응력을 받고 있는 지중 흙요소의 자유물체도로부터 기하학적으로 해석 - 전단응력이 zero가 되는 기하학적 주응력면을 정의.

■ N, T 방향으로 요소에 작용하는 힘 성분들의 합

$$- \sigma_n = \frac{\sigma_y + \sigma_x}{2} + \frac{\sigma_y - \sigma_x}{2} \cos 2\theta + \tau_{xy} \sin 2\theta$$

where, θ =최대 주응력면과 임의면이 이루는 각

$$- \tau_n = \frac{\sigma_y - \sigma_x}{2} \sin 2\theta - \tau_{xy} \cos 2\theta \quad \therefore \text{ 전단응력이 zero인 } \theta \text{ 를 구할 수 있으므로}$$

$$\tan 2\theta = \frac{2\tau_{xy}}{\sigma_y - \sigma_x} \quad \text{(기하학적인 주응력면의 정의)}$$

■ 최대 · 최소 주응력

- 전단응력이 zero인 경우 주응력면의 작용각 $\tan 2\theta$를 요소에 작용하는 수직응력의 힘의 성분 합에 대입하여 정의

- 최대 주응력 $\sigma_1 = \frac{\sigma_y + \sigma_x}{2} + \sqrt{\left(\frac{\sigma_y - \sigma_x}{2}\right)^2 + \tau^2_{xy}}$

- 최소 주응력 $\sigma_3 = \frac{\sigma_y + \sigma_x}{2} - \sqrt{\left(\frac{\sigma_y - \sigma_x}{2}\right)^2 + \tau^2_{xy}}$

3. Mohr-coulomb의 파괴이론

1) Mohr의 파괴이론

: 재료의 파괴는 최대수직응력, 최대전단응력에 의한 것이 아닌 **수직응력과 전단응력의 임계결합**에 의해 발생.

■ $\tau_{ff} = f(\sigma_{ff}) = s$

: 파괴 시 파괴면의 전단응력이 파괴면 상의 수직응력에 대한 임의의 유일한 함수에 도달될 때 파괴가 발생함.(첫 번째 f; 파괴면, 두 번째 f; 파괴 시)

■ 파괴 시 전단응력은 전단강도와 동일.

2) Coulomb의 정의

■ 파괴면에서의 전단응력을 근사적인 수직응력의 선형함수(일차함수) 관계로 정의.

■ 흙의 저항력은 응력과 관계있는 성분(마찰력)과 응력과 관계없는 성분(점착력)으로 나뉜다고 주장.

$$\tau_f = c + \sigma_f \cdot \tan\phi$$

3) 파괴포락선(failure envelope)

■ 주어진 수직응력에 대해 전단응력이 도달될 수 있는 한계(응력상태를 나타내는 Mc의 접선)

그림 61 흙의 종류에 따른 파괴포락선의 형태

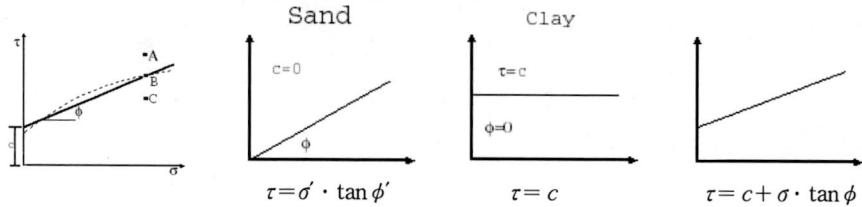

$$\tau = \sigma' \cdot \tan\phi' \qquad \tau = c \qquad \tau = c + \sigma \cdot \tan\phi$$

4. 실내전단강도시험

■전단시험의 근본원리; 간단한 방법으로 시료에 다른 조건의 하중을 가해 파괴 시 응력상태에 대한 Mohr-circle을 그리는 데 있음.

■점선을 작도하여 파괴포락선을 그리고 강도정수(점착력과 마찰각)를 측정.

■시험 시 제어방법

－변형제어; 변형속도를 일정하게 유지하며 전단, 파괴 시, 파괴 후 최대전단저항 측정

－응력제어; 응력을 단계적으로 증가시켜 전단, 현장여건에 부합

1) 직접전단시험

(1) 전단 메커니즘

■수직력(N) 재하 후 수평력(S)을 가하여 전단

■N을 변화시키며 Mc 작도 ➡ 강도정수 산정

■ $\sigma_f = \dfrac{N}{A}, \quad \tau_f = \dfrac{S}{A}$

그림 62 직접전단시험

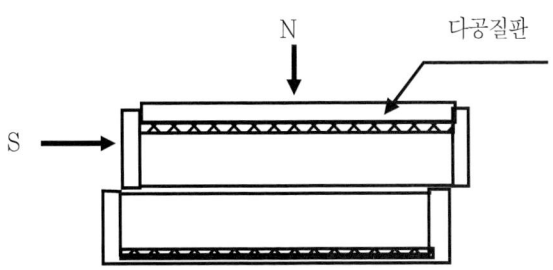

(2) 특징 및 문제점

- 사질토에 적용
- 점성토의 경우 배수조건의 조절이 난해함.
- 전단면이 인위적으로 결정. – 응력이 집중
- 주응력의 방향이 시험 시 회전하므로 부정확
- 시험이 신속하며 간단함.

(3) 시험결과의 해석

① Loose+Sand
- 파괴 시까지 일정하게 증가한 후 변형의 증가로 전단저항이 일정해짐.

그림 63 직접전단시험에 의한 응력-변형거동

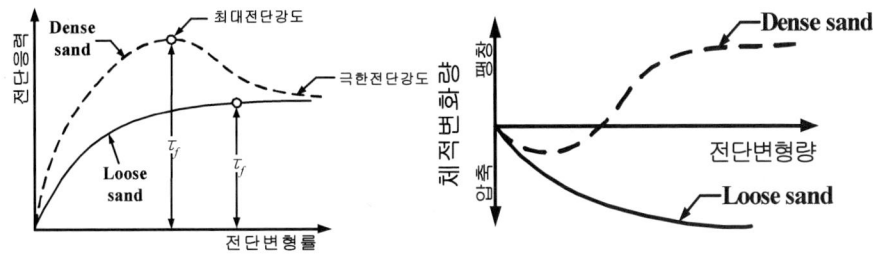

② Dense Sand
- 최대전단강도에 도달한 후 변형이 증가하며 저항하다가 극한강도에 도달함

③ Mohr의 포락선

■ 포화 시에도 완전배수로 점착력이 사라져 건조모래와 유사함. $\tau_f = \sigma \cdot \tan\phi$

2) 삼축압축시험

(1) 적용범위

■ 가장 신뢰도 높은 정수 측정방법

■ 실제지반의 응력상태 재현가능 → 모든 종류의 흙에 적용, 배수조건 조절, 장치·방법 복잡

(2) 시험방법

■ 시료의 성형; UD Sample ➡ Trimming ➡ Membrane ➡ 포화

■ Cell 내부에 물을 이용하여 가압 ➡ 동일한 압력조건 형성 $\sigma_2 = \sigma_3$

　　➡ **구속압력**(최소 주응력)

■ 축하중으로 파괴 시까지 전단 ➡ **축차응력**(최대 주응력＝구속압력＋축차응력)

　　∴ 축차응력 $= \sigma_1 - \sigma_3$

■ 구속응력을 3~4회 바꾸어 전단 ➡ Mohr C. 작도

그림 64 삼축압축시험장치

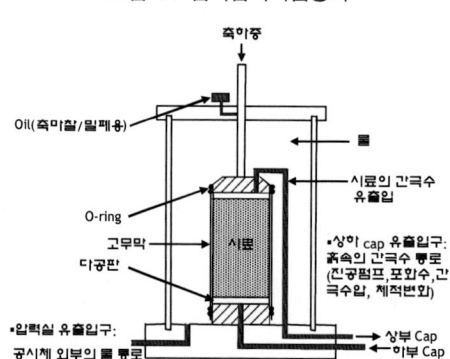

(3) 배수조건에 따른 시험법

① 비압밀비배수시험(UUtest ; Unconsolidated Undrained test)
- 구속압력을 이용 비배수 상태로 전단
- 적용: 단기안정, 시공 중 압밀, 함수비 변화가 없는 급속 파괴 시, 체적변화가 없는 경우, 배수가 빠르지 않는 지반

② 압밀비배수시험(CUtest ; Consolidated Undrained test)
- 구속압력으로 공극수압이 Zero가 되도록 압밀한 후 비배수로 전단
- 적용: 수위 급강하 시, 하중 작용 전 압밀에 의한 함수비 변화예정지(Preloading과 같이 사전압밀 후 급격한 재하가 발생하는 경우)

③ 압밀배수시험(CDtest ; Consolidated Drained test)
- 압밀 후 전단 시 공극수압이 발생치 않도록 천천히 하중을 증가시켜 전단
- 적용: 장기안정, 중요공사, 압밀이 서서히 발생되는 경우, 공극수압이 없거나 측정이 곤란한 경우

④ 비압밀배수시험(UDtest ; Unconsolidated Drained test)
- UDtest를 수행하지 않는 이유
  - $\overline{CU}$시험은 비배수 상태로 시험하며 간극수압을 측정해 전응력에서 간극수압을 제외해 유효응력 강도정수를 구함.
  - CD시험은 배수 상태로 전단시험하며 간극수압이 발생되지 않게 시험해 유효응력 강도정수를 구함.
  - $\overline{CU}$와 CD시험결과도 동일하고 CD는 시험기간이 오래 걸리므로 CD시험은 연구 목적을 제외하고 실시하지 않음.

(4) 삼축압축시험의 장단점

① 장 점
  ㉠ 모든 토질에 이용이 가능하다.
  ㉡ 전단 중에 간극수압을 측정할 수가 있다.

ⓒ 배수조건에 따라 UU, CU, CD 시험이 가능하다.

ⓔ 배수조건 조절이 가능하므로 현장조건과 거의 일치된 결과를 얻을 수가 있다.

ⓜ 파괴면의 방향이 자연 상태와 거의 비슷하다.

ⓗ 현장에서의 응력상태를 재현할 수가 있다.

② 단 점

ⓐ 시험장치의 조작과 시험방법이 직접전단시험보다 복잡하다.

ⓑ 간극수압 측정이 어려우며 간극수압 측정 시 변형속도를 규제하기가 어렵다.

ⓒ 주응력의 방향이 한정되어 있다(현장응력체계 고려한 시험 곤란).

ⓔ 축대칭 응력상태에서만 시험 가능(평면변형시험, 비틀림전단시험, 입방체3축시험).

ⓜ 압축 시에 공시체의 상하단면이 구속되는 영향을 배제할 수가 없다.

ⓗ 균일한 시료를 많이 필요로 한다.

표 9 배수조건에 따른 삼축압축시험 종류

시험의 종류	배수 밸브상태		강도정수	기 호
	압밀과정	축압축과정		
비압밀 비배수시험	닫음(비압밀)	닫음(배수)	C_u, ϕ_u	UU
압밀 비배수시험	열음(압밀)	닫음(비배수)	$C_{cu}, \phi_{cu}(C', \phi')$	CU($\overline{CU}$)
압밀 배수시험	열음(압밀)	열음(배수)	C_d, ϕ_d	CD

( )내는 간극수압을 측정할 경우 유효응력항임. (유효응력항으로 강도정수 표시)

■ Valve 0→5→4→1의 순으로 개방하고 3번 조절밸브로 가압하면 물이 채워진다.

그림 65 삼축 셀 내에 물 공급

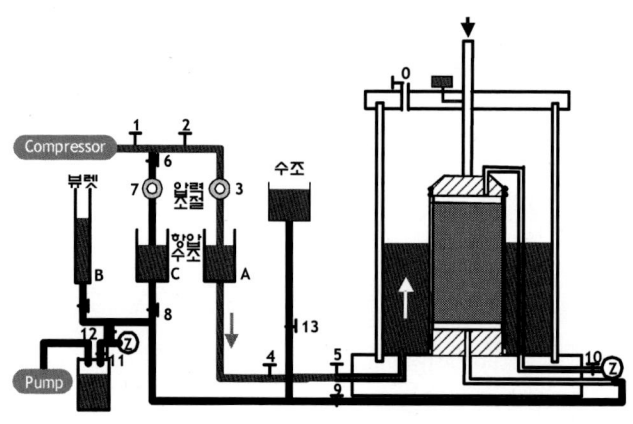

■Valve 13→9를 개방하여 하부 다공판에 연결→12번 닫고 10→11 열어 진공펌프에 연결.

측압과 같거나 약간 크게 배압을 가하며, 이때 배압이 일정하게 가해지도록 조정(측압=배압=진공압 평형을 이루도록 조절함)

그림 66 시료의 포화

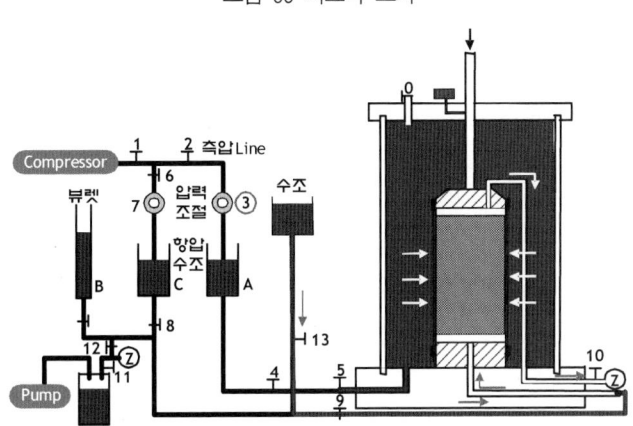

■1~5번 개방 후 3번 밸브로 측압을 $0.3 \mathrm{kg} / \mathrm{cm^2}$ 이하로 가함

6→8→9 밸브를 열고 7번을 조절하여 포화

그림 67 배압조절 방법

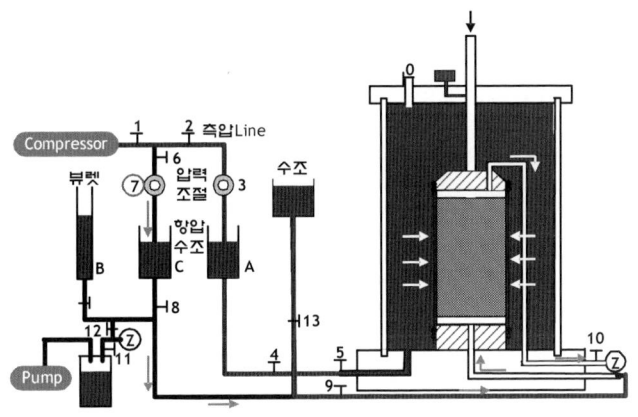

■등방압: 1→2→3→4→5의 순으로 개방하고 3번 조절

간극수: 상부 10→12→14 / 하부 9→14를 통하여 측정

그림 68 시료의 압밀

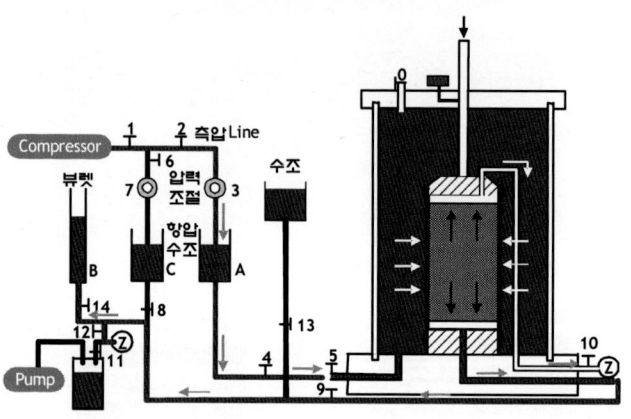

3) 일축압축시험(Unconfined compression test)

(1) 메커니즘

- $\sigma_3 = 0$인 삼축압축시험, 축방향 압축으로 파괴시킴; Mohr원이 하나만 그려지므로 마찰각 측정이 불가
- '비배수강도' 산정 – 항상 비배수조건이므로

(2) 시험결과의 해석

- Mc이 하나이므로 $\phi = 0$이며 이론적 파괴각은 $\theta = 45 + \phi/2$

① 비배수강도
- $S_u = C_u = \dfrac{q_u}{2} \cdot \tan(45 - \dfrac{\phi}{2})$ 단, $\phi = 0$, 정규압밀인 경우 $S_u = C_u$

② 예민비(Sensitivity)
- 교란시료와 비교란 시료의 강도비
- $S_t = \dfrac{q_u(비교란)}{q_{ur}(교란)}$ 〈 $S_t = 1.5 \sim 100$ 〉

■Quick Clay; 예민비가 큰 점토, 해성점토가 우수로 인해 염분이 빠져나가 예민비 증가

③ 파괴포락선의 작도

■내부마찰각 측정; 파괴면의 각(θ) 계측(분도기이용) ➡ $\phi = 2\theta - 90°$

■점착력; $c = \dfrac{\sigma_1(=q_u)}{2} \cdot \dfrac{1}{\tan(45 + \phi/2)}$

(3) 시험의 장단점

① 장 점

■시료가 적게 소요된다.

■시험장치 및 시험방법이 간단하다.

■연약한 점성토에 대해서는 편리한 시험이며 이용경험이 풍부하다.

② 단 점

■일축압축시험 시 흙 시료가 자체의 중량만으로 서 있어야 하므로 점성토에서만 적용이 가능하다.

■전단 중 배수 조절을 할 수가 없으므로 비배수조건에서만 적용한다.

■굳은 점토에서는 취성파괴의 발생으로 인하여 압축강도가 과소평가된다.

■불포화 점토 및 fissured clay에서는 $\phi_u > 0$이 되어 압축강도가 과소평가된다.

■교란영향으로 강도가 적게 나타난다.

Q & A

■일축압축강도의 분류

N치	Consistency	일축압축강도 (kg / ㎠)	비 고
2이하	매우연약(Very Soft)	0.25이하	주먹이 쉽게 관입
2~4	연 약(Soft)	0.25-0.5	엄지손가락이 쉽게 관입
4~8	보통단단(Medium Stiff)	0.5-1.0	엄지손가락이 관입
8~15	단 단(Stiff)	1.0-2.0	엄지손가락이 힘들게 관입
15~30	매우단단(Very Stiff)	2.0-4.0	엄지손가락의 손톱으로 쉽게 자국이 남
30이상	견 고(Hard)	4.0이상	엄지손가락의 손톱으로 힘들게 자국이 남

5. 현장강도시험

■ 관입을 통한 간접측정 방법과 회전저항을 이용한 베인시험이 대표적

1) 표준관입시험

(1) 적용범위

■ Boring과 병행하여 저항체의 저항으로부터 지반의 성상을 측정하는 '동적 사운딩'

■ 점성토, 사질토, 암 등 모든 토질에 대한 저항력 측정

(2) 시험방법

■ 63.5kg의 Hammer로 76cm 높이에서 타격−
  Sampler가 30cm 관입되는 데 요구되는 타격횟수
  N치를 측정
■ 시료의 채취; Sampler(UD)
  −AX, BX(63cm), EX, NX(76cm) size 적용

(3) N치의 이용

■ 지층 및 성상의 확인

모래지반	상대밀도, 내부마찰각, 지지력 계수, 탄성계수
점성토지반	컨시스턴시, 일축압축강도, 점착력
지 반	기초의 지지력(Meyerhof, Peck, Pory) 침하량(Terzaghi, Meyerhof, Peck) 연직지지력(Meyerhof) 말뚝의 연직지지력(Meyerhof), 지반반력계수 액상화 판정(Seed) 지지지반의 선정(사질지반 30<N<50 50<N 점질지반 20<N<30 30<N)

- 사질토의 내부마찰각 추정(상대밀도)
  - Peck; $\phi = 0.3N + 27$
  - Dunham; $\phi = \sqrt{12N} + (15 \sim 25)$
- 점토의 Consistency
  - 전단강도의 추정; $S_u = q_u/2, \quad q_u = N/8$
  - Terzaghi; $c = 0.0625N$
  - Dunham; $c = 0.066N$

(4) N치의 수정

- 횡방향 구속압에 대한 수정; $N_{cor} = C_N \cdot N_f$
- 토질에 대한 수정(포화세립모래); $N' = 15 + (N-15)/2 \quad (N > 15)$
- Rod 길이수정(Rod가 긴 경우 Hammer 효율저하); $N' = N(1 - X/200)$
- 상재압에 대한 수정; $N' = N[0.77 \log(20/p')]$

2) Vane 전단시험(원위치 현장시험)

(1) 적용범위

- 깊이 10m 미만의 연약점성토(소성이 강한 점성토) 지반의 비배수강도 측정
- 깊이에 따라 강도 변화가 심한 지반에 유용.
- 점토가 불균질, 소성지수가 큰 경우(Bjerrum) 불안정한 결과 도출
  - 소성지수에 대한 보정(Bjerrum); $c_{u(design)} = \lambda c_{u(vane\ test)}$
    λ; 보정계수$(= 1.7 - 0.54 \log(PI))$

(2) 시험방법

■Rod와 연결된 저항체를 삽입 후 회전 ➡ 전단 시 회전모멘트 측정 ➡ 전
단강도 추정

■ $\tau_f = C_u = \dfrac{T}{\pi D^2 H/2 + \pi D^3/6}$

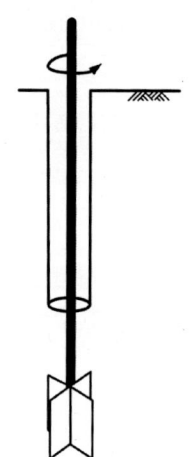

(3) 시험결과의 해석

■최대비틂력 T;
■저항모멘트 M_s;

$$M_s = \underset{\text{표면적}}{\pi dH} \cdot c_u \cdot \underset{\text{모멘트팔}}{(d/2)}$$

■저항모멘트 M_e; $M_e = \pi c_u \beta d^3/8$

∴ $T = \pi c_u [\, d^2 h/2 + \beta d^3/4\,]$

3) CPT(Cone Penetration Test; ASTM D3441)

(1) 시험원리 및 적용범위

■사질토 및 점성토 지반
■정적 콘관입; 콘을 관입(연약층에 적용)
  동적 콘관입; 콘을 타입
■Rod 선단에 부착된 Cone을 삽입 ➡ 콘관입저항
  및 Shaft 마찰력, 공극수압 측정 ➡ 비배수 전단강도 추정
■Sampler가 없어 시료채취 불가

(2) 시험결과의 해석

■Schmertmann식 $s_u = \dfrac{q_c - \sum \gamma z}{N_c}$ N_c; 심도보정계수 굳은 점토 10, 연약점토 16
■Sanglerat식 $s_u = q_c/15$

■ 지반의 굳기, 전단강도의 추정 $q_c - N$ 관계

  상대밀도, ϕ의 추정(Schmertmann)

  지반 지지력 및 말뚝의 지지력 산정(Meyerhof)

그림 69 콘관입시험 개념도

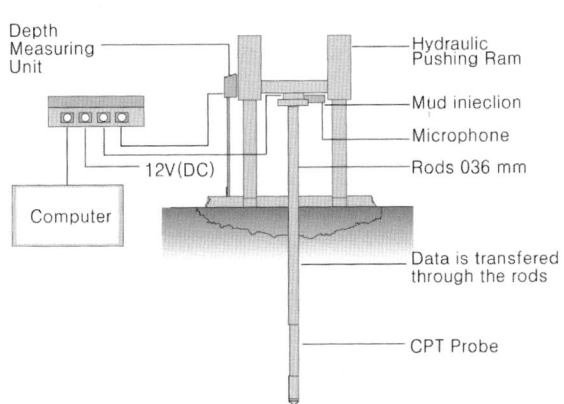

4) PMT(Pressure Meter Test; 공내재하)

(1) 시험원리 및 특성(Manard pressuremeter)

■ NX공 내에 Packer를 삽입 후 가스(질소)로 가압 ➡ 일정압력 증가
  후 시간-수두변화, 압력-팽창량 측정(파괴 시).

■ 공벽의 변형량을 탐봉 튜브에 유입되는 수량을 측정하여 산정.

■ 횡방향 **변형계수**, 지반반력계수, 정지토압 등의 정수 획득

■ 공벽의 유지와 교란제어가 가장 중요.

■ 토층, 연암층(불교란 시료의 채취가 어렵거나 불가능한 지층에 유용)

그림 70 공내재하시험 개념도

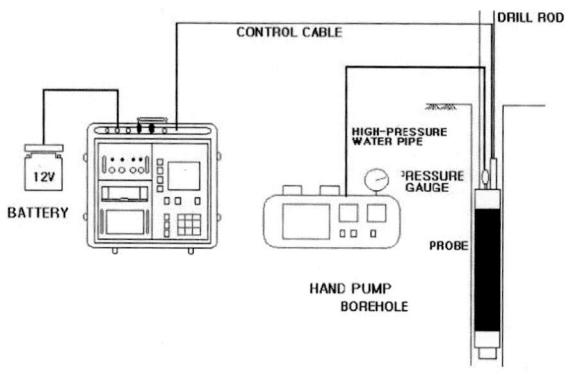

(2) 시험결과의 해석

■ 변형계수의 산출 ➡ 비배수전단강도의 추정; $s_u = \dfrac{P_L - P_o}{2} K_b$ (Manard)

(3) 기타 시험방법

■ LLT, Dilatometer

그림 71 Flat Dilatometer 시험 장치

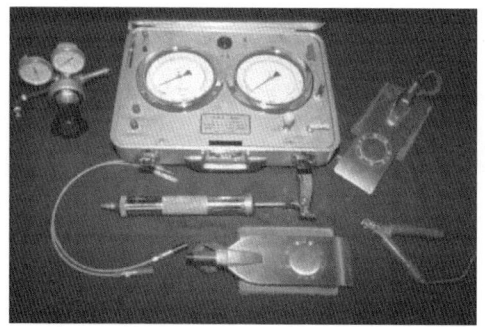

6. 사질토의 전단 특성

1) 비점성토의 전단거동

- 전단강도＝마찰저항＋엇물림(interlocking)
  - 즉, 입자의 활동마찰(loose)과 회전마찰(dense)에 기인(유효수직응력)
  - $c \fallingdotseq 0$이므로 $\tau = \sigma \cdot \tan \phi$
- 사질토의 단립구조와 입자 접촉점의 마찰

2) 전단 시 모래의 거동

(1) 응력 – 변형거동

① 느슨한 모래
  - 최대치에 도달 할 때까지 전단변위에 따라 증가하며 그 후는 일정한 값을 유지(큰 변형률). 파괴형태: 연성파괴(입자 간 수평적 활동저항에 의한 전단 특성)

그림 72 사질토의 응력 – 변형거동

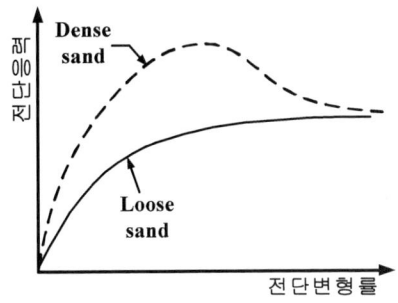

② 촘촘한 모래
  - 변위가 증가하는 동안 전단응력은 빠른 속도로 증가하여 최대값을 보인 다음 더이상

변위가 증가하면 전단응력은 오히려 감소하다가 결국은 느슨한 모래의 전단응력과 거의 일정한 값이 된다. 이때 일정한 응력을 극한전단응력이라 한다. 촘촘한 모래는 엇물림의 영향 때문에 조기에 더 큰 전단응력을 보인다(작은 변형률). 파괴형태: 취성파괴(Brittle failure, Sudden failure – 입자 간 수평적 활동저항과 과수직적 회전마찰 및 엇물림에 의한 전단 특성)

■ 따라서 동일한 사질토의 극한전단응력은 다져진 상태와 상관없이 거의 일정한 값을 보인다.(한계간극비)

(2) 한계간극비

그림 73 간극비 – 변형률 관계

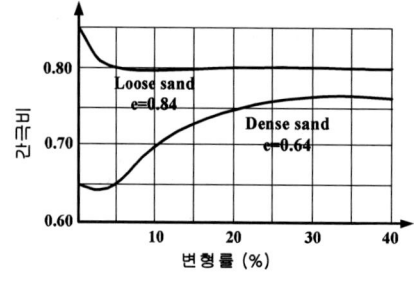

■ 간극비가 상대적으로 큰 느슨한 모래는 변형이 일어나면서 간극비가 감소되나 촘촘한 모래에서는 처음에는 약간 감소하였다가 전단이 진행됨에 따라 점차로 증가한다.

- $e > e_c$: 느슨 모래 거동 → 체적압축(Contraction)
- $e < e_c$: 조밀 모래 거동 → 체적팽창(Expansion)
- 변형률이 상당히 커질 때 상대밀도가 다른 두 모래의 간극비는 체적변화가 발생하지 않는 간극비로 수렴한다. 이때의 간극비를 **한계간극비**(Critical void ratio)라 한다.

(3) 액상화 현상

■ 비배수 상태에서 한계간극비보다 더 큰 간극비 상태에 있으면 과잉간극수압이 증가하여 액상화 발생의 가능성이 높음.(한계간극비 $e_c \fallingdotseq 0.8$ 정도임)

(4) Dilatancy

■ 포화된 모래에서 압밀배수 전단시험을 하면 전단상자에 다져넣은 것은 용적이 증가하나 느슨하게 채워 넣은 경우에는 용적이 감소한다. 시료가 느슨한 경우에는 변형을 일으킬 때 모래의 입자는 용이하게 위치를 바꿀 수 있으므로 용적이 감소하고 (+간극수압이 발생) 조밀한 경우에는 파괴면에 연하여 모래의 입자가 이동하려면 다른 입자를 누르고 넘게 되므로 용적이 증가한다. 이때 공시체가 팽창하려는 성향으로 인하여 흙의 간극으로 물이 흡수되려고 하고 (−)간극수압이 발생한다. 이와 같은 전단변형에 따른 용적변화를 dilatancy라 한다.

그림 74 사질토의 응력 − 변형거동

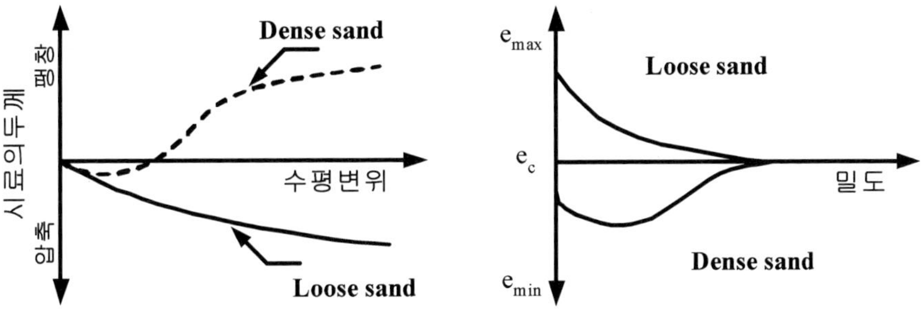

(5) 겉보기 점착력

■ 물을 약간 머금고 있는 가는 모래에 대해 시험을 하면 모관작용으로 인한 영향 때문에 약간의 점착력(겉보기점착력)을 가질 수 있으므로 Mohr-Coulomb선은 원점을 통과하지 않는다.

(6) 모래의 전단강도에 영향을 미치는 요소

■ 모래의 전단강도는 입자 간의 마찰저항과 엇물림(interlocking)으로 이루어지며 이의 크기는 전단저항각의 함수로 나타난다. 따라서 전단저항각이 큰 흙은 큰 전단강도를 나타내는데 모래의 전단저항각에 영향을 끼치는 요소는 다음과 같다.

① 상대밀도: 상대밀도가 클수록, 간극비가 작을수록 전단저항각은 커진다.

② 입자의 크기: 간극비가 일정하다면 입자의 크기는 별로 영향을 끼치지 않는다. 왜 냐하면 입자가 큰 경우 inter-locking도 크나 접촉부분에서 받는 하중이 크기 때 문에 입자의 부서지는 정도도 커서 저항효과는 상쇄되어 내부마찰각은 비슷하다.

③ 입자 형상과 입도분포: 모가 나거나 입도분포가 양호할 때 전단저항각이 크다.

④ 물은 윤활효과는 있지만 흙의 전단저항에는 거의 영향을 끼치지 않으므로 전단저 항각은 물의 영향을 거의 받지 않는다.

⑤ 중간 주응력의 영향: 중간 주응력을 고려한 평면변형 전단시험으로 구한 ϕ값은 구속조건의 차이로 표준삼축압축시험으로 구한 ϕ값에 비해서는 2~3°만큼 크다.

⑥ 구속압력의 영향: 구속압력을 증가시키면서 삼축압축시험을 실시하면 Mohr원에 접하는 포락선은 구속압력이 적을 때에는 직선이지만 구속압력이 증가하면 포락 선은 아래로 처진다. 따라서 구속압력이 커질수록 입자 간의 접촉점에서 모서리 부분이 부서지며 입자 자체가 깨지므로 전단저항각은 점점 작아진다.

7. 점성토의 전단 특성

재하 ➡ 과잉공극수압발생 ➡ 과잉공극수압소산 ➡ 변형 ➡ 강도 특성변화

1) 점성토의 전단거동

(1) 예민비

- 말뚝타입이나 공사 중 교란으로 인한 지반강도의 저하를 판단하는 기준(진동 교란에 의한 구조파괴로 강도 저하) $S_t = q_u / q_{ur}$
- Terzaghi 분류 -예민점토; $S_t \geq 1$ 초예민점토; $S_t \geq 8$
- Rosenqvist 분류

- 비예민점토: $S_t \leq 1$ Quick Clay: $S_t \geq 8$ Extra quick Clay: $S_t \geq 64$

■ 일본 분류(액성지수와 연관)

- 예민점토: $S_t \geq 4D$, $I_L > 0.4$ 초예민점토: $S_t \geq 8$, $I_L > 1.0$

■ 일반분류

- 4이하: 저예민 4~8: 예민 8~64: Quick Clay 64이상: Extra Quick Clay

■ 예민비 증가원인

- 풍화, 용탈(염분의 제거: 노르웨이), 분산제의 사용
- 예민점토가 전단력을 받을 경우 높은 공극수압이 발생.
- 토류구조물의 설계 시 전단강도 안전율의 결정에 이용.

■ 예민비의 특징

- 예민비가 커 교란되면 강도저하가 크게 되므로 지반강도 평가 시 감소해야 함.
- 용탈(leaching)로 예민비가 큰 점토를 Quick Clay라 하고 충격, 진동 시에 액체처럼 크게 유동되고 사면활동 등 지반붕괴가 일어나기 쉬움.

(2) 틱소트로피

■ 재성형한 점토시료(교란된 시료)를 함수비를 변화시키지 않은 상태로 계속 둔다면 시간이 지남에 따라 전기화학적 또는 colloid 화학적 성질에 의해서 입자 접촉면에 흡착력이 작용하여 새로운 부착력이 생겨서 강도의 일부가 회복되는 현상

그림 75 틱소트로피 현상

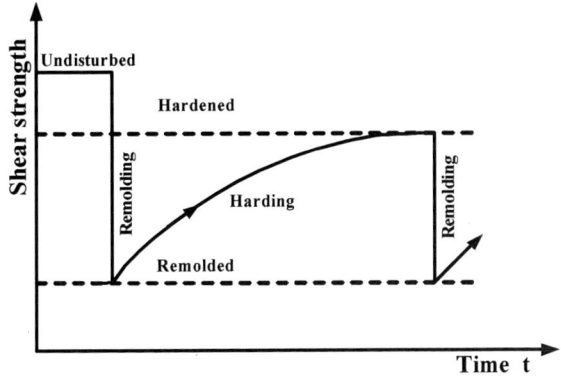

(3) Leaching 현상

■ 해수 퇴적 점토가 담수로 인해 오랫동안 염분이 빠져나가(이온결합 붕괴) 강도가 저하되는 현상으로 Quick clay의 원인으로 작용

2) 압밀배수조건에 따른 전단강도 특성

: 사질토에 비해 점성토는 k가 작아 배수속도가 느리므로 공극수압이 소산되는 장시간 동안 변형이 발생되므로 해석 시 배수 및 압밀조건에 따른 해석이 필요함(조건에 따라 강도정수가 다름).

표 10 삼축압축시험 조건

시험법	사전압밀 여부	파괴 시 배수		강도정수표기	파괴소요 시간	적용지반의 조건	안정검토
		배 수	Δu 측정				
UU test	×	×	×	$c_u,\ \phi_u$	30~40	임시시공, 시급한 시공	단 기
CU($\overline{CU}$) test	○	×	×(CU) ○($\overline{CU}$)	$c_{cu},\ \phi_{cu}$ $c_{cu}{}',\ \phi_{cu}{}'$	60~100	사전재하	중/장기
CD test	○	○	×	$c_{cd},\ \phi_{cd}$	150~300	중요 구조물, 사면안정	장 기

(1) 응력 경로의 탄생

① Mohr Circle
  ; 흙의 한 요소가 받는 응력상태

② $p,\ q$ 기호의 도입
  ; Mohr Circle의 최대전단응력(점A)에 대한 좌표값(Lambe 1964).

$$P = \frac{\sigma_1 + \sigma_3}{2} \qquad q = \frac{\sigma_1 - \sigma_3}{2} \quad \Rightarrow \quad P = \frac{\sigma_v + \sigma_h}{2} \qquad q = \frac{\sigma_v - \sigma_h}{2}$$

∵주응력은 수직, 수평면 상에 작용하므로 A점의 좌표를 알면 σ_1과 σ_3를 알 수 있다.

③ Stress path

　: 응력변화의 이력을 여러 개의 (p, q) 좌표점을 연속적으로 연결하여 표시한 선분.

④ 응력 경로의 종류

그림 76 전응력 · 유효응력 경로

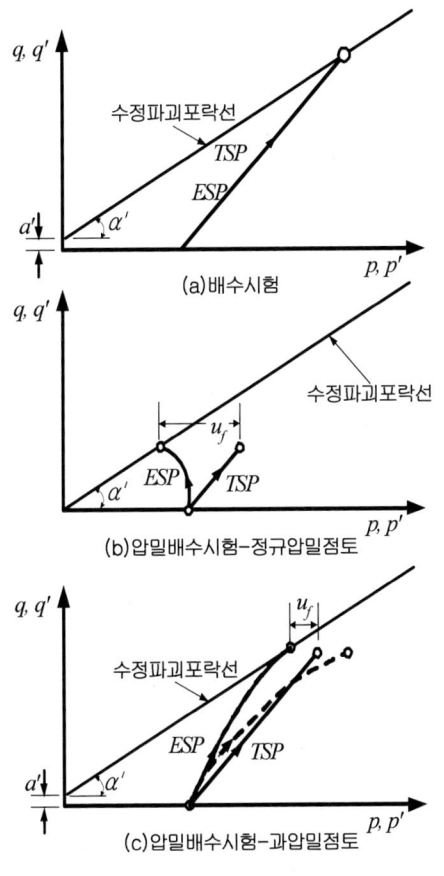

■ 전응력 경로(TSP)와 유효응력 경로(ESP)의 차이는 간극수압 u의 크기이다.
■ 간극수압이 +이면 유효응력 경로는 전응력 경로의 왼쪽에 위치하게 되며, 간극수압이 −이면 전응력 경로의 오른쪽에 표시됨

■ 정규압밀점토: (+) 간극수압이 발생→전응력 경로의 왼쪽에 위치
■ 매우 과압밀된 점토: (−) 간극수압이 발생→전응력 경로의 오른쪽에 위치
■ 배수시험에서는 전단과정 동안 간극수압은 항상 0이므로 전응력 경로=유효응력 경로

(2) K_f 선

■ 정의: 파괴원의 (p, q)점을 연결한 선

그림 77 응력 경로

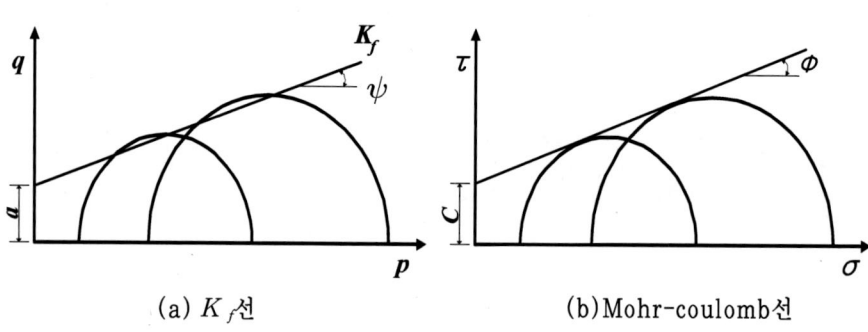

(a) K_f선   (b) Mohr-coulomb선

■ 파괴원 (p, q)점을 연결한 K_f 선의 방정식

- $q_f = a + p_f \tan \psi$

- 여기서, a는 q축과의 절편이며, p_f는 최대전단응력, ψ는 K_f 선의 경사각이다.

- 전단강도와 Mohr원의 관계식에서

$$\tau = c + \sigma \tan \phi$$

$$p = \frac{\sigma_1 + \sigma_3}{2}, \qquad q = \frac{\sigma_1 - \sigma_3}{2} \quad \text{이며}$$

$$\tau = q \sin(180° - 2\theta) = q \sin 2\theta \quad \sigma = p - q \cos(180° - 2\theta) = p + q \cos 2\theta$$

이므로

$$\therefore \quad q \sin 2\theta = c + (p + q \cos 2\theta) \tan \phi$$

- 여기서, $2\theta = 90° + \phi$ 이므로

$$\sin 2\theta = \sin(90 + \phi) = \sin 90 \cos \phi + \sin \phi \cos 90 = \cos \phi$$

$$\cos 2\theta = \cos(90 + \phi) = \cos 90 \cos \phi - \sin 90 \sin \phi = - \sin \phi$$

$$\therefore \quad q \cos \phi = c + (p - q \sin \phi) \tan \phi = c + p \tan \phi - q \sin \phi \tan \phi$$

$$q (\cos \phi + \sin \phi \tan \phi) = c + p \tan \phi \quad \text{따라서}$$

$$q \left(\frac{\cos^2 \phi + \sin^2 \phi}{\cos \phi} \right) = c + p \tan \phi$$

$$\therefore \quad q = c \cos \phi + p \sin \phi$$

- 위의 두 관계로부터

$$a = c \cos \phi, \quad \sin \phi = \tan \phi$$

■ 즉, $q = p \cdot \tan \alpha$ 이며 $\sin \phi = \tan \alpha$ 이다.

연습문제

---

1. Mohr-Coulomb의 공식 $\tau = \sigma \cdot \tan \phi + C$의 의미를 간추려 말하고, 일반 흙, 모래, 점토에 대한 Mohr circle을 그리시오.

2. 전단시험 시 공시체의 배수조건에는 3종류가 있다. 배수조건을 규정하는 이유와 3종류의 배수조건에 대해 설명하시오.

3. Thixotropy 현상을 설명하세요.

4. 액상화 현상이란 무엇이며, 발생조건은 무엇인가?

5. 현장에서의 전단강도 측정시험 방법에 대해 서술하세요.

6. 예민비를 정의하고 예민비에 따른 점토의 분류법애 대해 설명하세요.

7. 느슨한 모래와 촘촘한 모래의 응력 – 변형 특성을 실내시험결과를 이용하여 설명하세요.

8. 포화점토의 삼축실험 결과 내부마찰각 $\phi = 25°$, 점착력 $c = 15\,kN/m^2$ 이라면 p-q 다이아그램 상의 K_f 선의 각인 α와 y축 절편인 a의 값은 얼마인가?

9. 다음과 같은 요소에서 주응력이 10과 50이 작용한다면 주응력면과 35도 경사진 면

에 작용하는 전단응력과 수직응력을 산정하세요.

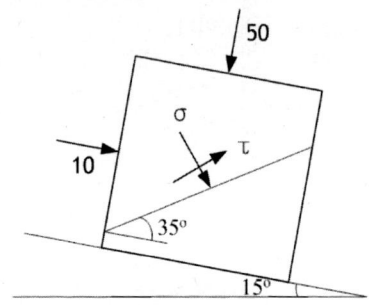

Advanced

1. 간극수압계수

- 정의
  - 점토에 압력이 가해지면 과잉간극수압이 발생하며, 이러한 간극수압과 전응력의 증가량의 비 $\Delta u / \Delta \sigma$를 간극수압계수(Pore pressure parameter)라고 함.
- *B 계수*
  - 압밀비배수 삼축압축시험 시 등방압축 때의 구속응력의 증가량에 대한 간극수압의 변화량의 비 $\Delta u / \Delta \sigma_3$를 등방압축 시의 간극수압계수 또는 B계수라고 함.
- *D 계수*
  - 일축압축시험에서 축하중의 증가량 $\Delta \sigma_1$에 대한 간극수압의 변화량의 비 $\Delta u / \Delta \sigma_1$를 일축압축 시의 간극수압계수 또는 D계수라고 한다.

Fig. 삼축압축 시의 응력상태

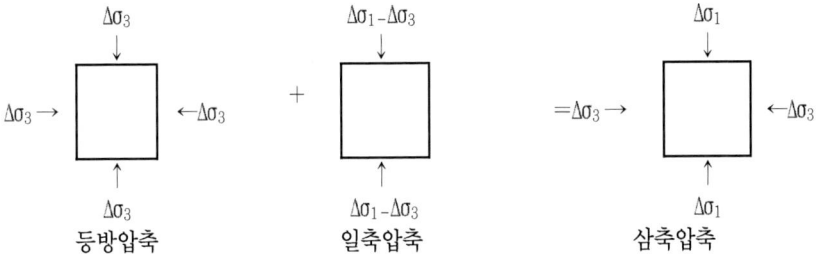

등방압축　　　　　일축압축　　　　　삼축압축

- *A 계수*
  - 압밀비배수 삼축압축시험 시 전응력의 증가량에 대한 간극수압의 변화량의 비를 삼축압축 시의 간극수압계수(A계수)라고 한다.
- 간극수압계수의 활용
  - 과잉간극수압 산출 $\Delta u = B \left[\Delta \sigma_3 + A \left(\Delta \sigma_1 - \Delta \sigma_3 \right) \right]$

-압밀상태 및 정도파악

① 예민한 점토:　　　A＝1.5~2.5

② 정규압밀 점토:　　A＝0.7~1.3

③ 약간 과압밀 점토:　A＝0.3~0.7

④ 심한 과압밀 점토:　A＝-0.5~0.0

-포화도판단 및 Back pressure 적용 시 포화도의 확인

① 간극수압계수 $B = \Delta u / \Delta\sigma_3$로 정의되며,

완전건조 시 $B = 0$, 불포화토는 $B = 0~1$, 포화토는 $B = 1$

② 실용적으로 $S = 95\%$ 이상을 포화로 간주하면 $B = 0.9$에 해당됨.

2. 배압(Back pressure)

• 정의

-삼축압축시험 시 간극수압을 측정하는 경우 시료자체의 간극 속에 공기가 있으면 간극수압의 측정이 정확하지 못하게 된다. 따라서 시료를 완전포화상태로 현장간극수압의 조건과 일치시키기 위하여 통상 $2~3\mathrm{kg}/\mathrm{cm}^2$의 압력을 가하게 되는데 이때의 압력을 배압이라 한다.

• Back pressure를 가할 경우 주의해야 할 사항

-Back pressure를 가할 때에는 구속압력과 동시에 가해야 하며 구속압력보다 커지지 않도록 해야 한다.

-Back pressure를 가할 때에는 공시체 내부가 평형이 되도록 하중을 여러 단계로 나누어서 조금씩 가해야 한다.

-Back pressure는 시료의 유효응력과 체적의 변화와는 무관하므로 하중을 증가시킬 때에는 등방압밀 상태이어야 한다.

-Back pressure는 시료 속의 유효응력을 변화시키지 못하므로 작용시켜 준 배압의 크기만큼 구속응력을 증가시켜 주어야 한다.

3. 한계상태

- 개요: 기존의 토질역학이론은 Mohr Coulomb의 파괴규준을 구성방정식으로 사용해 왔으나, 이는 특별히 제한된 상태만을 표현할 뿐이고 파괴에 이르는 동안의 변형 과정을 설명하지는 못하였다. 그러나 1960년대에 들어서면서 Cambridge 대학의 Roscoe 등은 한계상태(critical stress)란 개념과 한계상태면을 설정하여 정규압밀 점토의 응력-변형률 관계이론을 제안하였다.
  - 한계상태 개념은 흙의 배수 및 비배수조건 아래에서 전단하는 동안 발생하는 유효 응력과 그때의 비체적($v = 1 + e$) 또는 간극(e)과의 관계를 설명하는 것으로서 흙의 전단과 압밀을 통합한 이론으로 해석 Program은 Cam-Clay Model이다.

Fig. p', q, v 공간에 표시한 상태경계면

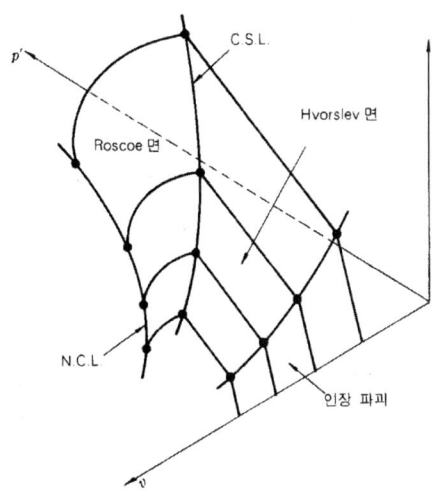

- Roscoe면
  - 두 경로가 임의의 점에서 같은 유효응력을 받을 때 비체적값이 동일 값이라면 배수 및 비배수경로는 동일 곡면 상에 있게 된다.
  - 정규압밀상태에서 시작하여 한계상태선에 접근하는 배수 및 비배수곡선군으로 이루어진 곡면을 Roscoe면이라 한다.
- 한계상태선(C. S. L)

-점토에 대해서 흙의 응력이력, 배수조건, 시험방법에 상관없이 시험終期의 전단변
형이 큰 시점에서는 평균주응력 p와 전단응력 q 그리고 간극비 e는 하나의 직선으
로 표현되는데 이것을 한계상태선이라 한다.

• Hvorslev면

-Hvorslev면은 과압밀비가 큰 흙의 상태경계면(State boundary surface)이 되
며 정규압밀토와 과압밀비가 매우 작은 흙의 상태경계면이 되는 Roscoe면과 한계
상태선에서 교차하게 된다. 따라서 두 상태경계면을 연결하면 완전한 상태경계면을
얻을 수 있다.

IX

토 압

Ⅸ. 토 압

1. 개 요

1) 토압이란

(1) 정 의

- ■ 광의적 의미: 토압이란 토류구조물 및 지중구조물에 작용하는 흙의 압력을 의미.
- ■ 협의적 의미: 일반적으로 토압이라 함은 수평토압의 줄임 말로서 흙막이 벽체와 관련
되어 벽체를 활동 또는 지지할 수 있는 수평방향의 힘. - 상대적인 변위에 따라 토압
의 분포가 달라진다.

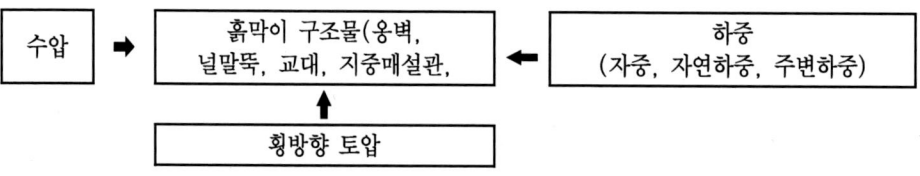

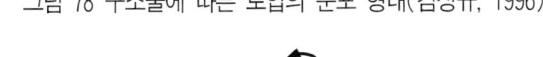

그림 78 구조물에 따른 토압의 분포 형태(김상규, 1996)

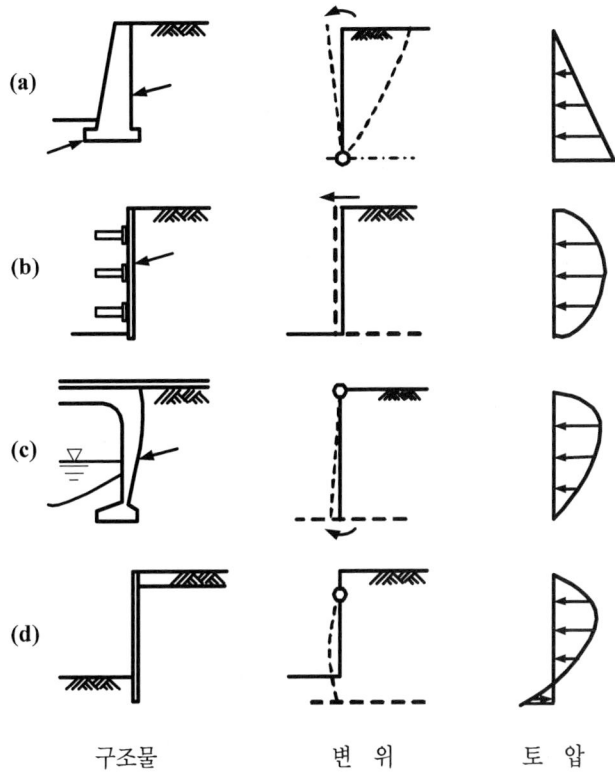

구 조 물   변 위   토 압

(2) 토압의 분포

■ 구조물에 작용하는 토압의 분포는 구조물과 흙의 상대적인 변위에 의존
■ 토압의 크기는 배면토의 강도정수(흙-구조물의 마찰), 배수조건, 벽체변위에 의존

2. 토압의 종류

1) 정지토압(lateral earth pressure at rest)

(1) 정 의

- 지표면이 수평이고 흙이 균질한 자연 상태에 있는 지반 내 한 요소에 작용하는 응력
  = 이들은 수평면과 연직면에 작용하므로 모두 주응력
- 수평방향으로 전혀 변위가 없을 때의 횡방향 토압(σ_h)

$$\sigma_h = K_o \cdot \gamma \cdot z = K_o \cdot \sigma_v \qquad (K_o = \frac{\sigma_h}{\sigma_v})$$

- 지층이 균질하다면 정지토압은 지층의 깊이에 따라 직선적으로 증가한다.
- 지반응력이 정지상태에 있다면 안정하다는 것이 분명하다

(2) 적 용

- 지반에서의 구속압 산정
- 압밀에 따른 강도증가 추정
- 지하실의 벽체, 지하배수구, 암반 상 옹벽 또는 도로제방 아래를 관통하는 박스 컬버트(Box culvert)와 같이 벽체의 변위가 거의 허용되지 않는 토류구조물

(3) K$_o$의 결정방법

- K_o는 3축압축시험에서 수평방향 변위를 0(零)으로 조절하면서 결정할 수 있다 (Bishop & Henkel, 1962).
- K_o는 전단저항각과 일정한 관계를 가짐(Jaky의 공식)
  $K_o = 1 - \sin\phi'$ (ϕ' =유효응력으로 표시한 전단저항각)
  ※대략적인 K_o값을 구할 때 많이 사용함
- 과압밀된 점토의 K_o는 과압밀비(OCR)의 증가에 따라 증가한다.
  $K_o = (1 - \sin\phi')(OCR)^{0.5}$

정지토압계수는 ?	• 조립토＜세립토 • 조밀한 흙＜느슨한 흙 • 과거 상재하중이 클수록 커짐 • 과압밀비가 클수록 커짐	
정지토압계수의 증가에 따라	• 지지력이 증가한다. • 사면의 안정성이 저하된다. • 흙댐에 있어 누수가 다소 저하된다. • 깊은 기초의 주면마찰력이 증가한다. • 기초의 침하가 감소한다. • 액상화 가능성이 다소 감소된다. • 지반개량이 더욱 어려워진다. • 토류구조물의 토압이 증가한다.	

2) 주동토압과 수동토압

주동상태	수동상태
■ 횡방향 압력에 의해 반시계방향 회전이나 왼쪽으로 이동⊐횡방향 팽창⊐파괴 ■ 수평 주응력이 감소⊐최소 주응력 ■ 지표면 하강⊐주동토압으로 감소 ■ 횡방향 응력의 이완. ■ 활동면 경사 급 $\sigma_{ha} = K_A \cdot \sigma_v$	■ 시계방향, 오른쪽으로 이동⊐횡방향 압축⊐파괴 ■ 수평 주응력 증가⊐최대 주응력 ■ 지표면 상승⊐수동토압으로 증가 ■ 횡방향 응력의 증가 ■ 활동면 경사 완만 $\sigma_{hp} = K_P \cdot \sigma_v$

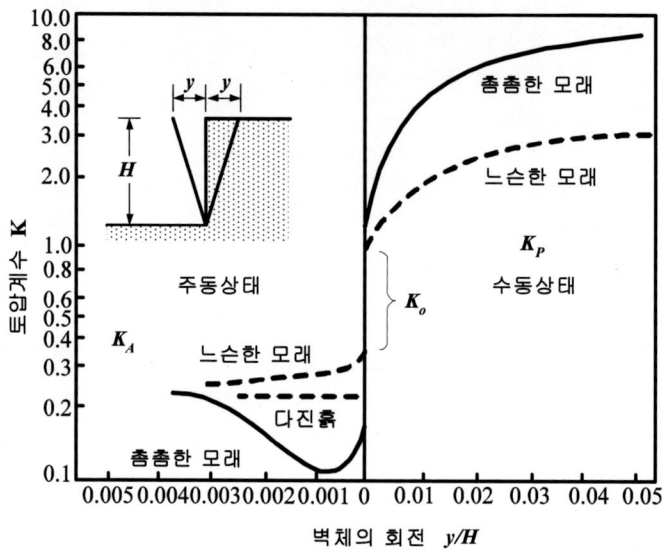

그림 79 벽체의 변위와 토압계수의 관계

	뒤채움 흙의 작용상태	회전방향	응력조건	벽체의 변위
주 동	팽 창	반시계방향	수평응력 ← 최소 주응력	벽체높이 1 / 1000 변위 시 발휘
수 동	압 축	시계방향	수평응력 ← 최대 주응력	벽체높이 20~30% 변위 시 발휘

3. Rankine의 토압이론

1) 토압이론의 전개

(1) 기본 가정

기본 가정	문제점
1) 흙은 비압축성이고 균질하며 등방성의 물체이다.	1) 실제의 흙은 거의 대부분이 비균질·비등방성의 물체이다.
2) 파괴면은 2차원적인 평면이다.	2) 실제적으로 파괴면은 3차원이다.
3) 흙입자는 입자 간의 마찰력에 의해서만 평형을 유지한다.(벽마찰각 무시)	4) 토압의 분포는 벽체의 변위에 따라 직선분포 혹은 곡선분포를 나타낸다.
4) 토압의 작용면은 연직이며, 토압분포는 직선분포를 나타낸다.	6) 실제로는 토압이 지표면과 평행하게 작용하지 않는다.
5) 지표면은 무한히 넓게 존재한다.	7) 상재하중에 의한 토압을 계산할 때 등분포하중은 연직하중으로 쉽게 고려할 수 있다. 선하중, 대상하중, 집중하중 등은 Boussinesq의 지중응력 계산방법 등을 사용하여 편법으로 고려할 수밖에 없다.
6) 토압은 지표면에 평행하게 작용한다.	
7) 지표면에 작용하는 하중은 등분포하중이다.	
8) 소성평형상태에서의 토압을 산정한 소성이론이다.	

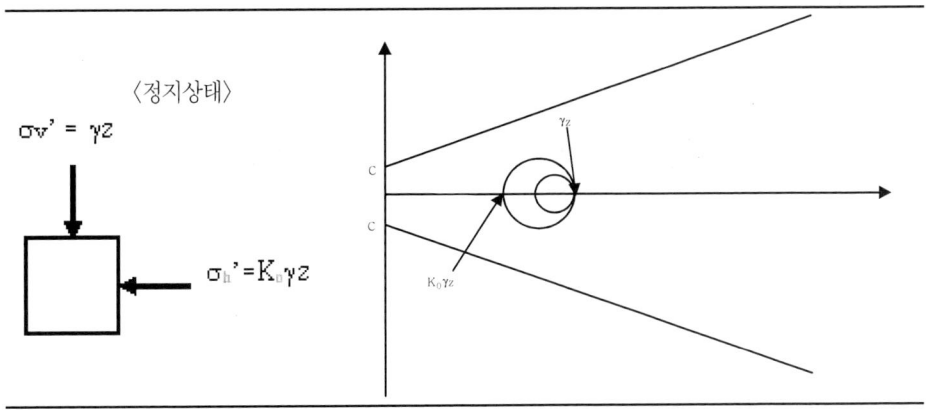

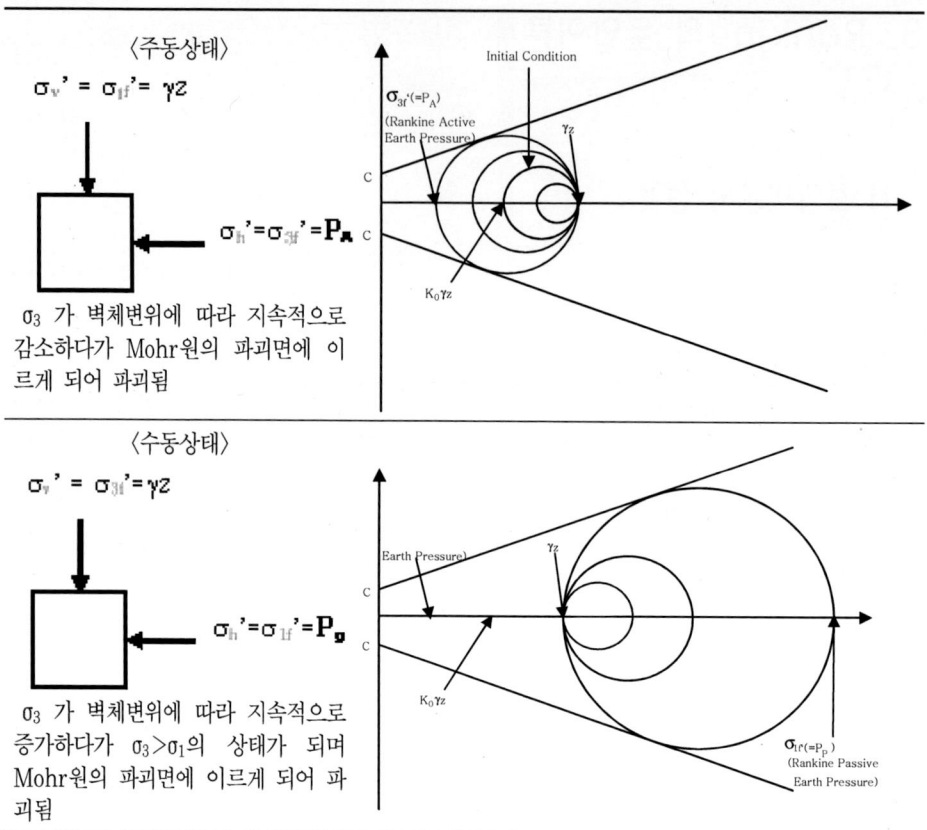

〈주동상태〉

$$\sigma_v' = \sigma_{1f}' = \gamma z$$

$$\sigma_h' = \sigma_{3f}' = P_A$$

σ_3 가 벽체변위에 따라 지속적으로 감소하다가 Mohr원의 파괴면에 이르게 되어 파괴됨

〈수동상태〉

$$\sigma_v' = \sigma_{3f}' = \gamma z$$

$$\sigma_h' = \sigma_{1f}' = P_p$$

σ_3 가 벽체변위에 따라 지속적으로 증가하다가 $\sigma_3 > \sigma_1$의 상태가 되며 Mohr원의 파괴면에 이르게 되어 파괴됨

2) 지표면이 수평인 사질토

그림 80 Rankine의 (a)주동 및 (b)수동상태 (김상규, 1996)

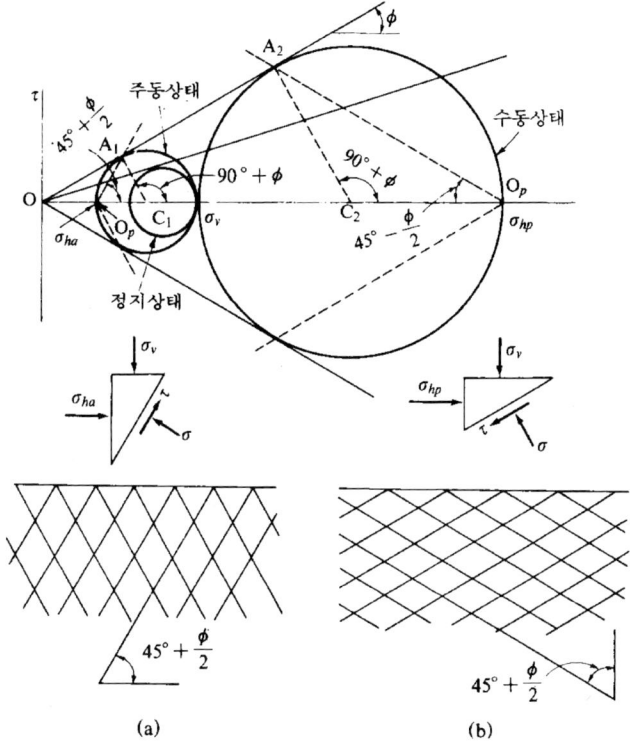

흙이 팽창(주동상태)할 때	연직응력은 → 일정 수평응력은 → 감소	수평면 위에 있는 흙의 무게는
흙이 압축(수동상태)할 때	연직응력은 → 일정 수평응력은 → 증가	정지상태일 때와 동일

(1) 주동상태

■ 주동토압계수 (K_A)

$$- \sin\phi = \frac{C_1 A_1}{OC_1} = \frac{\frac{1}{2}(\sigma_v - \sigma_{ha})}{\frac{1}{2}(\sigma_v + \sigma_{ha})} \rightarrow \sigma_{ha}(1 + \sin\phi) = \sigma_v(1 - \sin\phi)$$

$$- \frac{\sigma_{ha}}{\sigma_v} = \frac{(1-\sin\phi)}{(1+\sin\phi)} = \tan^2(45 - \frac{\phi}{2}) = K_A$$

■ 주동토압의 계산

- 깊이 H에서의 연직응력은 $\sigma_v = \gamma H$

  이 되고, 주동토압계수를 적용하여 수평토압을 계산하면,

  $$\sigma_h = K_A \sigma_v = K_A \gamma H$$

- 흙이 균질하다면 σ_h는 깊이 z에 비례하므로, σ_h의 분포는 삼각형이 되어 합력은

  $$P_A = \frac{1}{2} K_A \gamma H^2 \qquad \text{(토압의 중심=옹벽 하단에서 1/3되는 지점)}$$

■ 파괴면의 경사각

- 파괴원의 이등변 삼각형의 기학하적 원리로부터

$$\boxed{45 + \frac{\phi}{2}}$$

그림 81 토압의 분포형태

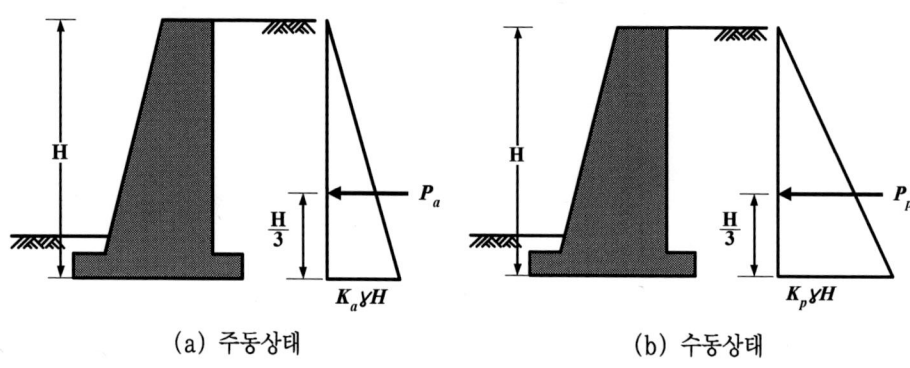

(a) 주동상태   (b) 수동상태

(2) 수동상태

■ 수동토압계수 (K_P)

$$- \sin\phi = \frac{C_2 A_2}{OC_2} = \frac{\frac{1}{2}(\sigma_{hp} - \sigma_v)}{\frac{1}{2}(\sigma_{hp} + \sigma_v)} \rightarrow \sigma_{hp}(1-\sin\phi) = \sigma_v(1+\sin\phi)$$

$$- \frac{\sigma_{ha}}{\sigma_v} = \frac{(1+\sin\phi)}{(1-\sin\phi)} = K_P = \tan^2(45 + \frac{\phi}{2})$$

■수동토압의 계산

  －깊이 H에서의 연직응력은 $\sigma_v = \gamma H$

   이 되고, 주동토압계수를 적용하여 수평토압을 계산하면,

   $\sigma_h = K_P \sigma_v = K_P \gamma H$

  －흙이 균질하다면 σ_h 는 깊이 z에 비례하므로, σ_h의 분포는 삼각형이 되어 합력은

   $P_P = \dfrac{1}{2} K_P \gamma H^2$ (토압의 중심＝옹벽 하단에서 1 / 3되는 지점)

■파괴면의 경사각

$$45 - \dfrac{\phi}{2}$$

3) 지표면이 수평인 점성토

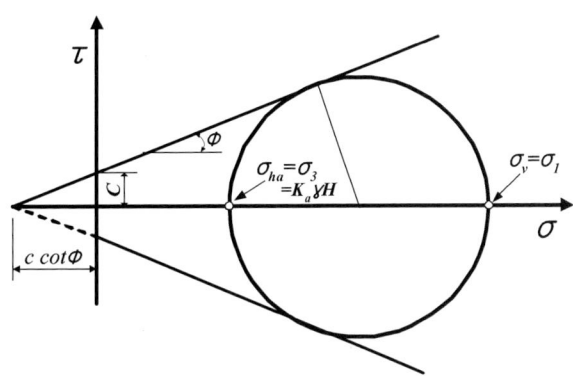

(1) 주동상태

■뒤채움이 점착력을 가지고 있다면, 그 흙이 파괴될 때의 규준은 $\tau_f = c + \sigma \tan\phi$

■주동토압계수 (K_A)

  $-\sin\phi = \dfrac{\dfrac{1}{2}(\sigma_v - \sigma_{ha})}{c \cot\phi + \sigma_{ha} + \dfrac{1}{2}(\sigma_v - \sigma_{ha})}$

$$- \sigma_{ha} = (\frac{1-\sin\phi}{1+\sin\phi})\sigma_v - 2c\frac{\cos\phi}{1+\sin\phi} = (\frac{1-\sin\phi}{1+\sin\phi})\gamma z - 2c\sqrt{\frac{1-\sin\phi}{1+\sin\phi}}$$

$$\sigma_{ha} = \gamma z \tan^2(45° - \frac{\phi}{2}) - 2c\tan(45° - \frac{\phi}{2}) = \gamma z K_a - 2c\sqrt{K_a}$$

여기서, $K_a = \dfrac{1-\sin\phi}{1+\sin\phi} = \tan^2(45° - \dfrac{\phi}{2})$

-흙이 점착력을 가지고 있으면 점착력이 없는 흙에 비해 토압은 깊이에 관계없이

$2c\tan(45° - \dfrac{\phi}{2})$만큼 일정하게 감소한다.

그림 82 점착력이 있는 흙의 주동토압

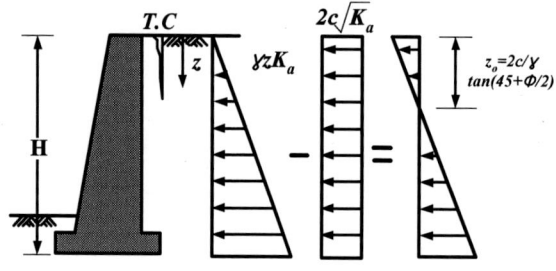

■주동토압의 계산

$$- P_A = \frac{1}{2}K_A \gamma H^2 - 2cH\sqrt{K_A}$$

■인장균열(tension crack)

-점성토에서 주동상태의 뒤채움 흙에 의해 정(+)의 토압이 생기고 점착력에 의한 부(-)의 토압이 발생하게 되는데 이로 인하여 인장균열이 발생

-인장균열 깊이 (z_o) = 점착고

  :정토압과 부토압이 같아져서 작용하는 전토압이 0이 되는 지점

-그림에서 삼각형과 사각형의 크기가 같아지는 깊이(z_o)는

$$\gamma z_o \tan^2(45° - \frac{\phi}{2}) = 2c\tan(45° - \frac{\phi}{2}) \quad 또는, \quad \gamma z_o K_A = 2c\sqrt{(K_A)}$$

-z_o에 대하여 정리하면,

$$z_o = \frac{2c}{\gamma} \tan\left(45° + \frac{\phi}{2}\right) = \frac{2c}{\gamma\sqrt{K_A}} = \frac{2c\sqrt{K_P}}{\gamma}$$

－토압은 삼각형으로 분포하므로 $2\,z_o$의 깊이까지는 부의 토압과 정의 토압이 같아져서 전토압의 합계는 0이다. (이론상 z_o의 깊이까지는 굴착면이 아무런 지지 없이 안정을 유지함)

(2) 수동상태

그림 83 점착력이 있는 흙의 수동토압

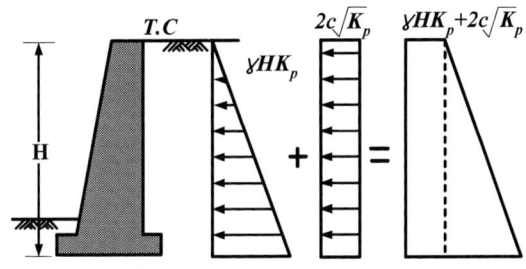

■ $\sigma_{hp} = \gamma z \tan^2\left(45° + \frac{\phi}{2}\right) + 2c \tan\left(45° + \frac{\phi}{2}\right) = \gamma z\, K_p + 2c\sqrt{K_p}$

여기서, $K_p = \dfrac{1 + \sin\phi}{1 - \sin\phi} = \tan^2\left(45° + \dfrac{\phi}{2}\right)$

■ 수동토압이 작용할 때 수평응력은 항상 압축이므로 인장균열이 생기지 않는다.

$$- P_p = \frac{1}{2}\gamma H^2 K_p + 2cH\sqrt{K_p}$$

4) 지표면이 수평이고 뒤채움이 이질층인 경우의 토압

■ 가장 위층에 있는 토압 ($= \gamma_1 z_1$)

■ 아래층은 위층의 흙 무게를 상재하중으로 간주하여 토압을 계산 ($= K_{A2}\gamma_1 z_1$)

$$- P_A = \frac{1}{2}K_{A1}\gamma_1 z_1^2 + K_{A2}\gamma_1 z_1 z_2 + \frac{1}{2}K_{A2}\gamma_2 z_2^2$$

그림 84 여러 층으로 되어 있을 때의 토압의 계산방법

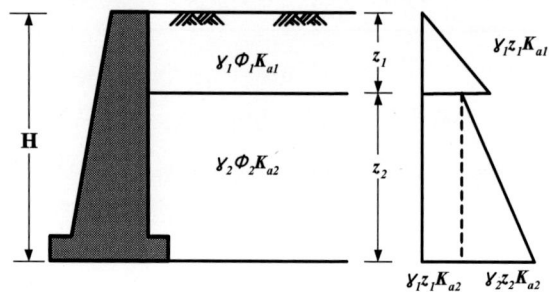

5) 지표면이 수평이고 지하수위가 있는 경우의 토압

■ 뒤채움이 모래라 가정할 때, 그 모래가 균질하다면 모래의 전단저항각은 물에 잠겨 있을 때에도 거의 동일하므로, 토압계수는 지하수위의 위치에 관계없이 동일하다

■ $(z_1 + z_2)$깊이에서의 유효응력은

$$\sigma_v = \gamma_1 Z_1 + \gamma_{sub} Z_2$$

그러므로 $\sigma_{ha} = K_A(\gamma_1 z_1 + \gamma_{sub} Z_2)$

■ $(z_1 + z_2)$깊이에서의 간극수압은 $u = \gamma_w Z_2$

■ 옹벽에 작용하는 전응력은 (토압+수압)을 합한 값이 된다.

$$- P_A = \frac{1}{2} K_A \gamma z_1^2 + K_A \gamma z_1 z_2 + \frac{1}{2} K_A \gamma_{sub} z_2^2 + \frac{1}{2} \gamma_w z_2^2$$

그림 85 지하수위가 있을 때의 토압계산 방법

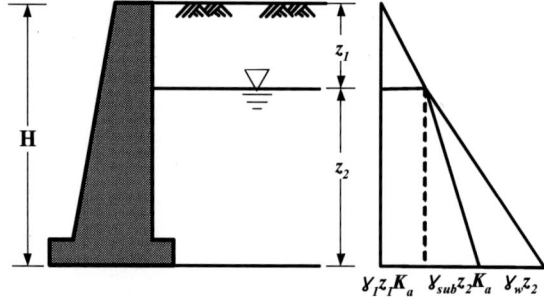

6) 뒤채움 흙이 경사진 경우

- 지표면이 수평면과 i의 각도로 기울어져 있을 때에도 Rankine의 이론으로 토압을 구할 수 있다. (주동토압과 수동토압의 작용방향은 지표면과 평행하다고 가정)
- 연직응력과 연직면 상의 응력은 각각 다른 쪽 면에 평행하기 때문에 공액응력 (conjugate stress)
- 지표면에 평행한 면에 작용하는 연직응력 σ_v 는 다음과 같이 계산된다.
- 지표면의 길이방향으로 b가 되는 길이에 작용하는 연직력은 $\gamma z b \cos i$, 이것을 단면적 b×1로 나누면, $\sigma_v = \gamma z \cos i$ 를 얻는다.

그림 86 지표면이 경사졌을 때의 주동 및 수동상태

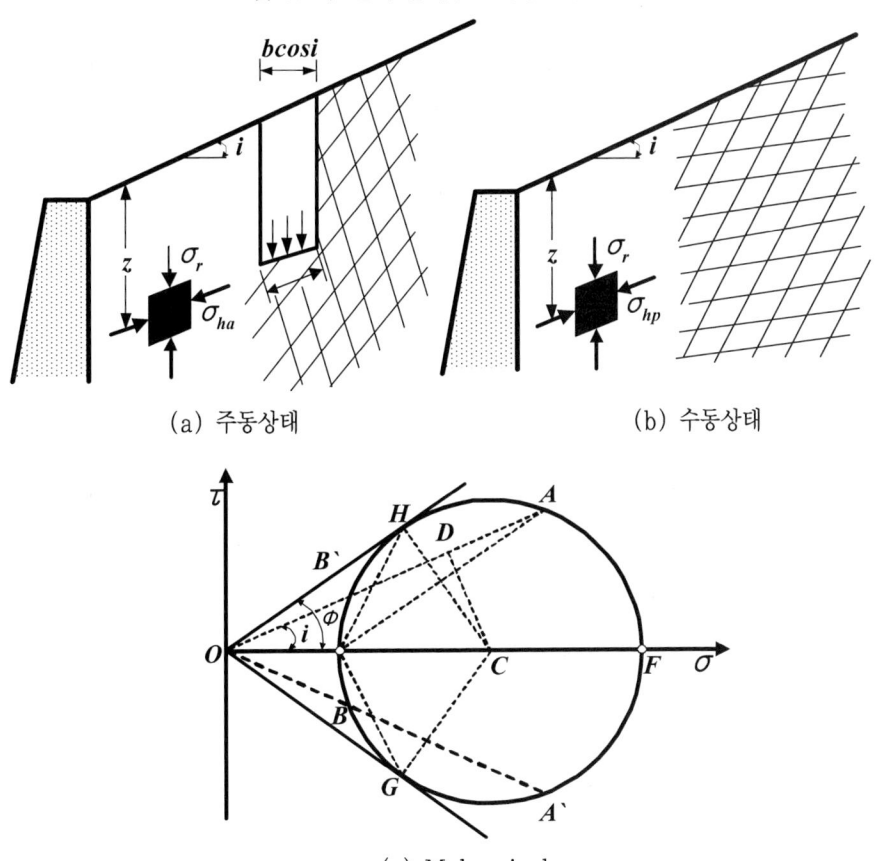

(a) 주동상태   (b) 수동상태

(c) Mohr circle

(1) 주동상태

- 경사면의 주동토압계수는 $K_a = \dfrac{\cos i - \sqrt{\cos^2 i - \cos^2 \varnothing}}{\cos i + \sqrt{\cos^2 i - \cos^2 \varnothing}}$
- 수평응력은 $\sigma_{ha} = K_a \sigma_v = K_a \gamma z \cos i$
- 전주동토압은 지표면과 평행하게 작용하며, 그 크기는 $P_a = \dfrac{1}{2} K_a \gamma H^2 \cos i$

(2) 수동토압

- 경사면의 수동토압계수는 $K_p = \dfrac{\cos i + \sqrt{\cos^2 i - \cos^2 \varnothing}}{\cos i - \sqrt{\cos^2 i - \cos^2 \varnothing}}$
- 수평응력은 $\sigma_{hp} = K_p \sigma_v = K_p \gamma z \cos i$
- 전수동토압은 지표면과 평행하게 작용하며, 그 크기는 $P_p = \dfrac{1}{2} K_p \gamma H^2 \cos i$

7) 벽면이 경사진 경우의 Rankine 토압

- 비점성토의 뒤채움 흙이 수평면에 대해 i만큼 기울어지고, 벽면이 연직방향에 대하여 θ만큼 경사진 경우에 벽면에 작용하는 전주동토압도 Rankine이론으로 구함

그림 87 벽면이 경사진 경우의 Rankine토압

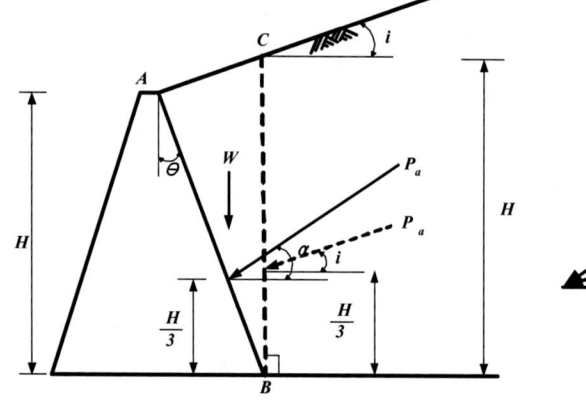
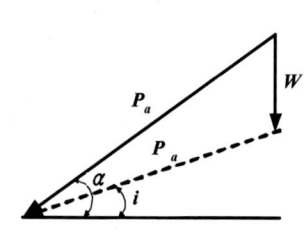

■먼저, B점에 세운 연직면 BC(높이 H')에 작용하는 토압 P_a'를 구하고, 흙쐐기 ABC의 무게 W와의 합력을 구하면, 이것이 전주동토압 P_a가 된다.

$$P_a' = \frac{1}{2} K_a \gamma H'^2$$

$$W = \frac{1}{2} \gamma H' H \tan \theta$$

$$P_a = \sqrt{(P_a' \cos \alpha)^2 + (P_a' \sin \alpha + W)^2}$$

■전주동토압 작용높이는 z로 구하며, 작용방향은 $\tan \alpha$ 로 구한다.

$$z = \frac{H}{3}, \quad \tan \alpha = \frac{P_a' \sin \alpha + W}{P_a' \cos \alpha}$$

그림 88 벽체의 변위가 발생한 경우의
주동토압 분포

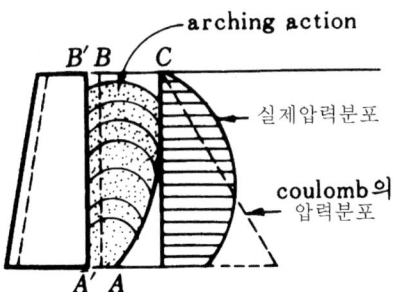

■Terzaghi에 의하면 상기 그림에 표시한 바와 같이 벽 배면 $A'B'$ 와 활동면 AC 와의 사이에 모래층은 아칭작용(arching action)에 의해 벽체의 윗부분에 큰 압력이 작용하므로 실제적인 압력의 분포가 가정된 삼각형 분포와는 다소 차이를 보이게 된다.

■전토압은 벽 저면으로부터 $(0.45 \sim 0.55)H$ 의 높이에서 작용하며, 지표상에 분포하중이 있으면 전토압은 $H/3$ 보다 높은 곳에 작용하는 것으로 나타났다.

4. Coulomb의 토압이론

1) 토압이론의 전개

- 옹벽의 변위에 의하여 형성되는 흙이 흙쐐기 상태로 활동하면서 마찰벽면에 작용하는 토압을 산정하는 흙쐐기 이론.
- 쐐기법(trial wedge method)에 의한 토압론은 1776년 Coulomb이 제안함.
- Coulomb은 벽체가 약간 앞으로 기울어질 때 흙쐐기는 평면인 파괴면을 따라 활동하며 흙쐐기가 하향으로 움직이면 파괴면을 따르는 반력 F에 의해 저항된다고 가정.
  - Rankine = 수동토압개념을 도입, 주동·수동토압의 두 극한 상태를 함께 설명함.
  - Coulomb = 지지벽체와 가상파괴면 사이의 흙쐐기의 전체적인 안정을 고려.

(1) Coulomb의 기본 가정과 문제점

기본 가정	문제점
1) 흙은 비압축성이고 균질하며 등방성의 물체이다.	
2) 파괴면은 2차원적인 평면이다.	4) 토압산출방법이 복잡하다.
3) 지표면은 무한히 넓게 존재한다.	
4) 토압은 지표면의 형상과 관계없이 수평면과 벽면마찰각(δ)을 갖고 작용한다.	5) 벽면마찰각(δ) $\geq \dfrac{1}{2}\phi$이 되면 수동토압의 값이 실제보다 크게 계산되어 불안전한 해석이 될 수 있다.
5) 벽면마찰을 고려한다. 즉 흙쐐기는 벽 뒤를 따라 움직이고 벽 경계면을 따라 마찰력이 분포되어 있다고 가정한다.	6) 실제로 흙은 액성, 소성, 강성의 형태로 존재하므로 어느 한 형태로 단정할 수가 없다.
6) 파괴쐐기는 강체이며 흙쐐기 활동으로 인하여 벽면이 받는 토압을 산정하는 흙쐐기이론	

- 주동상태: 일반적으로 옹벽의 벽체와 배면토 사이에는 상대적인 움직임 때문에 전단력이 발생한다. 주동상태의 경우 옹벽이 바깥쪽으로 이동함에 따라 흙은 벽체에 대해 상대적으로 하향거동을 하게 된다. 흙과 벽체 사이의 전단력 때문에 이러한 거동은 하향의 전단력을 발생시킨다. 벽체에 작용하는 이때의 하향전단력을 주동상태에서의 양의 벽마찰력이라 한다.

■수동상태: 수동상태에서는 수평압력이 흙의 상향팽창을 유발해 벽체에 상향의 전단력을 작용시키게 되는데 이를 수동상태에서의 부의 벽마찰력이라 한다.

■벽마찰각 크기: 이때, 전단력의 크기는 흙과 벽체의 마찰각(벽면마찰각) δ에 따라 달라진다. 배면토가 느슨한 모래인 경우 $\delta \fallingdotseq \varphi$이나 조밀한 모래인 경우 $\delta \langle \varphi$이다. 조밀한 모래의 경우 $\delta = \left(\dfrac{1}{2} \sim \dfrac{3}{4} \right) \varphi$의 값을 사용하고 있다.

그림 89 벽마찰의 방향

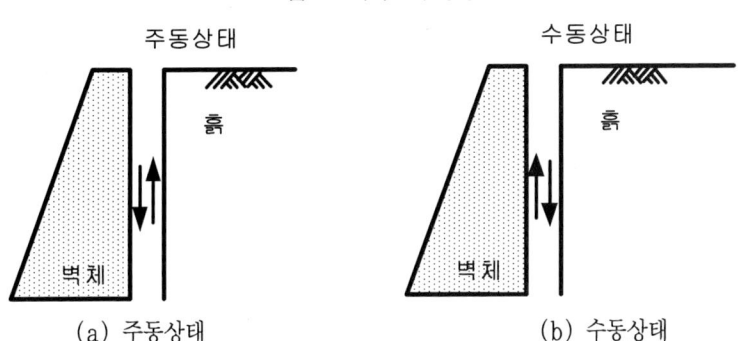

(a) 주동상태   (b) 수동상태

표 11 콘크리트 면질 및 흙의 종류에 따른 벽면마찰각

	경계면 상태	흙-콘크리트 마찰각
Mass concrete	상태가 양호하고 깨끗한 암석	35
	깨끗한 자갈, 자갈-모래, 입상모래	29-31
	깨끗한 세립-중립모래, 실트질 중립-세립모래, 실트질 또는 점토질 자갈	24-29
	깨끗한 세립모래, 실트질 또는 자갈질의 세립-중립모래	19-24
	세립의 모래질실트, 실트, 비소성의 실트	17-19
Formed concrete	깨끗한 자갈, 자갈-모래, 혼합토	22-26
	입도가 양호한 락필 깨끗한 모래, 실트질모래-자갈혼합토, 단일크기의 하드락필	17-22
	실트질모래, 실트 또는 점토가 섞인 자갈 또는 모래	17
	세립의 모래질 실트, 비소성 실트	14

2) 주동상태

(1) 극한평형상태

- 흙쐐기의 무게

$$W = \frac{1}{2}(\overline{AD})(\overline{BC}) \cdot \gamma$$

$$\overline{AD} = \overline{AB}\sin(90 + \theta - \beta) = \frac{H}{\cos\theta}\sin(90 + \theta - \beta) = H \cdot \frac{\cos(\theta - \beta)}{\cos\theta}$$

sine 법칙에 의하여

$$\frac{\overline{AB}}{\sin(\beta - \alpha)} = \frac{\overline{BC}}{\sin(90 - \theta + \alpha)}$$

$$\overline{BC} = \frac{\cos(\theta - \alpha)}{\sin(\beta - \alpha)} \cdot \overline{AB} = \frac{\cos(\theta - \alpha)}{\cos\theta \cdot \sin(\beta - \alpha)} \cdot H$$

$\overline{AD}$와 $\overline{BC}$를 위 식에 대입하면

$$W = \frac{1}{2}\gamma H^2 \frac{\cos(\theta - \beta) \cdot \cos(\theta - \alpha)}{\cos^2\theta \cdot \sin(\beta - \alpha)}$$

그림 90 Coulomb의 주동토압이론

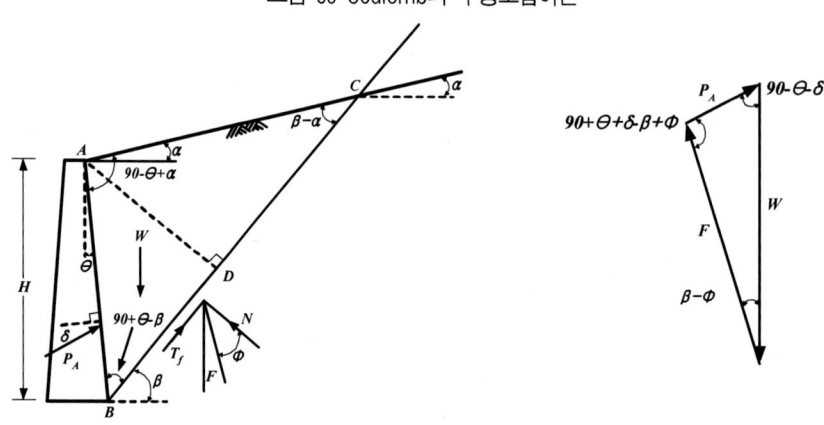

- 힘의 다각형에 Sine 법칙을 적용

$$\frac{W}{\sin(90 + \theta + \delta - \beta + \phi)} = \frac{P_A}{\sin(\beta - \phi)}$$

(2) 전주동토압

$$\blacksquare \ P_A = \frac{\sin(\beta - \phi)}{\sin(90 + \theta + \delta - \beta + \phi)} \cdot W$$

$$\therefore \ P_A = \frac{1}{2} \gamma H^2 \left[\frac{\cos(\theta - \beta) \cdot \cos(\theta - \alpha) \cdot \sin(\beta - \phi)}{\cos^2\theta \cdot \sin(\beta - \alpha) \sin(90 + \theta + \delta - \beta + \phi)} \right]$$

여기서, Coulomb의 주동토압계수

$$K_A = \frac{\cos^2(\phi - \theta)}{\cos^2\theta \cdot \cos(\delta + \theta) \left[1 + \sqrt{\dfrac{\sin(\delta + \phi) \cdot \sin(\phi - \alpha)}{\cos(\delta + \theta) \cdot \cos(\theta - \alpha)}} \right]^2}$$

■파괴면각, 내부마찰각, 벽면마찰각이 일정하다면 주동토압은 지표면 경사의 함수이므로 $dP_A / d\beta = 0$

$$P_A = 1/2 K_A \gamma H^2$$

마찰이 없고 연직인 벽의 뒤채움이 수평($\delta = 0°$, $\theta = 0°$, $\alpha = 0°$)인 경우

$$K_A = \frac{1 - \sin\phi}{1 + \sin\phi} = \tan^2\left(45 - \frac{\phi}{2}\right) \leftarrow \text{Rankine의 주동토압계수}$$

표12 내부마찰각에 따른 K_a의 변화

	i	-30°	-12°	±0	+12°	+30°
$\phi = 20°$	$\beta' = +20°$		0.57	0.65	0.81	
	$\beta' = +10°$		0.50	0.55	0.68	
	$\beta' = \pm0$		0.44	0.49	0.60	
	$\beta' = -10°$		0.38	0.42	0.50	
	$\beta' = -20°$		0.32	0.35	0.40	
$\phi = 30°$	$\beta' = +20°$	0.34	0.43	0.50	0.59	1.17
	$\beta' = +10°$	0.30	0.36	0.41	0.48	0.92
	$\beta' = \pm0$	0.26	0.30	0.33	0.38	0.75
	$\beta' = -10°$	0.22	0.25	0.27	0.31	0.61
	$\beta' = -20°$	0.18	0.20	0.21	0.24	0.50
$\phi = 40°$	$\beta' = +20°$	0.27	0.33	0.38	0.43	0.59
	$\beta' = +10°$	0.22	0.26	0.29	0.32	0.43
	$\beta' = \pm0$	0.18	0.20	0.22	0.24	0.32
	$\beta' = -10°$	0.13	0.15	0.16	0.17	0.24
	$\beta' = -20°$	0.10	0.10	0.11	0.12	0.16

$\beta' = \beta - 90°$ β는 옹벽배면이 수평면과 이루는 각

3) 수동상태

■수동 상태에 대한 파괴 쐐기 ABC의 평형 다각형과 주동토압의 경우와 같은 과정을 통한 옹벽의 단위폭당 작용하는 힘은

$$P_P = \frac{1}{2} \gamma H^2 K_P$$

여기서, Coulomb의 수동토압계수

$$K_P = \frac{\cos^2(\phi + \theta)}{\cos^2\theta \cdot \cos(\delta - \theta)\left[1 - \sqrt{\dfrac{\sin(\phi - \delta) \cdot \sin(\phi + \alpha)}{\cos(\delta - \theta) \cdot \cos(\alpha - \theta)}}\right]^2}$$

마찰이 없고 연직인 벽의 뒤채움이 수평($\delta = 0°$, $\theta = 0°$, $\alpha = 0°$)인 경우

$$K_P = \frac{1 + \sin\phi}{1 - \sin\phi} = \tan^2\left(45 + \frac{\phi}{2}\right) \leftarrow \text{Rankine의 수동토압계수}$$

그림 91 Coulomb의 수동토압이론

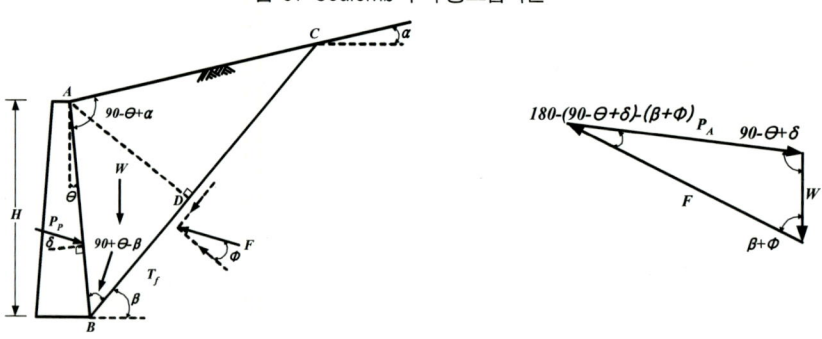

그림 92 벽마찰각에 따른 수동토압계수

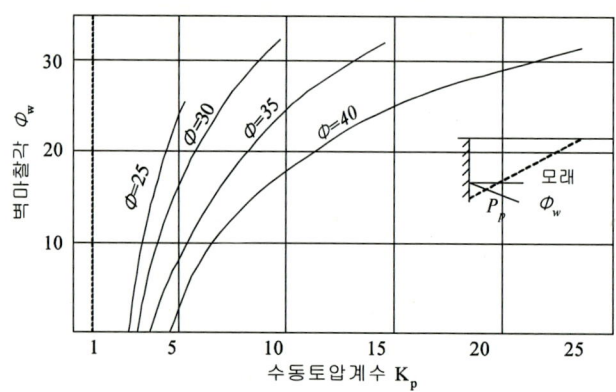

표 13 Rankine과 Coulomb 토압의 비교

	Rankine	Coulomb
이 론 근 거	• 횡방향 변위에 의한 소성파괴 상태에 따른 토압(소성론)	• 흙이 쐐기 상태로 활동하면서 벽에 작용하는 토압을 이용(흙쐐기이론)
문제점	• 흙은 비균질, 비등방임 • 파괴면은 실제적으로 3차원이다 • 토압분포는 변위에 따라 직선, 곡선임 • 실토압은 지표면과 평행치 못하다. • 선, 집중하중 등의 직접적인 고려가 힘듦	• 흙은 비균질, 비등방임 • 파괴면은 실제적으로 3차원이다 • 토압분포는 변위에 따라 직선, 곡선임 • 산출방법이 복잡 • δ>Ψ일 경우 과대평가될 수 있음

차이점	• 벽마찰각 무시(설계 시 안전 측)→
	  AEP 과대평가, PEP 과소평가
	• 작용방향은 지표면과 평행
	• 파괴면내가 모두 소성상태
	• Mohr-coulomb 파괴기준에 충실(논리적)
		• 벽마찰각 고려→
		  AEP 실제접근, PEP 과대평가
		• 작용방향은 지표면과 무관(벽마찰각)
		• 파괴면만 극한상태, 쐐기는 강체
		• 힘의 다각형 이용

공통점	\multicolumn{2}{l}{• 흙을 비압축, 균질, 등방성으로 가정 • 파괴면을 2차원 평면변형조건으로 가정 • 직선파괴면으로 가정 • 지표면을 무한히 넓게 가정 • 토압의 작용점을 H/3으로 가정}
적 용	\multicolumn{2}{l}{• 중력식(반중력식) 옹벽: Coulomb 토압(흙이 옹벽 배면을 따라 거동) • 역 T형, 부벽식옹벽: Rankine 토압(저판 돌출부가 클 경우 활동면이 벽체 배면에 연하여 발생치 않음)}
영 향 인 자	\multicolumn{2}{l}{Terzaghi • 지반의 경사(25도 이상 시 응력 증가) • 배수재의 설치(경사 배수재에 의해 토압 2배 감소) • 강우(집중강우에 의해 50% 증가) • 다짐 • Heal key}
특 이 사 항	\multicolumn{2}{l}{• δ는 흙의 종류와 경계면의 상태에 따라 세분화하여 적용해야 함. • 현 설계방법은 뒤채움이 점성토인 경우 외엔 과다설계일 수 있음(peck) • 교대의 경우 변위를 허용치 않으므로 정지토압을 적용해야 함. • 파괴 위험 범위는 경험적으로 75mm 이상의 변위에서 발생. • 토압의 적용-θ≥90+β-Ψ-ε: Rankine θ<90+β-Ψ-ε: Coulomb β는 지반경사 $\varepsilon = \sin^{-1}(\sin\beta/\sin\phi)$ -Teng & 홍콩 GCO • 일반적으로 Rankine 이론이 안전측이나 과다설계의 우려가 크다.}

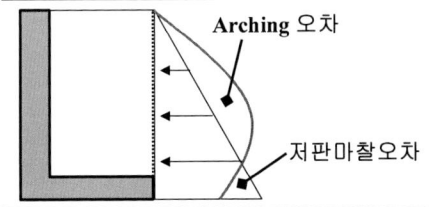

Arching 오차 저판마찰오차	• 변형하려는 부분의 토압이 인접부 흙으로 전달되는 현상을 Arching 이라한다. • 실제적인 토압은 Arching에 의해 토압의 재분배가 발생되어 작용점 및 크기가 변화한다. • 전체적인 토압의 합은 영향이 없다.

5. Culmann의 도해법

■Coulomb의 토압을 도해적으로 구할 수 있는 편리한 방법을 Culmann(1875)이 제안
■이 방법은 ① 벽체의 마찰 ② 뒤채움 흙의 지표면이 불규칙한 경우 ③ 상재하중의 여러 형태를 고려할 수 있으며, 주로 점성이 없는 흙에 적용(사질토)

1) 주동토압

(1) Culmann의 도해법으로 주동토압을 구하는 과정

① 옹벽과 뒤채움 흙을 적당한 축척으로 그린다.
② 수평면과 Ø의 각을 이루는 선 BD를 긋는다. (Ø는 흙의 내부마찰각)
③ 선 BD와 ϕ(psi)의 각을 이루는 기준선 BE를 긋는다.

여기서, $\phi = 90 - \theta - \delta$

$\quad\quad\quad \theta$=옹벽 뒷면의 수직선에 대한 경사각

$\quad\quad\quad \delta$=벽마찰각

④ 가상파괴 흙쐐기를 구성하는 선 BC_1, BC_2, BC_3, $\cdots$, BC_n을 긋는다.

그림 93 주동토압에 대한 Culmann의 해법

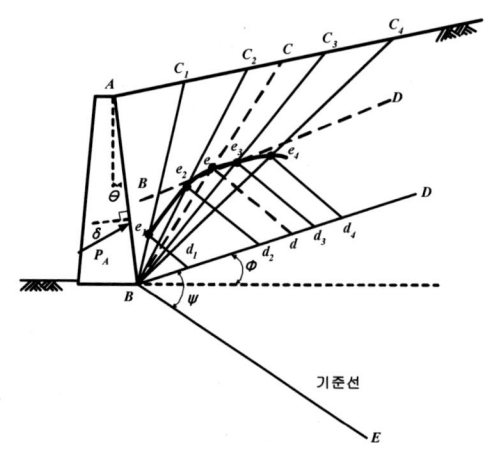

⑤ 면적 ABC_1, ABC_2, ABC_3, $\cdots$, ABC_n을 구하여 옹벽단위길이당의 각 흙쐐기
  의 무게 W_1, W_2, W_3, $\cdots$, W_n을 구한다.

⑥ 선 BD를 따라 적당한 축척으로 5단계에서 구한 무게 W_1, W_2, W_3, $\cdots$, W_n을
  표시한다($Bd_1 = W_1$, $Bd_2 = W_2$, $\cdots$, $Bd_n = W_n$).

⑦ d_1, d_2, d_3, $\cdots$, d_n에서 선 BE에 평행한 선을 그어 각 흙쐐기와의 교점
  e_1, e_2, e_3, $\cdots$, e_n을 찾는다.

⑧ e_1, e_2, e_3, $\cdots$, e_n을 연결하는 곡선을 그리며, 이것이 Culmann선이다.

⑨ 선 BD에 평행하고 Culmann선에 접하는 선 B'D'를 그려 접점 e를 구한다. 이때
  점B와 점 e를 연결하는 선이 파괴면이 된다.

⑩ 선 BE에 평행한 선 de를 그려 주동토압을 구한다.
  $$P_a = (de의\ 길이) \times (5단계에서\ 사용한\ 축척)$$

(2) Culmann의 도해법으로 구한 주동토압의 작용점

그림 94 Culmann의 도해법으로 구한 주동토압의 작용점

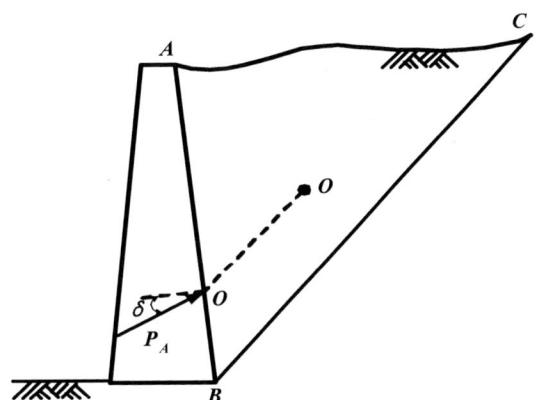

① 위 방법으로 구한 파괴쐐기 ABC의 무게중심을 O라 하고, O에서 파괴면 BC에 평
  행선을 그어 벽과 만나는 점O'가 주동토압 P_a의 작용점이다.

② 점 O'에 작용하는 주동토압은 벽면에 수직한 직선에 대해 벽마찰각 δ만큼 기울어져
  작용한다.

뒤채움 흙의 지표면에 등분포하중이나 선하중 또는 집중하중과 같은 상재하중이 작용할

234   토목공학도를 위한 기초 토질역학

경우에는 상재하중을 흙쐐기의 무게에 포함시켜 앞의 방법으로 구한다.

2) 수동토압

(1) Culmann의 도해법으로 수동토압을 구하는 방법

① 수평면과 Ø의 각을 이루는 선 BD를 반대방향으로 그린다.
② 선 BD와 ψ(psi)의 각을 이루는 기준선 BE를 긋는다.
   여기서, $\psi = 90 - \theta + \delta$
   θ=옹벽 뒷면의 수직선에 대한 경사각
   δ=벽마찰각
③ 나머지는 주동토압의 경우와 동일한 방법으로 하면 된다.

그림 95 수동토압에 대한 Culmann의 해법

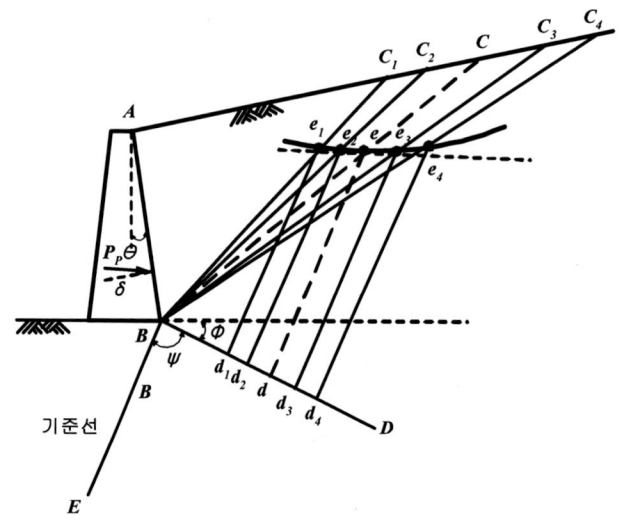

6. 시행쐐기법

■Culmann의 도해법은 비점성토로 뒤채움 한 옹벽에 작용하는 주동토압을 구할 때
사용하였으며, 흙쐐기법(trial wedge solution)은 주로 점성토로 뒤채움 한 경우의
주동토압을 구할 때 사용.

그림 96 흙쐐기법에 의한 주동토압

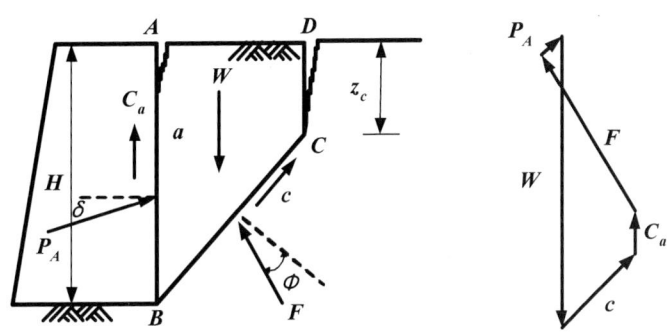

1) 옹벽의 단위폭당 주동토압을
구하는 방법(흙쐐기법=시행쐐기법)

① 인장균열깊이 $z_o = \dfrac{2c\sqrt{K_b}}{\gamma}$ 를 구한다.

② 파괴를 일으키는 가상의 흙쐐기 ABDE를 그린다.

③ 흙쐐기 ABDE의 무게 W를 구한다.

④ 파괴면을 따라 발생하는 점착력 C ($=c\,\overline{BD}$)를 구한다. (c=단위면적당 점착력)

⑤ AB면의 옹벽과 흙 사이의 부착력 C_a ($= c_a\overline{Ba}$)를 구한다. (c_a=단위면적당 부착력)

⑥ 파괴면에 작용하는 반력(전단력과 수직력의 합력) F의 방향(파괴면의 법선과 ϕ만
큼 하향)을 정한다.

⑦ 크기와 방향을 알고 있는 W, Ca, C와 방향만 알고 있는 F를 이용하여 힘의 다각
형을 그린다.

⑧ 힘의 다각형에서 주동토압 P_A를 구한다.

⑨ 여러 개의 흙쐐기를 가정하여 같은 방법으로 각각의 주동토압을 구한다.

⑩ 그중 가장 큰 값이 이 옹벽에 대한 주동토압이다.

7. 옹벽의 안정

1) 활동에 대한 안정

(1) 수동토압 무시할 경우

$$F_s = \frac{R_v \cdot \tan\delta + C_a B}{P_h} > 1.5$$

(2) 수동토압 고려할 경우

$$F_s = \frac{R_v \cdot \tan\delta + C_a B + P_p}{P_h} > 2.0$$

여기서, R_v =옹벽자중과 토압의 연직분력을 포함한 모든 연직력의 합

P_h =토압의 수평분력

δ =옹벽의 저면과 접촉 흙 또는 암반과의 마찰각

흙의 δ (대략 0.5, 흙의 종류에 따라 0.35~0.55)

암반의 δ (0.6과 $\tan\phi$ 중 작은 값)

■수동토압 고려 시에는 안전 측 설계를 위해 안전율을 1.5에서 2.0으로 둠

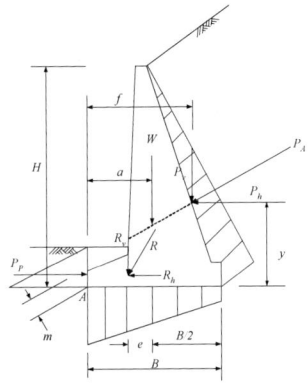

그림 97 중력식 옹벽

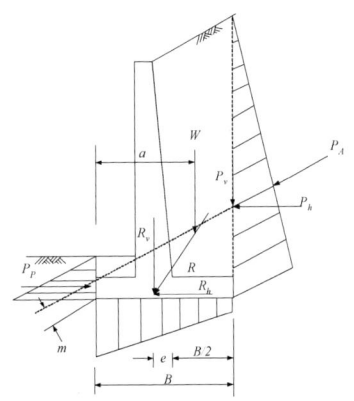

그림 98 캔틸레버식 옹벽

2) 전도에 대한 안정

$$F_s = \frac{W \cdot a}{P_h \cdot y - P_v \cdot f} > 2.0 \ (중력식 옹벽)$$

$$F_s = \frac{W \cdot a}{P_h \cdot y - P_v \cdot B} > 2.0 \ (캔틸레버식 옹벽)$$

여기서, P_v＝토압의 수직분력, B＝기초의 폭

■ 외력의 합력이 기초 저폭의 중앙 $1/3$ 내에 있을 것

$$F_s = \frac{M_r}{M_o} > 1.5 \sim 2.0$$

$$e \leq \frac{B}{6} , \quad x \geq \frac{B}{3} \ (x = B - \frac{B}{2} - e = \frac{B}{2} - e)$$

여기서, M_r: 저항 모멘트의 합계 M_o: 전도(회전) 모멘트의 합계

　　　　e: 편심거리   　　　　　B: 폭

3) 지지력에 대한 안정

$$q = \frac{R_v}{B}(1 \pm \frac{6 \cdot e}{B}) < q_a$$

■ W의 경우 ① 중력식 옹벽은 옹벽의 무게만 고려

　　　　　 ② 캔틸레버식 옹벽은 옹벽의 무게+뒤 저판 위 흙의 무게

- ■ R_v의 경우 ① 중력식 옹벽은 옹벽의 무게+ P_v만 고려

  ② 캔틸레버식 옹벽은 옹벽의 무게+뒤 저판 위 흙의 무게+ P_v

  여기서, e=편심거리/ B =옹벽의 폭/ q_a=허용지지력

- ■편심거리(e)가 B/6을 초과하지 않는 저판 중앙의 1/3 이내에 위치해야 한다는 것은 일반적인 조건이며, 안정을 위한 필수조건은 아니다.

- ■지반의 허용 지지력이 최대압축응력보다 커야 한다.

  ∴ $\sigma_{max} \leq \sigma_a$

- ■저판이 받는 응력

$$\sigma = \frac{R_v}{A} \pm \frac{M}{I} y = \frac{R_v}{B} \pm R_v \frac{6e}{B^2} = \frac{R_v}{B} (1 \pm \frac{6e}{B})$$

8. 석축(石築)

- ■우리나라에서는 택지를 구성할 때, 비탈을 절토할 때, 콘크리트 옹벽 대신 석축을 많이 사용하고 있다.

- ■석축에 사용되는 석재는 철근이나 시멘트와 같은 옹벽재료에 비해 값이 싸고 쉽게 생산될 뿐만 아니라, 시공 비용도 적어서 낮은 높이에서 더욱 많이 사용하는 경향

- ■석축을 쌓을 때에는 견칫돌을 놓고 견칫돌 사이에는 모르타르를 충진하여 벽체를 만들며, 벽체 뒤에는 투수성이 좋은 잡석(雜石)을 둔다.

그림 99 석축표준도의 한 예(건설부,1986)

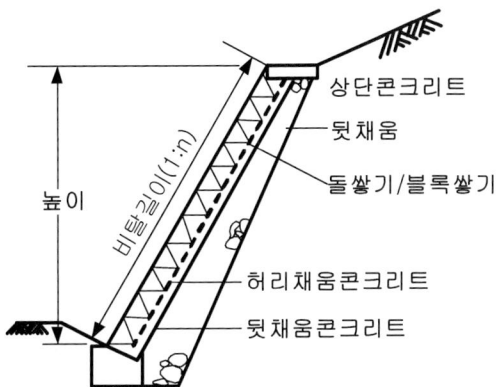

높이

비탈길이(1:n)

상단콘크리트
뒷채움
돌쌓기/블록쌓기
허리채움콘크리트
뒷채움콘크리트

높이(m)		0~1.5	1.5~3.0	3.0~5.0
비탈경사	성토	1 : 0.3	1 : 0.4	1 : 0.5
	절토	1 : 0.3	1 : 0.3	1 : 0.4
견칫돌 길이(cm)	메쌓기	35	35~45	
	찰쌓기	25	35~45	45
뒤채움 두께(cm)	상부	20~40	20~40	20~40
	하부	30~60	45~75	60~100

- 석축은 물리적 성질이 다른 재료로 구성되므로 토압을 받을 때의 역학적 거동이 대단히 복잡하다.

- 석축을 흙막이 구조물로 생각하고 있으나, 벽체의 강성이 콘크리트 옹벽에 비해 현저히 낮기 때문에 실제로는 그 배면토의 주동토압에 저항하는 구조물로서의 기능을 발휘하지 못하므로 강도정수가 대단히 큰 비탈의 일부로 간주하여 활동에 대한 안정에 저항하도록 설계하는 것이 더 합리적이다.

- 실제로 석축의 파괴현상을 보면 사면활동으로 파괴된 예가 많다. 그러나 이렇게 할 때도 돌과 콘크리트로 이루어진 비균질 재료의 강도정수를 어떻게 합리적으로 결정할 수 있느냐 하는 것이 문제시된다.

- 더욱이, 견칫돌은 인부에 의해 직접 손으로 쌓게 되므로 석축의 안정은 시공성에 크게 좌우된다고 할 수 있다.

- 석축을 흙막이 구조물로 간주하여 안정해석을 하려면, 흙쐐기 방법을 적용할 수 있다. 다시 말하면, 석축배면에 있는 흙이 쐐기처럼 작용하면서 석축을 밀 때 이 힘이 석축

을 전단시키는 힘으로 작용하므로, 이 전단력에 저항할 수 있게끔 석축을 설계하면
된다. 이 전단력은 흙쐐기에 작용하는 힘들에 대한 힘의 다각형을 그리면 쉽게 결정
할 수 있다. 이 경우에는 석축의 높이를 따라 어느 부분이 가장 위험한지 알기 위하
여 가상활동면의 수평면과의 경사는 물론, 높이도 변화시켜 안정성을 검토해야 함.
■ 자연사면을 절토하여 석축을 만들 때에는 절토한 비탈자체가 안정되어 있다면 토압은
상당히 줄어든다. 이 경우에는 활동은 절토면의 경사를 따라 일어나므로 경사각이 급
할수록 흙쐐기의 중량이 감소하기 때문이다. 따라서 성토지반에서는 높이가 낮을 때
(대략 2.5m)에만 안정상 문제가 없으나, 가파르게 절토한 비탈에서는 10m 이상의
높이까지도 석축을 쌓을 수 있다.

9. 흙막이 벽에 작용하는 토압

1) 개 요

■ 지하철이나 빌딩의 지하실을 만들기 위하여 굴토할 때에는 일시적으로 흙을 지지하도
록 하기 위해 흙막이 구조물이 가끔 쓰인다.
■ 옹벽은 하단을 중심으로 회전하여, 상단의 변형은 크고 하단의 변형은 매우 작은 값이 된
다. 옹벽에 작용하는 수평토압은 대체로 삼각형 분포로서 Rankine이론이나 Coulomb
이론에 의하여 구할 수 있다.
■ 흙막이 벽의 변형은 옹벽과는 반대로 굴착 깊이에 따라 증가한다. 흙막이 벽 상단에
서의 변형은 매우 작아서 이때의 수평토압은 정지토압에 가까우며, 하단에서의 변형
은 훨씬 커서 수평토압은 Rankine의 주동토압보다 작게 된다. 즉, 흙막이 벽에 작
용하는 수평토압의 분포는 옹벽에서의 직선분포와는 큰 차이가 있다(Das,1984).
■ 흙막이 벽에 작용하는 토압은 앞부리 끝을 중심으로 회전하는 옹벽과는 달리 삼각형
으로 분포하지 않고 대략 포물선 모양을 한다는 것이 밝혀짐(Terzaghi, 1943).
■ 흙막이 벽의 설계에 사용하는 토압의 분포형태는 근입 부분의 토압분포를 합리적으로
파악하는 방법이 확립되어 있지 않기 때문에 흙막이 벽의 근입깊이를 구하는 경우와

단면을 결정하는 경우에 각각 다르게 가정한다.

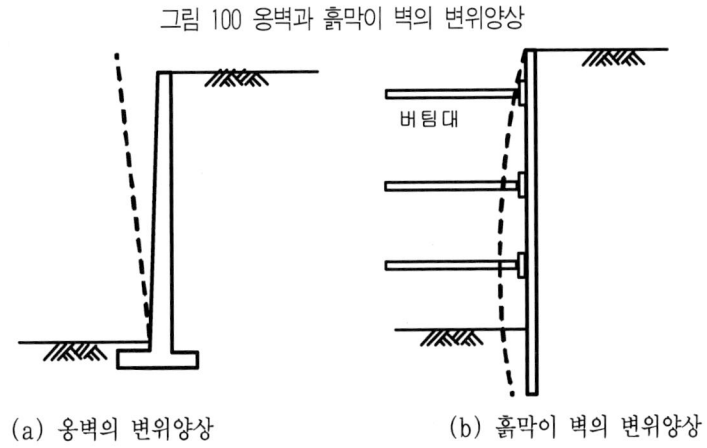

그림 100 옹벽과 흙막이 벽의 변위양상

(a) 옹벽의 변위양상   (b) 흙막이 벽의 변위양상

■흙막이 벽의 근입깊이를 결정하는 경우와 캔틸레버식 널말뚝 또는 1단으로 지지된 널말뚝의 단면을 결정하는 경우에는 삼각형 토압분포를 사용하고, 2단 이상으로 지지된 흙막이 벽의 단면을 결정하는 경우에는 사각형 토압분포를 사용한다.

2) 근입깊이 결정에 사용하는 토압

■흙막이 벽의 근입깊이를 결정하는 경우와 캔틸레버식 널말뚝 또는 1단으로 지지된 널말뚝의 단면을 결정하는 경우에는 일반적으로 Rankine 토압공식을 사용한다.

■흙막이 벽의 뒤쪽에서는 주동토압이 작용하고, 앞쪽에서는 수동토압이 작용한다.

■버팀대로 지지한 흙막이 벽의 근입깊이는 최하단 버팀대를 기준으로 그 아래에 작용하는 주동토압에 의한 모멘트 M_a와 수동토압에 의한 모멘트 M_p가 같게끔 결정해야 한다.

■실제 근입깊이는 안전을 위하여 1.2배 큰 값을 사용하며, 최소 근입깊이를 1.5m로 하기도 한다.

그림 101 근입깊이 결정에 사용하는 토압

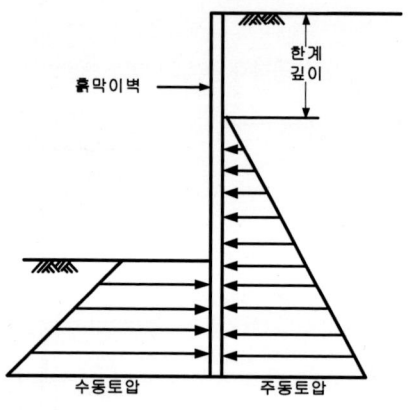

3) 단면결정에 사용하는 토압

- 2단 이상의 버팀대로 지지된 엄지말뚝식 흙막이 벽이나 널말뚝식 흙막이 벽 등의 단면계산에 사용하는 토압분포는 실제로는 곡선분포나 편의상 직사각형 분포 등의 직선분포로 가정한다.
- 토압분포의 형상과 크기는 뒤채움 흙의 종류, 지하수의 유무 및 상재하중의 크기 등에 따라 달라진다.

(1) Peck의 방법

그림 102 Peck의 토압분포

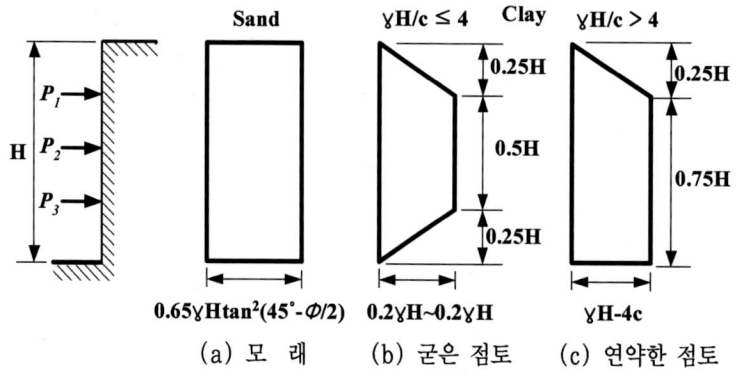

① 모래에서 흙막이 벽에 작용하는 토압은 직사각형 분포이며, K_a는 Rankine의 주동 토압계수이다.

② 굳은 점토($\frac{\gamma H}{c} \leq 4$)에서 토압분포는 이등변사다리꼴 분포이며, P_a는 $0.2\gamma H$와 $0.4\gamma H$ 사이의 값을 사용하며 평균 $0.3\gamma H$를 많이 사용한다.

③ 연약한 점토 ($\frac{\gamma H}{c} > 4$)에서의 토압은 사다리꼴 분포이며 P_a는 $\gamma H - 4c$와 $0.3\gamma H$ 중 큰 값을 사용한다.

■ 안정수(stability number)

- 안정수는 사면의 안정을 최소한도로 유지하는데 요구되는 ($F_s = 1$)사면의 한계높이에 대한 점착성분의 비율이라고 할 수 있다.

- 균질한 흙의 단순사면안정해석 시 안정수를 이용하면 사면의 한계높이, 붕괴를 일으키지 않는 사면의 경사각 등을 쉽고 빠르게 구할 수 있다.

- Taylor는 균질한 흙의 사면을 전응력해석법으로 해석하기 위하여 안정수를 다음의 식으로 나타낼 것을 제안함.

- 사면안정해석 시 임계원의 경우에 있어서 발생하는 점착력 c은 $c = N_s \cdot \gamma \cdot H$이다 따라서 $N_s = \frac{c}{\gamma \cdot H}$로 표시할 수 있는데, 이때 N_s를 안정수라 함.

여기서, N_s = 안정수, c = 점착력, γ = 단위중량, H = 사면의 한계높이

(2) Tschebotarioff의 방법

그림 103 Tschebotarioff의 토압분포

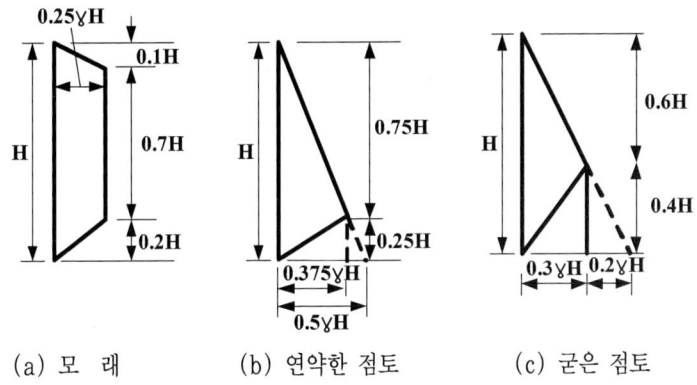

(a) 모 래   (b) 연약한 점토   (c) 굳은 점토

■모래에서의 토압분포는 사다리꼴 분포이고, 연약한 점토에서는 상기 그림(b)와 굳은 점토에서는 그림(c)와 같은 삼각형 분포이다. 이 방법은 16m 이상의 깊은 굴착의 경우에 비교적 정확한 것으로 알려져 있다.

연습문제

1. 주동토압, 정지토압, 수동토압의 정의에 대하여 설명하고, 각각을 비교하여 설명하세요.

2. Rankine과 Coulomb의 토압이론을 비교·설명하시오.

3. 10m의 높이를 가진 옹벽의 지표면에서 토압에 의해 발생되는 주동 및 수동상태에서의 파괴 영역의 크기를 산정하시오. 단, 뒤채움토의 단위중량은 1.9t / ㎥, 내부마찰각은 34°입니다.

4. 8월 집중강우에 의해 아파트 단지의 옹벽이 붕괴되었다. 예상할 수 있는 옹벽의 붕괴 양상과 붕괴 원인에 대해 서술하고 생각할 수 있는 대책에 대해 설명하시오.

5. 옹벽의 안정검토 방법을 개념적으로 설명하세요.

6. 일축압축강도가 3 kg / ㎠ 이고 파괴면의 각도가 60° 라면 c, ϕ는 얼마인가?

7. 직경 5㎝ 높이 10㎝인 연약 점토 공시체를 일축압축 시험결과 파괴 시 압축응력이 2.2kg, 측방향 변위가 9㎜이었다면 일축압축강도는 얼마인가?

Advanced

---

1. Arching 현상

- 정의
  - 토류벽이나 앵커된 널말뚝에서 일부지반이 변형을 일으키면 변형하려는 부분과 안
    정된 지반의 접촉면 사이에 전단저항이 생기게 되는데 전단저항은 파괴하려는 부분
    의 변형을 억제하기 때문에 파괴되려는 부분의 토압은 감소하게 되고 이에 인접한
    부분의 토압은 증가하게 된다. 이와 같이 파괴하려는 부분의 토압이 인접부의 흙으
    로 전달되는 압력의 전이현상을 Arching현상이라고 한다.
- Arching효과는 실트나 점토질보다 모래에서 더 크며 느슨한 모래보다 조밀한 모래에
  서 더욱 크게 나타난다.

2. 시행쐐기법

- 정의
  - Coulomb토압 유도 시와 같이 흙쐐기 부분에 수평면과 임의의 경사를 이루는 여러
    개의 활동파괴면을 가정하여 이 파괴면에 대한 흙쐐기 힘의 균형에서 토압을 시행
    적으로 구하고 그중 최대치를 주동토압으로 하는 방법.
- 특징
  - Rankine이나 Coulomb토압보다 실제 작용토압에 근사함.
  - 옹벽배면지표의 경사가 불규칙한 경우 적용
  - 배면경사각이 전단저항각(ϕ)에 근접하면 Rankine 또는 Coulomb토압은 과대해지
    므로 시행쐐기 적용

X

사면안정

X. 사면안정

1. 사면의 활동

1) 사면(Slope)이란

- 수평면과 임의의 각도를 이루는 노출된 지표면
- 예상파괴면(임계활동면): 안전율이 최소가 되는 임계면

2) 사면의 활동원인

- 내적 요인: 간극수압의 증가, 다짐, 동결융해, 점토의 팽창
- 외적 요인: 외력, 하중의 증가, 균열, 지진, 공동, 수압
- 전단응력의 증가 / 전단강도의 감소로 흙 속의 활동력이 전단강도에 도달하여 발생

3) 사면의 종류

- 유한 사면: 사면 활동깊이가 사면 높이에 비해 큰 사면(제방, 댐)
- 무한 사면: 사면 활동깊이가 사면 높이에 비해 작은 사면(산)

4) 사면안정해석

- 전단응력을 결정하고 이 응력과 전단강도를 비교하는 과정.
- 사면안정의 평가; 안전율(factor of safety)로 판단.
- 한계평형방법(LEM)이용; 활동면을 따라 파괴가 발생하는 순간의 토체 안정성 해석.

2. 안전율

- $F_s = \dfrac{\tau_f}{\tau_d} = \dfrac{\text{주어진 활동면의 전단강도}}{\text{주어진 활동면에 작용하는 전단응력}} = \dfrac{\text{활동에 저항하는 힘}}{\text{활동을 일으키는 힘}}$

  여기서, $\tau_f = c + \sigma\tan\phi$, $\tau_d = c_d + \sigma\tan\phi_d$ 이므로 $F_s = \dfrac{c + \sigma\tan\phi}{c_d + \sigma\tan\phi_d}$

  위 식은 점토와 사질토에 대해 $F_c = \dfrac{c}{c_d}$ 이고 $F_\phi = \dfrac{\tan\phi}{\tan\phi_d}$ 이 된다.

  각 강도에 대한 안전율을 비교해보면 안전율은 $F_s = F_c = F_\phi$ 이 된다.

- 허용안전율; 이론상으로 안전율이 1이상이면 안정, 일반적으로 안전율 1.5를 적용.
- 허용안전율 적용이유

  - 자료의 불확실성(강도 정수, 하중, 파괴모델의 불확실성)
  - 사면 변형을 허용 이내로 제한(활동면에 대한 충분한 안전율을 기준으로 산정)

3. 사면의 파괴형태

■ 사면안정해석은 파괴면의 양상이 어떤가에 의해 결정된다.

1) 비탈면의 변위에 따른 분류

■ 비탈의 변위는 크게 붕락, 활동, 유동(*fall, slide, flow*)으로 대별된다.

(1) 사면선단파괴(toe failure)

: 사면경사가 급하고 토질이 비점착성인 경우, 원호활동면이 비교적 얕게 형성되어 사면의 선단에 나타나는 경향을 보임.

(2) 저부파괴(base failure)

: 사면의 경사가 완만하고 토질이 점착성인 경우, 암반 또는 견고한 지층이 비교적 깊은 곳에 있으면 원호활동면이 깊게 형성되어 사면선단의 아래쪽을 통과하는 경우.

(3) 사면 내 파괴

: 견고한 지층이 얕은 곳에 있으면 활동면이 매우 얕게 형성되어 경사면과 교차.

(4) 복합파괴면

: 지층의 구성이 복잡하고 파괴형태도 매우 복잡한 파괴.

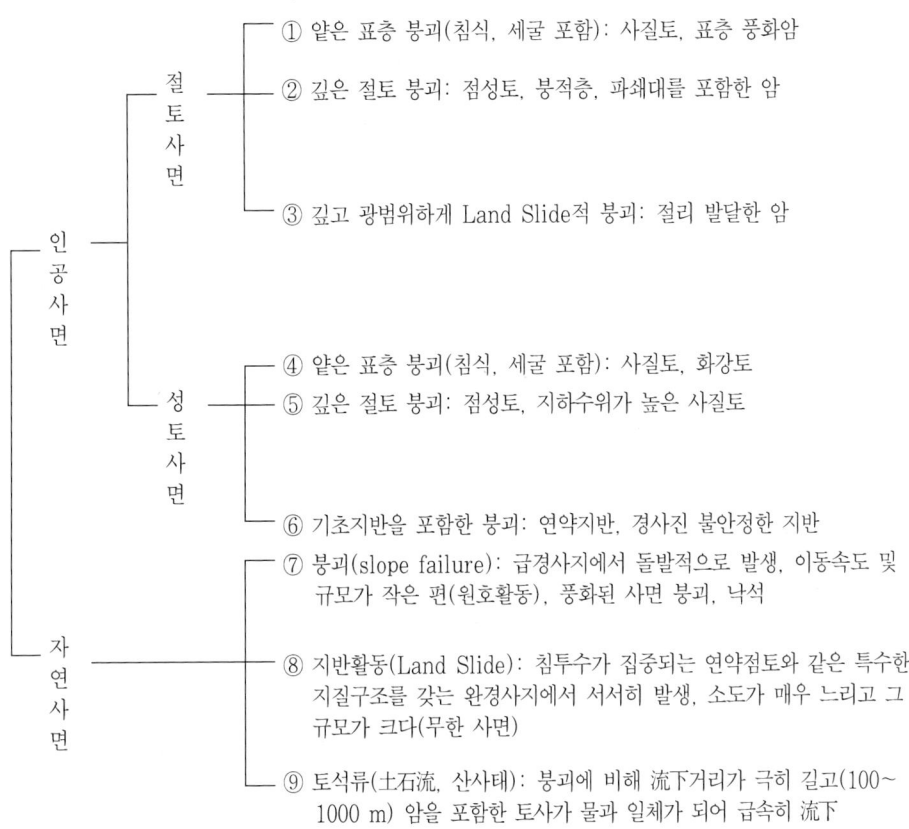

① 얕은 표층 붕괴(침식, 세굴 포함): 사질토, 표층 풍화암

② 깊은 절토 붕괴: 점성토, 붕적층, 파쇄대를 포함한 암

③ 깊고 광범위하게 Land Slide적 붕괴: 절리 발달한 암

④ 얕은 표층 붕괴(침식, 세굴 포함): 사질토, 화강토
⑤ 깊은 절토 붕괴: 점성토, 지하수위가 높은 사질토

⑥ 기초지반을 포함한 붕괴: 연약지반, 경사진 불안정한 지반

⑦ 붕괴(slope failure): 급경사지에서 돌발적으로 발생, 이동속도 및 규모가 작은 편(원호활동), 풍화된 사면 붕괴, 낙석

⑧ 지반활동(Land Slide): 침투수가 집중되는 연약점토와 같은 특수한 지질구조를 갖는 완경사지에서 서서히 발생, 소도가 매우 느리고 그 규모가 크다(무한 사면)

⑨ 토석류(土石流, 산사태): 붕괴에 비해 流下거리가 극히 길고(100~ 1000 m) 암을 포함한 토사가 물과 일체가 되어 급속히 流下

절토사면 / 성토사면 / 인공사면 / 자연사면

그림 104 토사면의 파괴형태

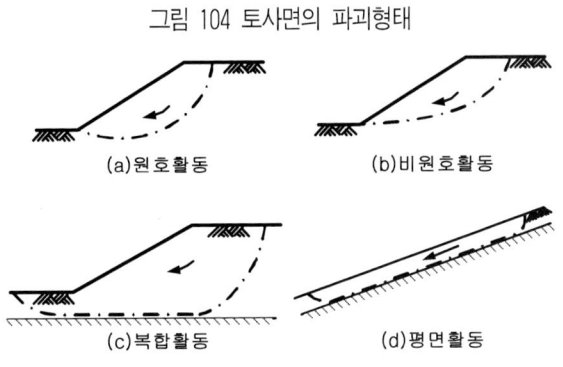

(a)원호활동   (b)비원호활동

(c)복합활동   (d)평면활동

2) 사면의 붕괴형태

■ 사면의 붕괴형태는 자연적인 원인과 인위적인 행위에 의하여 발생되며, 이러한 원인들이 복합적으로 작용되기 때문에 실제 발생되는 붕괴형태는 대단히 복잡하다. 이러한 이유로 붕괴면의 형태와 붕괴의 직접적인 원인이 되는 지질구조 및 응력상태 등을 기준으로 한 분류가 수행되고 있으며, 최근에는 Varnes(1978) 및 Cruden and Varnes(1992)에 의해 제시된 분류가 널리 사용되며, 이에 의한 분류 및 붕괴형태는 다음과 같다.

표 14 비탈면 변위의 ABBREVIATED 분류(After Varnes, 1978)

Type of Movement	Type of Material		
		Engineering Soils	
	Bedrock	Predominantly Coarse	Predominantly Fine
Falls	Rock fall	Debris fall	Earth fall
Topples	Rock topple	Debris topple	Earth topple
Slides	Rock slump	Debris slump	Earth slump
Rotational	Rock block slide	Debris block slide	Earth block slide
Translational	Rock slide	Debris slide	Earth slide
Lateral spreads	Rock spread	Debris spread	Earth spread
Flows	Rock flow (deep crack)	Debris flow (soil creep)	Earth flow (soil creep)
Complex	Combination of two or more principal types of movement		

그림 105 사면활동의 종류 (a)낙석 (b)전도 (c)활동 (d)퍼짐 (e)흐름

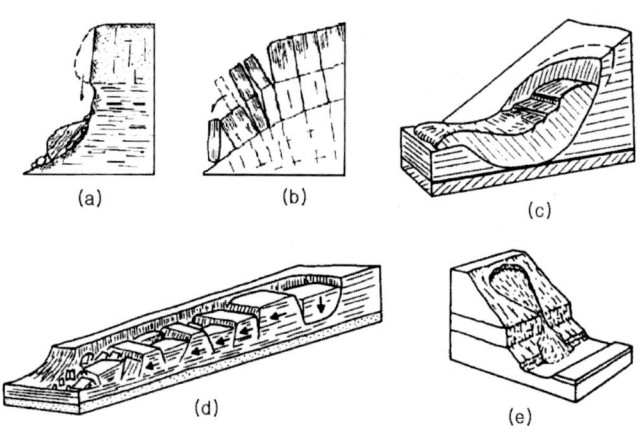

(a)   (b)   (c)

(d)   (e)

4. 사면안정해석법

1) 침투가 없는 무한 사면의 안정해석

- 무한 사면이 지표면과 평행한 평면활동면을 따라 활동을 일으킬 경우.
- 점착력이 없는 사질의 흙이 지표면까지 포화되어 흐르는 경우에 가장 위험.

그림 106 무한 사면의 해석(침투가 없는 경우)

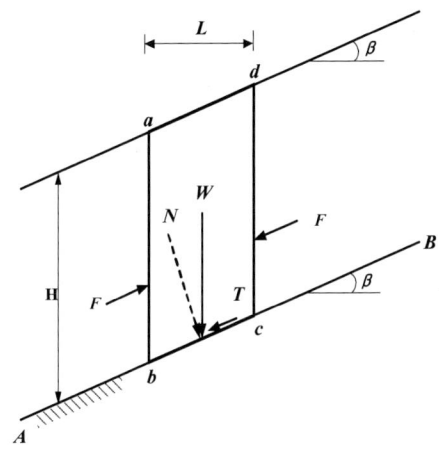

- 한 절편 abcd를 보면 ab와 cd면에 작용하는 힘 F는 크기는 동일하고 방향은 반대 이므로 무시.
- 절편의 무게; $W=$ 체적×단위중량 $=\gamma LH$
- AB 평면에 직각인 힘; $N_a = W\cos\beta = \gamma LH\cos\beta$
- AB 평면에 평행한 힘; $T_a = W\sin\beta = \gamma LH\sin\beta$
- 절편저면의 수직응력; $\sigma = \dfrac{N_a}{\text{저면의 면적}} = \dfrac{\gamma LH\cos\beta}{L/\cos\beta} = \gamma H\cos^2\beta$
- 절편저면의 전단응력; $\tau = \dfrac{T_a}{\text{저면의 면적}} = \dfrac{\gamma LH\sin\beta}{L/\cos\beta} = \gamma H\cos\beta\sin\beta$
- τ_d 는 $\tau_d = c_d + \sigma\tan\phi_d$
- τ와 σ를 대입 $\gamma H\cos\beta\sin\beta = c_d + \gamma H\cos^2\beta\tan\phi_d$

$$\frac{c_d}{\gamma H} = \cos\beta\sin\beta - \cos^2\beta\tan\phi_d = \cos^2\beta(\tan\beta - \tan\phi_d)$$

$$\rightarrow \frac{c}{F_s\gamma H} = \cos^2\beta(\tan\beta - \frac{\tan\phi}{F_s}) \rightarrow \frac{c}{\gamma H} = F_s\cos^2\beta\tan\beta - \cos^2\beta\tan\phi$$

$$\therefore F_s = \frac{\tau_f}{\tau_d} = \frac{c}{\gamma H\cos^2\beta\tan\beta} + \frac{\tan\phi}{\tan\beta}$$

■ 즉, 사면의 경사각이 내부마찰각보다 작을 때 안정함을 알 수 있음.

① 조립토에서 c=0이므로 $F_s = \frac{\tan\phi}{\tan\beta}$ (그러므로 H와는 무관)

② 사질토에서는 $\beta < \phi$이면 이론상 안정이다.

③ 만일 흙이 점착력과 마찰각을 가진다면, **사면한계고**는 F_s 가 1일 때의 높이 H임.

$$1 = \frac{c}{\gamma H\cos^2\beta\tan\beta} + \frac{\tan\phi}{\tan\beta} \rightarrow H_{cr} = \frac{c}{\gamma} \cdot \frac{1}{\cos^2\beta(\tan\beta - \tan\phi)}$$

2) 침투가 있는 무한 사면의 안정해석

■ 흙의 전단응력; 사면과 같은 방향으로 침투하고 지표면과 지하수 윗면과 일치할 경우.

그림 107 침투가 있는 무한 사면의 안정해석

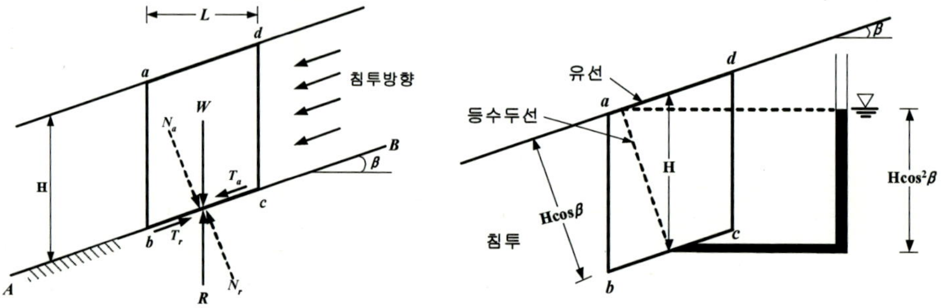

■ $\tau_f = c + \sigma'\tan\phi$ $W = \gamma_{sat}LH$

■ 수직력 $N_a = \gamma_{sat}LH\cos\beta$ 수평력 $T_a = \gamma_{sat}LH\sin\beta$

  where, $N_a = N_r$이고 $T_a = T_r$ 이다.

■ 절편저면에 작용하는 수직응력과 수평응력[*]

$$\sigma = \frac{N_r}{\left(\dfrac{L}{\cos\beta}\right)} = \gamma_{sat}H\cos^2\beta \qquad \tau = \frac{T_r}{\left(\dfrac{L}{\cos\beta}\right)} = \gamma_{sat}H\cos\beta\sin\beta$$

- 절편저면에 발생하는 저항 전단응력

$$\tau_d = c_d + \sigma'\tan\phi_d = c_d + (\sigma - u)\tan\phi_d \quad \text{where, 간극수압} \quad u = \gamma_w H\cos^2\beta$$

$$\tau = c_d + (\gamma_{sat}H\cos^2\beta - \gamma_w H\cos^2\beta)\tan\phi_d$$

$$\quad = c_d + \gamma' H\cos^2\beta\cdot\tan\phi_d$$

$$\gamma_{sat}H\cos\beta\sin\beta = c_d + \gamma' H\cos^2\beta\tan\phi_d$$

- 여기에 $\tan\phi_d = (\tan\phi)/F_s$ 와 $\quad c_d = c/F_s$ 를 대입

$$F_s = \frac{c}{\gamma_{sat}H\cos^2\beta\cdot\tan\beta} + \frac{\gamma'}{\gamma_{sat}}\frac{\tan\phi}{\tan\beta}$$

- 사질토의 경우 c=0이며 극한상태에서 $\dfrac{\gamma_{sub}}{\gamma_{sat}}$ 은 대략 0.5이므로 침투류가 없는 경우에 비해 안전율이 반감함.

요 약

1) 침투가 없는 경우(지하수위가 낮은 경우)

$$F_s = \frac{c}{\gamma H\cos^2\beta\tan\beta} + \frac{\tan\phi}{\tan\beta}$$

2) 침투가 있는 경우(지하수위가 높은 경우)

$$F_s = \frac{c}{\gamma_{sat}H\cos^2\beta\cdot\tan\beta} + \frac{\gamma'}{\gamma_{sat}}\frac{\tan\phi}{\tan\beta}$$

---

3) 유한 사면의 안정해석 일반

(1) 일체법

- 파괴면 위의 흙요소를 균질한 것으로 가정(자연사면에의 적용 불가)
- 원호활동면의 무게 산정 → 파괴 원점에 대한 활동모멘트와 저항모멘트 산정

  → 안전율 산정 $F_S = \dfrac{M_r}{M_d}$

(2) 절편법

■ 파괴면 위의 흙을 여러 요소로 나눈 뒤 각각의 절편에 대해 안정성 산정. 가상파괴면을 따라 작용하는 법선응력의 변화 산정.
■ 흙요소를 여러 개의 수직절편으로 나눔→각 절편에 작용하는 힘의 성분 표시→평형조건에 의한 N_r, T_r 값의 산정→T로부터 응력을 유추→중심점에 대한 모멘트 정리→중심을 절편에 따라 옮겨가면서 안전율 산정

4) Culmann의 방법

■ 유한 사면의 가상파괴면을 평면(직선)으로 가정(실제 원호, 연직사면, 연약층 기초).
■ Coulomb의 이론에 따라 도해법으로 토압산정, 원호파괴면에 비해 안정 측으로 해석.
■ AC면: 가상파괴면.
■ 쐐기 ABC의 중량 W: 사면의 단면에 직각인 단위두께를 고려.
$$W = \frac{1}{2} H(\overline{BC})1r = \frac{1}{2} H(\frac{H}{\tan} \theta - H\frac{1}{\tan} \beta) = \frac{1}{2} rH^2\left[\frac{\sin(\beta - \theta)}{\sin\beta \cdot \sin\theta}\right]$$
■ 수직성분 $N_a = W\cos\theta = \frac{1}{2} \gamma H^2[\frac{\sin(\beta - \theta)}{\sin\beta \cdot \sin\theta}]\cos\theta$
■ 접선성분 $T_a = W\sin\theta = \frac{1}{2} \gamma H^2[\frac{\sin(\beta - \theta)}{\sin\beta \cdot \sin\theta}]\sin\theta$

그림 108 Culmann의 해석법(유한 사면)

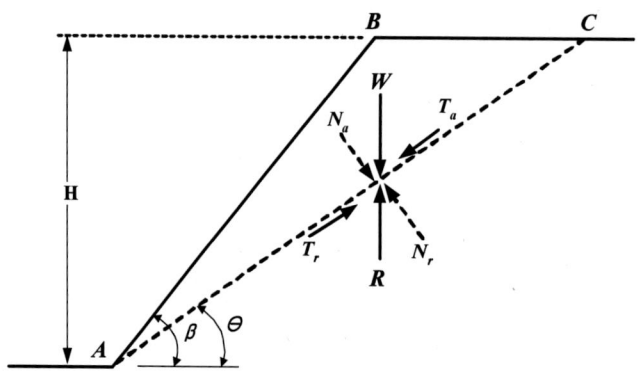

■ 수직응력 $\sigma = \dfrac{N_a}{(H/\sin\theta)} = \dfrac{1}{2}\gamma H[\dfrac{\sin(\beta-\theta)}{\sin\beta\cdot\sin\theta}]\cos\theta\sin\theta$

■ 전단응력 $\tau = \dfrac{T_a}{(H/\sin\theta)} = \dfrac{1}{2}\gamma H[\dfrac{\sin(\beta-\theta)}{\sin\beta\cdot\sin\theta}]\sin^2\theta$

■ 저항전단응력

$\tau_d = c_d + \sigma\tan\phi_d = c_d + \dfrac{1}{2}\gamma H[\dfrac{\sin(\beta-\theta)}{\sin\beta\cdot\sin\theta}]\cos\theta\cdot\sin\theta\cdot\tan\phi_d$

■ $\tau = \tau_d$ 를 이용하여 c_d 를 유도

$c_d = \dfrac{1}{2}\gamma H\left[\dfrac{\sin(\beta-\theta)\cdot(\sin\theta-\cos\theta\cdot\tan\phi_d)}{\sin\beta}\right]$

■ 한계상태의 경사각 θ_{cr} : c_d 를 θ 로 미분 $\theta_{cr} = \dfrac{\beta+\phi_d}{2}$

■ $\theta = \theta_{cr}$ 을 대입하면 c_d 는 $c_d = \dfrac{\gamma H}{4}\left[\dfrac{1-\cos(\beta-\phi_d)}{\sin\beta\cdot\cos\phi_d}\right]$ 임계면을 산정 가능

한 c, ϕ 항으로 전환

■ 임계상태가 나타날 사면의 최대높이: $F_s = 1$ 이므로 $c = c_d$ 이고 $\phi = \phi_d$ 이다.

$H_{cr} = \dfrac{4c}{\gamma}\left[\dfrac{\sin\beta\cdot\cos\phi}{1-\cos(\beta-\phi)}\right]$

5) $\phi = 0$ 인 균질점토 사면(비배수); 일체법(질량법) Skempton

■ 가정: 흙의 비배수 전단강도는 깊이에 따라 일정.

■ 파괴원호의 중심에 대한 모멘트의 평형을 통해 해석 $(M_d - M_r = 0)$.

■ $\phi = 0$ 이므로 $\tau_f = c_u$.

그림 109 균질한 점토사면에서의 안정해석

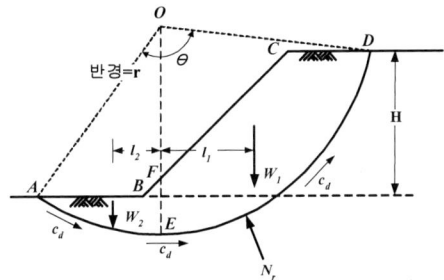

- 반경이 r인 원호 AED를 가상활동곡선으로 가정.
- 활동을 일으키려는 힘: $M_d = w_1 l_1 - w_2 l_2$
- 활동에 저항하는 힘: $M_r = c_d (\widehat{AED}) 1 \, r$

  where, $\widehat{AED} = r \cdot \theta$ ∴ $M_r = c_d \cdot r^2 \cdot \theta$

- 평형상태 $F_s = 1$이면 $M_r = M_d$ 이므로

  $$c_d \cdot r^2 \cdot \theta = w_1 l_1 - w_2 l_2 \quad ∴ \quad c_d = \frac{w_1 l_1 - w_2 l_2}{r^2 \cdot \theta}$$

  그러므로 $F_s = \dfrac{\tau_f}{\tau_d} = \dfrac{c_u}{c_d} = \dfrac{c_u r^2 \theta}{W_1 l_1 - W_2 l_2}$

- 임계원(critical circle); F_s 가 최소, 즉 c_d 가 최대인 가상파괴면.(여러 개의 가상원호를 가정할 수 있으므로 여러 원호에 대해 시산하여 산정)

6) Fellenius와 Taylor의 안정해석(해석적 풀이)

- 가상파괴면에 발생하는 점착력; $c_d = \gamma H \, m$ (m은 안정수(safety number))
- 사면한계고; $H_{cr} = \dfrac{c_u}{\gamma m}$
- 안정수의 산출(도표 이용)

  1. $\beta > 53°$ 이면 도표를 그대로 이용한다.

  2. $\beta < 53°$ 이면 경사각과 심도계수 D를 이용한다.

  $D = \dfrac{\text{사면에서 견고층까지의 높이}}{\text{사면의 높이}}$

- 기하학적 해석에 의해 기지값(γ, H, c)과 기하해($\sin \theta, \cos \theta$)를 분리한 후 기지값을 m으로 규정.

- $m = \dfrac{c_d}{\gamma H}$ $c_d = \dfrac{c_u}{F_s}$ 그러므로 $m = \dfrac{c_u}{F_s \gamma H}$

그림 110 안정수와 경사각에 대한 곡선들(Tayor, 1937)

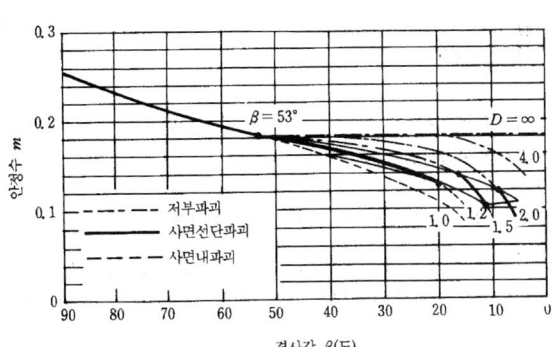

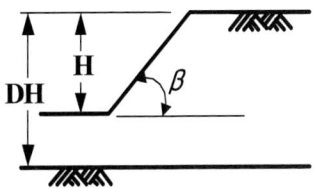

7) $\phi > 0$인 흙사면 해석(마찰원법); Taylor

■ 사면이 점착성과 마찰성분을 동시에 가진 경우 적용.

■ 수직력의 함수; 마찰력을 가진 경우 수직력 고려(점토지반에서는 활동면을 따르는 전 단저항력 계산 시 수직력과 무관)

■ 가상활동면에 작용하는 수직응력은 위치에 따라 값이 다름.(만일 활동하는 흙덩어리 가 활동면을 따라 미끄러져 충분히 마찰력이 생길 경우 활동원상의 반력은 수직응력 과 ϕ만큼 기울어져 작용)

■ 마찰원 방법; 활동원의 여러 위치에서의 반력의 방향을 연장한다면 활동원의 중심에서 $r \sin\phi$ 의 반경으로 그린 원에 접함(이 원을 마찰원 또는 ϕ원(ϕcircle)이라 함)

그림 111 마찰원 방법의 개념

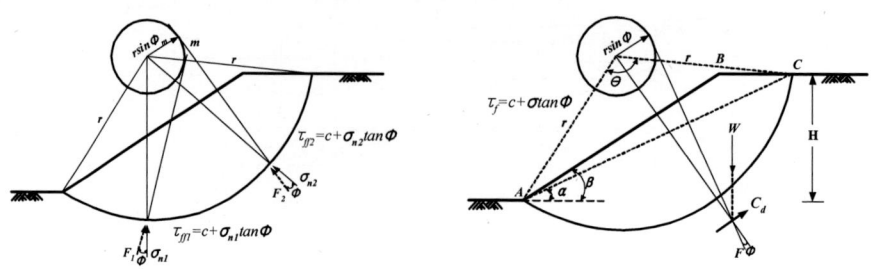

■ 해석법:

① $F_\phi = 1$로 $\phi_d = \phi$가 되도록 가정 $\therefore \phi_d = \tan^{-1}\dfrac{\tan\phi}{F_\phi}$

② 가정한 활동면의 중심에서 반경이 $r \cdot \sin\phi_d$의 마찰원 작도.

③ 가정 활동원내의 무게와 방향 결정(공극수압 여부에 따라 변화됨)

④ 점착력 합력의 작용위치 결정(각 요소의 점착성분은 수직, 수평성분으로 나누어짐)

$$C_d = c_d \cdot (\text{현의길이}) \quad C_d \cdot a = c_d \cdot (\text{호의길이}) \cdot r \quad \therefore a = \dfrac{\text{호의 길이}}{\text{현의 길이}} r$$

⑤ 점착력 C_d결정

－활동원의 반력; W와 C_d의 교점과 마찰원에 접하는 선을 반력 F의 작용방향 결정.

－ W, C_d, F 의 힘의 다각형으로부터 점착력 C_d결정

⑥ 점착력에 대한 안전율 결정

$$F_c = \dfrac{c \cdot \text{현의 길이}}{C_d}$$

⑦ $F_\phi = F_c$가 아닌 경우 F_ϕ를 다시 가정하여 $F_\phi = F_c$ 가 되도록 위의 과정을 반복.

⑧ 활동원호를 가정하여 위의 과정을 반복하여 최소 안전율 산정.

8) 절편법

■ 사면이 이질의 지층으로 형성되어 있는 경우(c, ϕ가 일정치 않는 경우)에 적용

■가정: 예상파괴활동면의 가정, 각 절편의 바닥을 직선으로 가정.

 −각 절편의 한쪽 측면에 작용하는 수직응력과 전단응력의 합은 나머지 한 측면에 작용하는 힘의 합력과 동일하며 동일한 작용선 상에 위치.

그림 112 절편법에 의한 안정해석

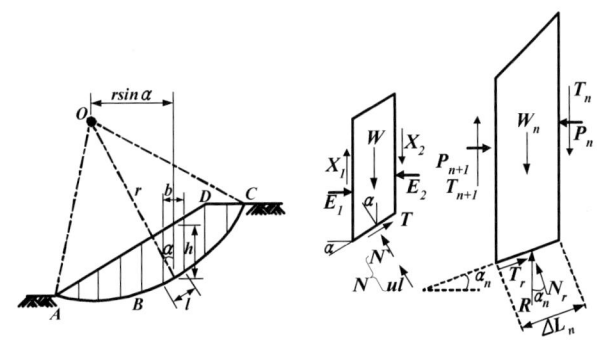

■해석

 −정역학적 해석이 불가, 부정정차수만큼의 가정 필요(정해를 찾긴 어려움)

 −임의의 원호활동면 가정

 −임의의 폭을 가진 절편으로 분할

 −모멘트의 평형을 고려한 안전율 정의 $F_s = \dfrac{M_R}{M_D}$

 −활동모멘트의 산정 $M_D = \sum W r \sin \alpha$

 −저항모멘트의 산정 $M_R = r \sum (c' l + \tan \phi' \sum N') l$

 −안전율 $F_s = \dfrac{r \sum (c' l + \tan \phi' \sum N') l}{\sum W r \sin \alpha}$

9) Fellenius 방법

■가정

 −전응력해석을 하는 경우 공극수압은 0.

 −절편 양 측면에 작용하는 힘의 합력은 zero.

그림 113 Fellenius 방법에 의한 안정해석

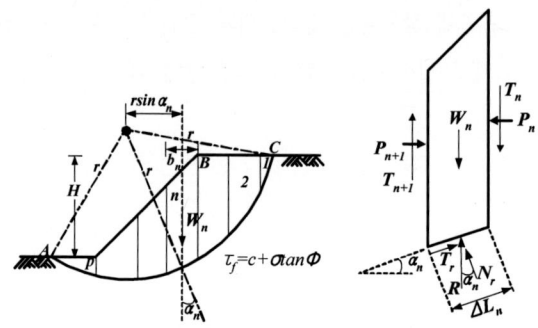

■ 해석

  – $N_r = W_n \cos \alpha_n - ul$

  – 저변의 수직한 힘을 절편법의 안전율식에 대입($F_s = \dfrac{r \sum (c' l + \tan \phi' \sum N')l}{\sum W r \sin \alpha}$)

  $\therefore \quad F_s = \dfrac{\sum cl + \tan \phi' \sum (W \cos \alpha - ul)}{\sum W \sin \alpha}$

  – 최소 안전율; 여러 개의 활동면을 가정하여 반복산정.

  – 해석결과는 안전측이며(5~20%오차) Bishop방법에 비해 간편.

  – 균질한 흙($\phi = 0$)의 경우 $\therefore F_s = \dfrac{c_u \cdot (원호길이)}{\sum W \sin \alpha}$

10) Bishop의 간편법

■ Fellenius법보다 더욱 엄밀한 해를 제시(장기안정해석); 정해에 가까운 안전율 산출
■ 가정
  – 절편 양쪽에 작용하는 연직방향 힘의 합은 zero.
  – 안전율이 두 항이므로 시행착오법에 의해 산정.
■ 해석
  – $N_r = W_n \cos \alpha_n$

$$- \, T_r = W_n \sin \alpha_n = \tau_d \Delta L_n = \frac{\tau \Delta L_n}{F_s}$$

$$= \frac{1}{F_s}[c + \sigma \tan \phi] \Delta L_n = \frac{1}{F_s} c \Delta L_n + \frac{N_r \tan \phi_d}{F_s}$$

$$- \, W_n + \Delta T = N_r \cos \alpha_n + [\frac{N_r \tan \phi}{F_s} + \frac{c \cdot \Delta L_n}{F_s}] \sin \alpha_n$$

$$- \, N_r = \frac{W_n + \Delta T - \dfrac{c \cdot \Delta L_n}{F_s} \sin \alpha_n}{\cos \alpha_n + \dfrac{\tan \phi \cdot \sin \alpha_n}{F_s}}$$

$$- \, T_r = T_d \Delta L_n = \frac{\tau_f \Delta L_n}{F_s} = \frac{(c + \sigma \tan \phi) \Delta L_n}{F_s} = \frac{c \cdot \Delta L_n + N_r \tan \phi}{F_s}$$

$$(\text{where}, \quad \sigma = \frac{N_r}{\Delta L_n} = \frac{W_n \cos \alpha_n}{\Delta L_n})$$

$$-\text{정리하면} \quad F_s = \frac{\sum_{n=1}^{n=p}(c b_n + W_n \tan \phi + \Delta T \tan \phi) \dfrac{1}{m(\alpha)}}{\sum_{n=1}^{n=p} W_n \sin \alpha} \quad \text{where},$$

$$m(\alpha) = \cos \alpha_n + \frac{\tan \phi \cdot \sin \alpha_n}{F_s}$$

그림 114 여러 가지 α_n에 대한 $m(\alpha)$ 과 $\tan \phi / F_s$의 관계곡선

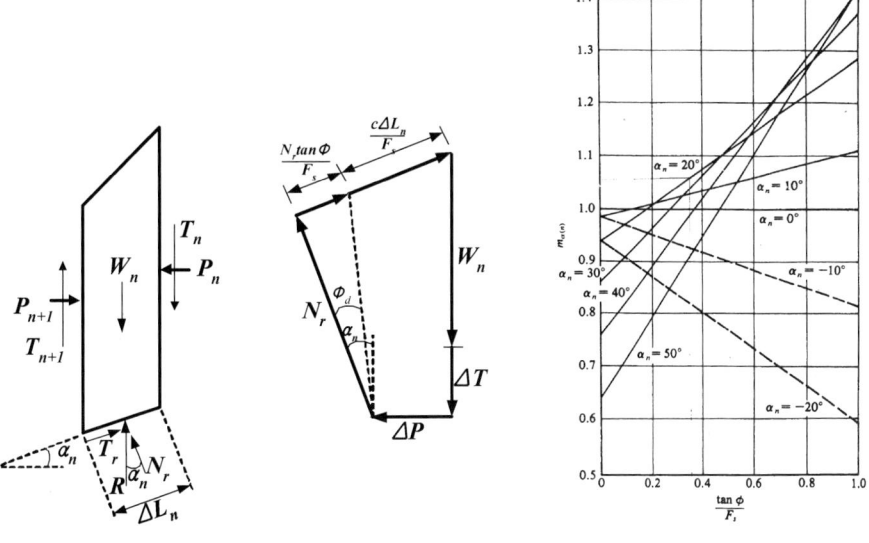

■ 정상침투가 있는 경우(공극수압 작용 시)

- 일반적인 절편법(Fellenius법)

$$F_s = \frac{\sum_{n=1}^{n=p} c\Delta L_n + (W_n \cos\alpha_n - u_n \Delta L_n)\tan\phi}{\sum_{n=1}^{n=p} W_n \sin\alpha_n}$$

- Bishop의 간편법

$$F_s = \frac{\sum_{n=1}^{n=p} [cb_n + (W_n - u_n b_n)\tan\phi]\frac{1}{m(\alpha)}}{\sum_{n=1}^{n=p} W_n \sin\alpha_n}$$

11) Janbu법

■ 비원호 활동면에 적용할 수 있는 비교적 간편한 해석법

■ 보정계수 f_o 개념의 도입.

■ 가정

- 각 절편의 측면에 작용하는 내부 전단력은 zero.
- 절편 저변에 작용하는 연직력은 연직방향의 힘의 평형조건으로 산정(Bishop의 간편법과 동일); 되도록 절편의 폭은 좁게 잡을 것.

■ 해석

- 연직응력 σ, 전단응력 τ, 공극수압 u 일 때 파괴기준은

$$s = c' + (\sigma - u)\tan\phi', \quad \tau = \frac{s}{F_s}, \quad P \doteq \sigma l, \quad T = \tau l \text{ 이므로}$$

- 절편 저변 수평력은 $T = \frac{1}{F_s}[c'l + (p - ul)\tan\phi']$

그림 115 Janbu의 간편법

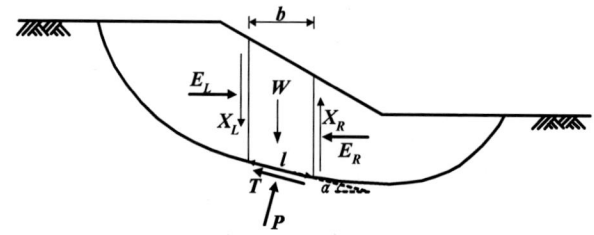

－절편 저변 연직력은 $P\cos\alpha + T\sin\alpha = W - (X_R - X_L)$

－여기서, $X_R = X_L = 0$ 으로 가정하고 수평력을 연직력의 식에 대입하여 정리하면

$$P = \left[\, W - \frac{1}{F_o}(c'l\sin\alpha - ul\tan\phi'\sin\alpha)\right]\frac{1}{m(\alpha)}$$

－안전율 $F_o = \dfrac{\sum[\,c'b + (W - ub)\tan\phi'\,]\dfrac{1}{n(\alpha)}}{\sum W\tan\alpha}$

where, $n(\alpha) = \cos\alpha \quad m(\alpha) = \cos^2\alpha(1 + \tan\alpha\dfrac{\tan\phi'}{F_s})$

－보정계수를 고려하여 F_s 를 구하면 $F_s = f_o \cdot F_o$

그림 116 Janbu의 보정계수(이인모, 2003)

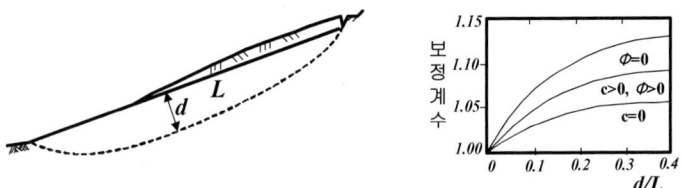

12) 사면의 파괴 및 해석

(1) 파괴 원인

표 15 사면에 작용하는 전단응력의 증가에 따른 사면파괴 요인

---

(1) 사면유지 요인의 제거
    A. 침식
        ● 유수의 흐름   ● 빙하
        ● 파도나 해류의 작용   ● 습윤 건조의 반복(바람이나 동결의 영향)
    B. 자연적인 사면의 이동(활동, 침하, 붕락)
    C. 인간활동
        ● 절토나 굴착   ● Sheet pile이나 옹벽의 제거
        ● 지하수위의 인공적인 저하

---

   (2) 과재하중
      A. 자연적 원인
         • 강수에 의한 하중의 증가   • 사면파괴에 의한 하중의 축적
      B. 인공적인 원인
         • 성토공사   • 컬버트나 상하수관의 유출
         • 사면 상부에 인공적인 구조물의 건설에 의한 하중의 증가

   (3) 지진 등의 일시적 하중의 작용

   (4) 하부 토층의 지지력 감소
      A. 해수나 하천에 의한 영향   B. 침투나 용해물질에 의한 하부 지반의 침식 혹은 부식
      C. 풍화작용   D. 인간의 활동(굴착이나 채광)
      E. 하부 지반의 강도감소

   (5) 횡방향력의 증가
      A. 균열이나 틈새에 작용하는 수압 B. 균열부에 침투한 물의 동결
      C. 점성토의 팽창

표 16 사면을 구성하는 토질의 전단강도 감소에 따른 사면파괴 요인

   (1) 토질의 성질에 따른 고유 영향인자
      A. 구성(Composition)   B. 구조(Structure)
      C. 이차적인, 혹은 변경된 구조 D. 성층

   (2) 풍화나 물리화학적 작용에 의한 변화
      A. 습윤·건조의 반복   B. 수화(水和)작용
      C. 결합체의 제거

   (3) 공극수압의 영향

   (4) 구조의 변화
      A. 구조의 이완   B. 구조의 붕괴

그림 117 사면의 활동파괴 원인

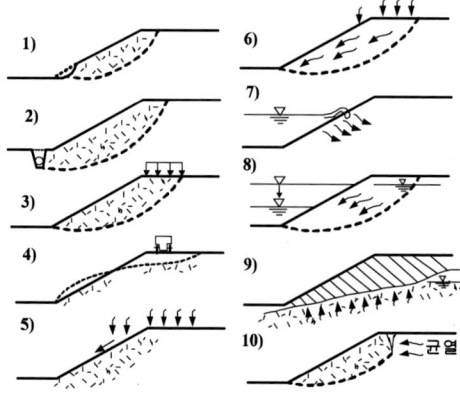

■ 강우와 산사태의 관계

홍원표 등(1990.6, 1990.9)에 의하면 우리나라의 강우와 산사태의 관계는 다음과
같다.

1) 기압골 형성에 의한 집중호우로 산사태가 많이 발생하는 중부지역은 당일강우량보
   다 누적강우량의 영향을 많이 받는다.

2) 태풍에 의해 산사태가 많이 발생하는 영호남지역은 누적강우량보다 파괴당일의 강
   우량에 영향을 많이 받는다.

3) 영동지역의 산사태는 누적강우량과 당일강우량 모두 100㎜ 이하일 때 비교적 소
   규모로 발생하며 누적강우량과 당일강우량의 영향을 거의 비슷하게 받는다.

4) 산사태 피해규모는 전일 혹은 당일의 최대시간강우강도의 크기에도 영향을 받는다.

5) 소규모 산사태는 최대시간강우강도가 10㎜를 넘고 당일과 전일 2일간 누적강우량
   이 40㎜를 넘으면 발생할 수 있다.

6) 중규모 산사태는 최대시간강우강도가 15㎜를 넘고 2일간 누적강우량이 80㎜를 넘
   으면 발생할 수 있다.

7) 대규모 산사태는 최대시간강우강도가 35㎜를 넘고 2일간 누적강우량이 140㎜를
   넘으면 발생할 수 있다.

그림 118 사면의 파괴 유형(skempton, 1969)

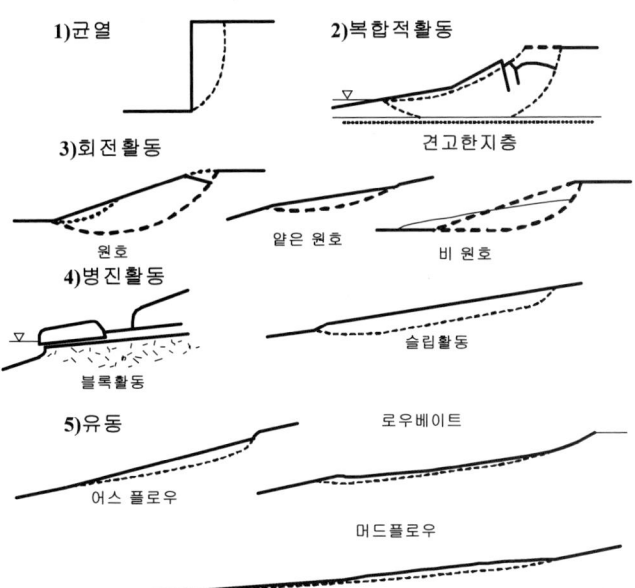

(2) 토층사면의 해석방법

일반적으로 토층사면에 대한 안정해석 시 사용되는 해석법은 유한요소법, 유한차분법, 개별요소법과 같은 수치해석법(Numerical Analysis)이 있으며, 임계활동면에서의 역학적인 평형관계 만을 해석하는 한계평형해석법(Limit Equilibrium Analysis)이 있다.

수치해석법(Numerical Analysis)은 지반의 변형 특성을 고려한 탄성 또는 탄소성해석 방법으로 지반정수 산정 시 많은 현장시험 및 실내시험이 필요하며, 해석상의 소요시간이 긴 단점을 가지고 있다. 또한, 그 결과에 대한 신뢰도가 떨어지는 것으로 알려져 있다. 한계평형 해석법(Limit Equilibrium Analysis)은 근본 원리상 사면안정해석뿐만 아니라 토압, 지지력 등과 같은 지반공학적 문제를 설명·해결하는 데 기초를 이루는 방법으로 대상지반을 하나의 토체로 간주하여 임의의 파괴면에 대한 힘 또는 모멘트의 평형조건을 고려하는 것이다.

물론 한계평형 해석법은 굴착에 따른 비탈면 내 응력변화 및 그에 수반되는 변형거동상태 해석이 가능한 일반적 수치해석 방법과는 달리 변형과 관련된 지반문제 해석에 있어서는 적용될 수 없다는 단점이 있다. 그러나 해석방법의 이해가 쉽고 사용이 간편하다는 점과 과거 많은 사면안정 해석에 대한 적용 사례로부터 그 신뢰성도 입증된 상태이므로 사면 안정해석 방법으로 가장 많이 사용되고 있다.

한계평형법에 의한 사면안정 해석방법을 여러 가지 관점에 의해 분류될 수 있으나 크게 활동 토체를 단일 토체로 보는 방법과 활동 토체를 수개의 수직절편으로 분할하는 절편법(Method of Slice)으로 구분할 수 있으며, 이중 절편법에 의한 사면안정 해석법이 많이 이용되고 있다.

절편법에 의한 사면안정 해석방법은 많은 연구자들에 의해 여러 가지 방법들이 제안되고 있으며, 안전율 산정을 위한 평형조건, 해석 활동면 형상, 절편 작용력 및 작용위치 가정 등에서 다소의 차이는 있으나 그 근본적 방법상의 차이는 없는 것으로 알려지고 있다.

(3) 해석방법의 선정

제시된 여러 해석방법 중, 본 검토사면의 지반조건에 적합한 해석방법을 선정해야 하므로 다음과 같은 내용을 참고하여 해석방법을 선정하였다.

① 활동면이 지표면과 평행한 평면이며, 토질이 균일하고 활동면의 깊이가 비교적 작은

사면의 경우 무한 사면 해석방법이 상당히 정확하다.

② 활동면이 지표면으로부터 깊이가 얕고 긴 평면이며, 지표면과 평행하지 않는 경우에 대해서는 Fellenius 방법이 간편하고 정확하다.

③ 활동면이 2개 또는 3개의 평면으로 이루어진 경우 예비해석 단계에서는 Fellenius 방법으로 정확도가 낮은 결과를 얻을 수 있고, Janbu의 간편법을 사용하면 그 정확도를 향상시킬 수 있다. 임계활동면과 안전율을 보다 정확히 결정하기 위해서는 쐐기 또는 활동Block 방법을 사용해야 한다.

④ 원호활동면인 경우 예비해석 단계에서는 안정도표(Stability Chart)를 이용할 수 있으며, Fellenius 방법을 사용할 수도 있으나 활동면의 깊이가 깊거나 간극수압이 큰 경우 부정확한 결과가 얻어진다. 따라서 정확한 해석을 위해서는 Bishop의 간편법을 사용한다.

⑤ 활동면이 임의의 형상인 경우, 예비해석 단계는 Janbu의 간편법을 사용하며, Janbu의 정밀해법, Spencer의 방법, Morgenstern and Price 방법, Frelund and krahn의 G. L. E 방법 등을 사용하여 정밀해를 구한다.

⑥ 사면선단부에서 활동면의 경사가 급한 경우에는 측면력의 분포를 예민하게 고려할 수 있는 방법을 선택해야 한다.

표 17 한계평형법을 이용한 비탈면 안정해석 방법의 종류

해석방법		활동면 형상	평형만족조건				계 산		비 고
			Over of moment	Individual Slice moment	Vertical force	Horizontal force	수계산	컴퓨터 계 산	
단일활동토체해석방법	Infinite Slope (Skemptom & Delory, 1957)	평면	—	—	○	○	○	○	● 지표면과 평행한 무한비탈면이 지표면과 평행한 평면적 파괴예상 시 적용
	Wedge Analysis	평면	—	—	○	○	○	○	● 비원호의 2개, 3개의 평면에 의한 파괴예상 시 적용
	Friction Circle method	원호			○	○	○	○	● 단일한 점성토 또는 사질토 지반의 비탈면 안정해석에 유용 ● 활동면 상 반력 작용선은 활동원 중심으로 하는 마찰원에 접한다는 사항을 토대로 작용력과 저항력 간의 평형조건으로부터 안전율 산정

해석방법		활동면 형상	평형만족조건				계 산		비 고
			Over of moment	Individual Slice moment	Vertical force	Horizontal force	수계산	컴퓨터 계 산	
수직절편으로 분할하는 절편법	Fellenius method (Ordnary Slice Method) (Fellenius, 1927)	원호	○	—	—	—	○	○	• 절편법 중 가장 간단한 방법임. • 완만 비탈면에 대해 간극수압을 감안한 유효응력해석 시 안전율 과소 평가 • 깊은 원호 활동면이고 원호중심 각 (α)의 변화가 클 경우 해석결과 오차 증대
	Bishop's simplified method (Bishop, 1955)	원호	○	—	○	—	○	○	• 절편법 중 가장 널리 이용되며 편리성과 신뢰성이 매우 양호함 • 선단부의 절편저면 경사각 α가 클 경우 안전율이 과대평가 • 본 방법에 의한 안전율 Fellenius 방법에 의한 결과보다 다소 큼
	Janbu's simplified method (Janbu, 1968)	임의의 형 상	—	—	○	○	○	○	• 절편 양 측면에 작용하는 수직전단응력을 없는 것으로 가정하여 부정정차수 감소 • 엄밀해석법을 계산의 간편성을 위해 힘의 평형조건만을 감안하여 간편화시킨 방법으로 이로 인한 부정확성을 보정계수(f_0)를 감안해줌으로써 보완
	Spencer's method (Spencer, 1967)	임의의 형 상	○	○	○	○	—	○	• 각 절편 경계면 상의 작용하는 전단력을 별도로 감안치 않은 대신 합력으로서 양측에서 서로 평행 한 수평력으로 감안(작용각 θ는 일정) • 해석적으로 정해에 가까운 안전율을 산정하므로 신뢰성 높음
	G.L.E method (Fredlund & Krahn, 1977)	임의의 형 상	○	○	○	○	—	○	• Bishop, Janbu, Spencer방법 등을 포괄할 수 있는 해석방법 • 비원호 활동해석 시 가상회전중심 (Frictional center of Rotation)을 사용하며 모멘트 평형, 힘의 평형을 개별로 고려하여 각각에 대한 안전율 산정이 가능

연습문제

1. 사면의 파괴 원인을 내적·외적 요인으로 나누어 설명하세요.

2. 유한 사면과 무한 사면을 구분하는 방법은 무엇인가?

3. 사면의 안정해석방법인 절편법을 파괴면의 형상과 해석법에 따라 분류하고 간단히 설명하세요.

4. 경사각이 45°인 사면이 1.9t / ㎥의 단위중량을 가지고 25°의 내부마찰각과 2t / ㎡의 점착력을 가지고 있다면 얼마의 높이까지 안전할 수 있는지 임계높이를 산정하시오.

5. 아래그림과 같은 무한 사면의 파괴에 대한 안전율을 산정하시오.

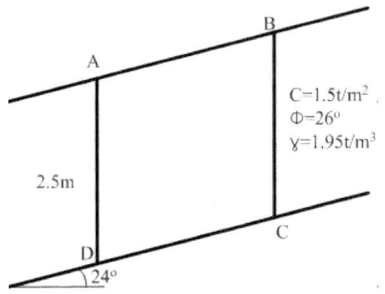

6. 아래와 같이 점착력 6.63t / ㎡, 단위중량 1.94t / ㎥ 내부마찰각 0°이며 예상 파괴 원호의 단면적이 60㎡일 때 사면의 안전율을 산정하세요.

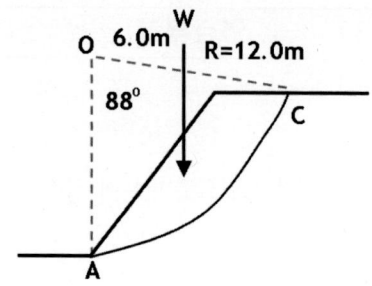

7. 경사각이 24도인 무한 사면이 존재할 때 침투가 있는 경우와 침투가 없는 경우의 안전율을 비교하시오. 파괴면까지의 수직고는 2.5m이며, c=1.02t / ㎡, ϕ =26°, γ =1.9t / ㎡, γ_{sat} =2.0t / ㎡이다.

Advanced

1. 안정수(Stability number)

- Taylor는 균질한 흙의 사면을 전응력해석법으로 해석하기 위하여 안정수를 다음의 식으로 나타낼 것을 제안.

- 사면안정해석 시 임계원의 경우에 있어서 발생하는 점착력(C_m)은 $C_m = N_s \cdot \gamma \cdot H$ 이다. 따라서 $N_s = \dfrac{C_m}{\gamma \cdot H}$ 으로 표시할 수가 있는데 이때 N_s를 안정수라고 함.

  여기서, N_s: 안정수, C_m: 점착력, γ: 흙의 단위체적 중량, H: 사면의 한계높이

- 안정수는 사면의 안정을 최소한도로 유지하는데 요구되는 (즉 Fs=1)사면의 한계높이에 대한 점착성분의 비율이라고 할 수 있다. 균질한 흙의 단순사면안정해석 시 안정수를 이용하면 사면의 한계높이, 붕괴를 일으키지 않는 사면의 경사각 등을 쉽고 빠르게 구할 수가 있다.

- 안정수는 Taylor 안정도표, Janbu 안정도표에서 사면조건에 대해 구할 수 있으며 안정도표는 예비설계에 이용될 수 있고 복잡하고 다층지반은 적용이 곤란함.

2. 한계평형상태(Critical equilibrium state)

- 개념
  - 토괴의 활동력과 저항하려는 전단강도가 한계평형 즉, 안전율이 1인 상태이며 활동이 D막 생기려는 상태로 정의할 수 있음. 안전율 $= \dfrac{\text{저항력}}{\text{활동력}} = 1$인 상태.
- 이론배경
  - 한계평형상태는 Mohr-Coulomb 파괴규준을 따르므로 파괴 포락선 밑에 응력이

형성되면 안정하고 Mohr원이 포락선에 접하면 파괴된다고 하여 파괴전의 변위-
응력관계가 고려되지 못함.

–따라서 강소성체와 같이 파괴응력에 도달하기 전에는 변위가 없다고 간주하고 파괴
응력에 도달하면 무한한 변위가 생긴다고 하며 토압, 지지력, 사면안정검토 개념이
이에 해당됨.

XI
못 다한 이야기

XI. 못 다한 이야기

1. 흙이란?

1) 흙의 정의

■ SOIL 〔solum: 라틴어로 지면을 의미함〕
■ 사전적 의미(www.naver.com)
  ● 土壤(흙토 흙양): 지구나 달의 표면에 퇴적되어 있는 물질.
  ● 지구의 표면을 덮고 있는 바위가 부스러져 생긴 가루인 무기물과 동식물에서 생긴
    유기물이 섞여 이루어진 물질.≒토양.
■ 학문적 의미(www.naver.com)
  ● 흙이라고도 한다. 대부분의 토양은 암석의 풍화물(風化物)이다. 지표면이나 지표
    근처에 노출된 암석이 산소·물·열작용을 받아 대·소의 입자로 깨진 혼합물과 화
    학반응 생성물(점토광물·탄산칼슘 등), 유기물로 구성되어 있다. 이 풍화 퇴적물
    질(주로 암석의 입자) 사이는 공기와 물이 점유하고 있다. 이들 3상(三相) 사이에
    침투·분포되어 있는 식물의 뿌리는 양분과 수분을 흡수하여 생장하므로 토양은 생

명현상의 근원이 된다.

- 토양에 대한 정의는 토양을 이용하는 각 분야에 따라 다르다. 농림업에서는 식물의 양분·수분 저장과 조절·방출, 식물체의 지지물로 보는가 하면, 지질학 분야에서는 풍화산물·풍화맨틀 또는 표토(表土:regolith)라 하고, 토목공학에서는 엔지니어링 물질로 본다. 화학분야에서는 암석을 구성하고 있는 조암광물(造岩鑛物) 중의 이온·원자·분자 등이 물·산소·이산화탄소와 완만하게 작용하여 이들의 화학결합이 풀려서 용액에 녹거나 새로운 침전물(주로 점토광물)을 생성하여 더욱 안정한 생성물을 만드는 전위상(轉位相)으로 보고 있다.

■ 토목공학적 의미
- 지구상에서 가장 풍부하고 오래된 '건설재료'로 느슨하고 굴착작업이 가능한 물질이며 연직으로 구속이 없는 층.

2) 흙의 생성

■ **풍화작용**(*Weathering*) : 암석이 그 생성조건과 다른 현재의 지표조건에서 안정상태로 되도록 세립화되고 화학변화되어 가는 과정의 총칭.
- 물리적 풍화작용 – 암석이 모암으로부터 작은 조각으로 파쇄되거나 마모되어 가는 과정, 균열 속 물의 동결, 심한 온도 변화로 인한 팽창 및 수축, 유수에 의해 운반되는 자갈의 마모(험한 지세의 건조한 지방).
- 화학적 풍화작용: 모암과는 전혀 다른 새로운 광물을 생성하기 위해 암석광물의 성질이 화학적으로 바뀌는 것, 물이나 공기 중의 산소 또는 CO_2, 썩은 식물에서 생기는 유기물, 물속 염분과 같은 것이 광물과 반응 – 따뜻하고 습기가 많은 평탄한 지방
- 용해작용: 암반으로부터 가용성 광물은 녹이고 불가용성 광물은 잔류물로 남겨두는 과정(가용성 암반이 있는 다습한 지방).

3) 흙의 기능

① 홍수방지   ②수원함양

③ 수질정화   ④토사붕괴방지

⑤ 토양표면침식방지   ⑥지반침하방지

⑦ 오염물정화   ⑧지표온도·습도변화의 완화

⑨ 토양생물상보호   ⑩식생보호

4) 흙의 구조

■점토의 현미경학적 구조(Yong and Sheeran, 1973(from Holtz and Kovacs, 1981))

1. Domain
2. Cluster
3. Ped
4. Silt grain
5. Micropore
6. Macropore

5) 흙과 관련된 문제들

■앞서 밝힌 바와 같이 흙은 건설재료로 사용하고 기초를 설계하거나 절토를 수행함에 따라 또는 지하구조물이나 토류구조물을 사용하게 됨에 따라서 많은 문제들을 야기하게 된다.

지반공학의 항목	지반과 관련된 성질	지반 공학적 문제
1. 흙의 일반적 성질	물리·화학적 성질	흙의 분류, 토층·지반구분
2. 흙 속의 수리	투수성	침투, 배수, 모관성, 지하수 유출, 동상문제
3. 흙의 압축·압밀지반의 응력과 변형	압축·압밀 특성 응력·변형 특성	지반, 성토, 구조물 등의 침하·경사·변형에 관한 문제(지반의 부등침하, 측방유동, 융기)
4. 흙의 전단강도, 토압, 사면안정, 지반의 지지력	강도 특성	성토구조물, 사면활동, 기초 및 토압(옹벽, 토류벽, 매설관 등) 등에 대한 안정문제
5. 흙의 다짐	다짐 특성	다져진 흙의 성질, 토질안정문제 (고속도로, 고속철도, 공항, 필댐)
6. 지반진동	동적 특성	액상화, 내진, 방진 문제
7. 지하공간 (암석 및 암반)	암석 및 암반의 강도 특성, 불연속면의 특성	지하굴착, 토압 및 암반사면 (터널, 지하철, 지하공간 등)의 문제
8. 기 초	지지력, 침하	직접 기초, 말뚝기초, 피어기초 및 케이슨기초 등의 지지력부족에 대한 침하
9. 지반환경	토질, 수질오염	폐기물처리, 환경오염문제 (폐기물매립, 준설, 지반개량 등)
10. 연약지반 (지반주입, 보강)	차수, 보강	연약지반처리문제
11. 계측관리	응력, 변형, 간극수압	시공·유지관리, 역해석

그림 119 공학적 문제들

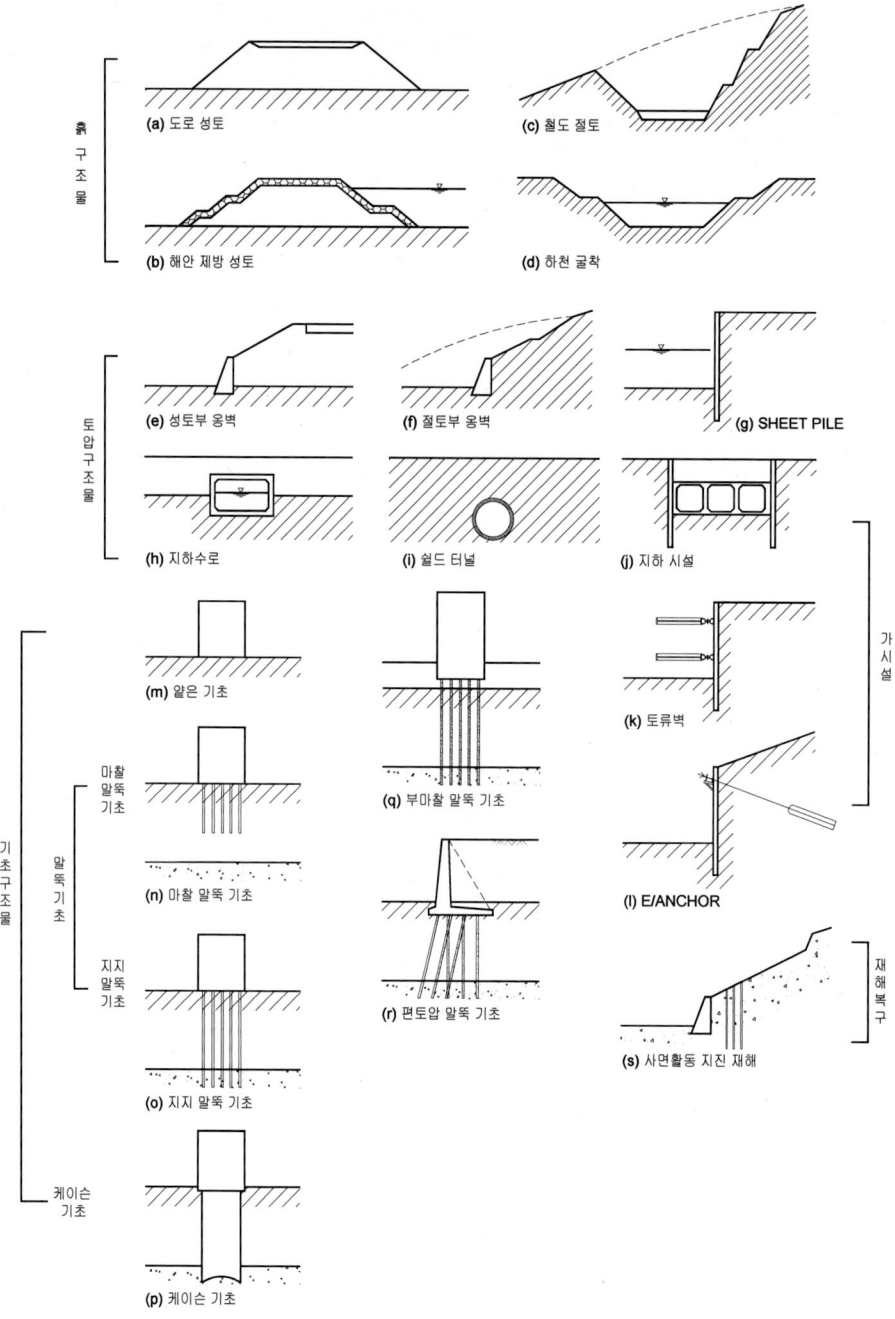

(a) 도로 성토

(c) 철도 절토

(b) 해안 제방 성토

(d) 하천 굴착

구조물

(e) 성토부 옹벽

(f) 절토부 옹벽

(g) SHEET PILE

(h) 지하수로

(i) 쉴드 터널

(j) 지하 시설

토압구조물

(m) 얕은 기초

(q) 부마찰 말뚝 기초

(k) 토류벽

마찰 말뚝 기초

(n) 마찰 말뚝 기초

(l) E/ANCHOR

가시설

말뚝 기초

지지 말뚝 기초

(r) 편토압 말뚝 기초

(o) 지지 말뚝 기초

(s) 사면활동 지진 재해

재해복구

기초구조물

케이슨 기초

(p) 케이슨 기초

2. 흙과 암

1) 흙과 암의 차이

- 실제에 있어서는 구별이 분명하지 않음(흙과 같은 암반이 있는 반면 암반에 견줄 만한 흙이 존재)
- 간단히 흙은 광물입자들이 자연적으로 결합되어 쉽게 분리되며, 암은 영속적 결합력에 의해 강하게 부착되어 있다로 이야기 할 수 있다.

A. 두 분야에서 다루는 대상을 구성하는 *개체의 크기*가 다르다(가장 중요한 차이점).
- 입자의 크기는 토목공학적 성질에 중요한 영향을 미친다. 그러나 입자의 한계를 정함에 있어 의문이 발생하지 않을 수 없다. 이러한 의문들로 보아 두 분야를 결정함에 있어 대상의 크기는 물론이지만 이것보다 문제를 접근하는 방법에 더 역점을 두어야 할 것이다.
- soil: 토층을 형성하고 있는 토립자들은 균등하게 분포되어 있다는 가정하에서 이를 균질한 모체로 보고 취급한다.
- rock: 많은 균열과 단층면, 단층대를 내포하고 있으므로 특별한 경우를 제외하고는 균질하다고 볼 수 없다. 그러므로 암반은 불연속모체로 보고 문제를 해결해야 할 것이다. Hudson은 불연속면이 굴착규모와 같은 규모라고 주장한다 - 암반의 거동은 불연속면의 간격과 굴착규모의 비에 따라 변화한다. 복수의 불연속면은 완전히 접속해 있는 것은 아니며 반드시 암괴의 경계를 이루고 있는 것도 아니고 항상 지하수의 자유로운 유로가 되는 것도 아니다. 암반은 상대적으로 불연속면의 빈도가 높아서 흙과 같이 균질 등방성인 것으로 하지 않는 한 암석소재의 특성에서 매우 불균질 등방성인 것으로 되어간다.
  ※암반의 불연속면에 의한 누진적인 파괴과정으로 차이를 알 수 있다.

B. 실험치의 적용상에 있어 차이가 있다.
- 실험결과가 실제로 어떻게 적용되는가를 생각하여야 한다.
- soil: 적절한 채취와 실험에 의한 값이면 직접 현장을 대표하는 값으로 사용해왔다.

현장에서의 자료로 S. P. T 값을 통해 여러 가지 성질을 추정하고 있다. 실험 시 등 방성(isotropic)을 기본 이론으로 한다.

■rock: 암석의 실내실험은 Intact rock으로 실시하므로 현장 암반에 분포하는 균열에 의한 영향을 고려할 수 없다. 그러므로 암석 실험치는 공학적인 제 성질을 추정하는 데 사용되는 자료의 역할을 할 뿐이다. 따라서 주향, 거칠기, 풍화도 등 현장조사 자료가 더욱 중요하며 가장 좋은 자료로 암질을 표시하는 R. Q. D가 사용되며 여러 공학적 성질을 추정하는 지표로 쓰인다. 층리나 엽리에 의한 강도의 이방성을 고려해야 한다.

C. 공학적 분류방법

■soil: 물리적 성질만으로 강도시험 없이 공학적으로 분류할 수 있다.

■rock: 압축시험결과만으로 분류가 가능하지만 이는 Intact rock의 경우로 현장에 사용할 수 없으므로 사용 목적에 따라 복합적인 방법을 사용한다.

■soil과 rock을 분류하기 위한 간단한 방법으로 **압축강도**를 이용하기도 한다. 그 기준으로 Hudson은 1MPa(국내 200~300 kg / cm²)을 제시하고 있다.

D. 사면안정해석

■soil: 사면안정해석 시 같은 토층내에서는 균질하다는 가정하에서 문제를 다루므로 파괴면은 토층 어디에서나 발생할 수 있다. 그러므로 무수한 파괴면중 가장 위험한 파괴면을 찾아내어 그 면에 따른 안전율을 전체안전율로 적용한다. 사면의 파괴형태는 대부분 원형파괴형태를 띄고 있다.

■rock: 암반사면의 경우 균열면을 따라서만 파괴가 발생하므로 현장조사에 의해 파괴 가능면이 추정되고 이면의 안전율을 전체 안전율로 적용하므로 파괴 가능한 균열면을 찾는 것이 더욱 중요하다. 사면형태는 주로 평면, 쐐기 형태를 띄며 균열이 많은 경우 전도나 원형파괴 형태를 띈다.

E. 구조물 해석

■soil: 측방향 토압의 크기로 구조물에 작용하는 힘을 산정.

■rock: 균열면을 따른 평면 혹은 쐐기 파괴이므로 균열이 아주 심한 경우를 제외하고는 측압분포도를 적용할 수 없다. 그러므로 암반에 있어서 측압의 적용은 균열조사가 우선되어 파괴가능 위치와 경사, 마찰력 등을 추정하고 각 경우에 대한 측압을 계산하여야 한다.

2) 암석과 암반

- 암반의 특징은 불연속 구조(절리, 단층)에 달려있으며 이러한 암반의 거동은 암석고유의 특성과 불연속 구조체에 의해 지배되며 이러한 관계의 구분은 힘의 영향역 규모 즉 구조체의 규모에 따라 결정된다. 이는 만일 절리의 간격보다 구조체의 규모가 큰 경우엔 연속체로 볼 수 있으며 그와 반대의 경우엔 암석 고유의 특성이 주가 됨을 말한다.

- 암반은 그에 작용하는 힘 즉 중력과 초기지압의 영향을 받으며 이러한 힘하에서 가장 중요한 요소는 불연속면의 마찰 특성이다. 만일 분리와 미끄러짐이 발생되지 않은 경우엔 시험을 통해 얻은 특성을 가진 연속체로 취급하며 그렇지 못한 경우엔 결합 특성을 고려하며 개별요소의 개념으로 취급하여야 할 것이다.

- 암반의 응력상태는 tectonics 변화 이력과 지질지형적 특성을 반영하므로 비선형적인 거동을 파악하는 것은 불가능하다. 이러한 이력으로 연직방향보다는 수평방향의 응력이 주된 응력으로 작용하며 현 위치에서의 초기응력을 구하는 것이 가능한 가장 신뢰할 수 있는 측정 방법이다.

- 암석의 물리화학적 거동은 그 암의 성인에 크게 좌우된다. 즉, 조성과 조직이 그것이며 이에 따라 구조적 이방성과 거동의 개략적인 정보를 얻을 수 있다.

3. 생태공학(Bio-Engineering)이란

1) 생태공학의 개요

- 현재 국내외의 건설공사 현장에서는 최대한 자연환경의 훼손을 최소화하고, 자원의 재활용을 극대화하고자 노력하고 있으며, 또한 인위적 또는 자연적인 원인으로 인하여 훼손된 주변의 환경 복원과 유지를 목적으로 한 친환경건설 개념이 도입되어 다양한 기술의 개발과 적용이 이루어지고 있다. 그러나 많은 기술들은 생태공학적 접근 없이 또는 무계획적으로 적용되고 있는 현실이다.

- 즉, 현재 녹화를 중심으로 한 친환경 건설의 개념은 단순히 시각적인 면과 지표면의 보호를 중심으로 이루어지고 있으며, 자연형 하천이나 비탈면의 녹화, 침식방지와 오염토양 등의 복원 기술에 집중되어 있다.

- 그러나 예로부터 지반공학자들은 과거의 경험을 통해 침식이나 사면안정성 등의 문제를 식생공법(living plants)에 의해 해결할 수 있다는 것을 주시하여 왔다. 즉, 식물을 단독으로 이용하거나 소규모 토목구조물과 병행 사용하여 사면의 불안정성을 줄이고, 물 유출지역 사면을 보호하고 또한 침식을 방지할 목적으로 식생을 일반적으로 이용하였는데, 이를 공학적인 관점에서 접근하는 것을 *Bio-engineering*이라고 말할 수 있다.

2) 생태공학의 역사

- Bio-engineering에서 가장 중요한 역할을 차지하는 구조재인 식물은 다른 공법에서 사용되는 재료에 비해 비교적 저렴하고 친환경경적이라는 장점을 가지고 있다. 또한 이러한 기술은 비단 어느 한 나라만의 기술은 아니어서, 유사한 기술들이 지난 수세기 동안 세계 각지에서 다양하게 적용되어 왔다. 따라서 유럽과 아시아의 고대 기록들로부터 바이오엔지니어링(Bio-Engineering)에 대한 흔적을 찾아볼 수 있다.

- 중국에서는 기원전 28년(B.C. 28) 제방을 보수하는 데 버드나무, 삼, 대나무 등을 짜서 만든 바구니에 돌을 채워 제방을 안정화시키는 데 사용하였던 기록이 있다.

- 유럽에서는 켈트족 등이 버드나무 가지를 엮어 울타리나 벽을 만드는 기술을 발전시켰고 이후 로마인들은 수중공사를 위하여 버드나무 막대기 다발을 보강재로 사용한 기록이 있으며, 16세기에 들어서 바이오엔지니어링 기술은 알프스로부터 서쪽의 영국에 이르기까지 유럽 전역에서 사용되게 되었다.

- 생나무를 이용한 말뚝기법(live stake)은 1791년에 강둑을 안정화시키는데 사용했던 기록이 있으며 비슷한 시기에 오스트리아에서는 침전물을 가두고 운하의 모양을 다시 만들기 위해 물길 내에 덤불모양으로 잘라진 나무를 열을 지어 심어놓는 건설기법(live siltation)을 발전시켰다.

- 좀 더 발전된 기술들은 산업혁명 이후 오스트리아와 독일을 중심으로 광범위하게 적용되었다. 그러나 이 당시 지속적인 벌채는 사면의 극심한 침식, 잦은 지반활동, 제방의 붕괴와 같은 많은 환경적 문제를 야기하게 되었고 19세기로 넘어오면서 유럽에서

는 이러한 환경적 문제를 해결하기 위해 개선된 기술들이 사용되었으며 이를 위해 많은 삼림학자와 공학자들이 과거의 기술들을 발굴하고 정리하게 되었다.

■ 1930년대에 이르러 정치적인 발전과 더불어 새로운 기술들이 개발되었으며 저 비용과 지역적인 건설재료, 전통적인 건설기술을 사용한 국가적인 과업들이 수행되었다. 독일의 경우 이 시기에 아우토반을 건설하면서 바이오엔지니어링의 개념이 광범위하게 적용되었으며 1936년 히틀러는 도로건설을 위해 바이오엔지니어링 기술개발 연구소를 설립하기도 하였다.

■ 또한 미국에서는 성토면의 침식을 방지하기 위해 1936년 도입한 이래로 가느다란 가지를 엮어 도로 절토면을 안정화시키는 'contour wattling'이란 기법이 개발되었으며, 기존의 생나무를 이용한 말뚝기법(live stake), 덤불모양으로 잘라진 나무를 열을 지어 심어놓는 건설기법(live siltation) 등과 병행하여 사용한 기록이 있다.

■ 전후 유럽에서는 새로운 기술에 대한 연구가 진행되었고 1950년대 독일과 오스트리아, 스위스를 중심으로 위원회가 구성되어 표준화된 새 기술들이 정리되기도 하였다. 1950년대에서 1980년대에 이르기까지 유럽과 미국에서는 좀더 구조적인 접근과 전문적인 분야로서의 발전을 위한 중요한 시기를 거치게 된다.

■ 1990년대에는 환경에 대한 의식이 증가되면서 과거의 전통적인 방법들의 기술적 어려움과 접근 방법을 수정하여 쉽게 활용할 수 있는 해결책을 만드는 데 주력하고 있는 상황이다.

3) 생태공학의 기본 개념

■ 물이나 바람에 의한 사면의 붕괴나 침식은 주요한 환경파괴이다. 이러한 것이 비록 자연스러운 지형의 변화과정일 수도 있으나 인간들의 활동에 의한 경제적, 사회적 손실을 초래하게 된다. 그러나 식물은 건설과 자연의 불안정을 일으키는 파괴적인 힘과 안정을 찾아주는 재생성의 힘 사이에서 평형을 이루어주는 요소 중의 하나일 것이다.

■ 따라서 지반분야에서도 기존 구조물의 사용량을 줄이고 대신에 식물공학의 개념을 도입하여 안전성을 증대시키고 침식을 감소시키며 환경 친화성을 최우선으로 고려하는 바이오엔지니어링 개념의 해결책 구현을 목표로 나아가야 할 것이다.

■ 도로나 공항, 항만과 같은 대규모 토공구조물이나 특수목적의 단지들은 인간에게 중요한 기회를 제공하지만 지반의 침식률을 증가시키고 주변 환경에 영향을 미치게 된다.

이러한 현상은 개발이 수행됨에 있어 접근성이나 안정성, 경제성 등이 우선시되고 상대적으로 표층 또는 주변 환경과 관련된 문제들이 간과되는 경향이 많기 때문이다.

■ 현재 세계적으로 도로의 상태나 주변 자원을 개량하기 위한 노력이 매년 배가되고 있는 상황이며, 역사적으로 공학자들은 사면의 안정화를 위하여 'Non-living'의 개념으로 접근하여 왔다. 따라서 식생을 이용한 보강과 같은 공법들은 지금까지의 공법들보다 공학적으로 우수하다기보다 환경친화적인 하나의 대안이 될 수 있을 것이다.

■ 이와 같이 'living'을 기본 개념으로 하는 지반공학에서의 Bio-engineering의 장점은 다음과 같다.

• 시공을 위한 장비의 무게가 다른 공법에 비해 작고 가벼우므로 경비의 절감이 가능하며 지반에 미치는 충격도 감소시킬 수 있고 시공 시 근입에 의한 지반의 교란감소 가능.

• 침식은 보통 작은 영역에서 갑작스럽게 확장되는 경향을 가지고 있으나 생태공학에 의한 공법은 현장에서 영향을 받는 영역이 일반적으로 작으므로 경비절감과 잠재적으로 도로나 주변 자연에 미치는 영향 최소화.

• 또한 주변 자연에서 주어지는 식물과 씨앗을 주로 사용하게 되므로 손쉽게 구하여 이용할 수 있고 국부적인 기후와 흙의 상태에 대한 적용성 우수.

• 중장비의 진입이 불가능할 정도로 민감하거나 경사가 급한 장소에서 유용.

• 식생으로 인하여 시공 초기에도 파괴에 저항할 수 있으며 식물이 자라남에 따라 저항력 증대. 또한 식물이 죽더라도 뿌리와 표면의 유기체로 인하여 다른 식물을 시공할 때까지 저항 가능.

• 식물의 뿌리는 흙을 보강하는 역할을 하며 지반 내의 과도한 수분을 제거하는 역할을 수행하게 되므로 장기적인 지반의 안정에 중요한 역할을 수행.

■ Bio-engineering은 공학적 구조물과 함께 식물을 이용하는 방법으로 식물재료는 뿌리의 인장력을 흙의 전단강도, 버팀력, arching 등으로의 변환을 통하여 흙 자체의 강도를 증가시키게 되며 따라서 식물 하나가 제공하는 기능에 지지기능을 추가적으로 제공하고 식물이 성장하면서 강도는 증가하고 자연력에 대한 저항도 증가하게 된다.

■ 사용되는 자연 식물들은 바람, 중력 및 수리학적 힘으로부터 사면 표층을 안정화시키는데 사면 아래로 이동하는 암편과 물의 에너지 소산에 기인하며 물의 침투는 식물 생존을 위한 수량을 증가시키고 식물의 성장이 왕성하면 공급을 초과하는 사면 내의 물을 대기로 소산시키는 역할을 하게 된다. 또한, 식물의 필터작용과 낙엽더미의 증가는 쓸려 내려오는 퇴적물을 억제해주는 역할을 수행한다.

- 한편 자연에서 살포된 씨앗은 그 위치에 남으려는 경향이 있어 안정화된 표층을 더 향상시킬 수 있으며, Bio-engineering 처리를 이용한 임시 식생은 시간이 지남에 따라 좀더 영구한 식생을 형성할 수 있게 된다.
- 따라서 이러한 식생을 통하여 표층의 안정화와 물 침투량의 증가, 계단형태의 완사면 형성과 같은 지반보강, 미관확보, 친환경성 등의 이점을 얻을 수 있게 된다.

그림 120 식생 피복률과 표토손실률　　　　그림 121 식생의 공학적 역할

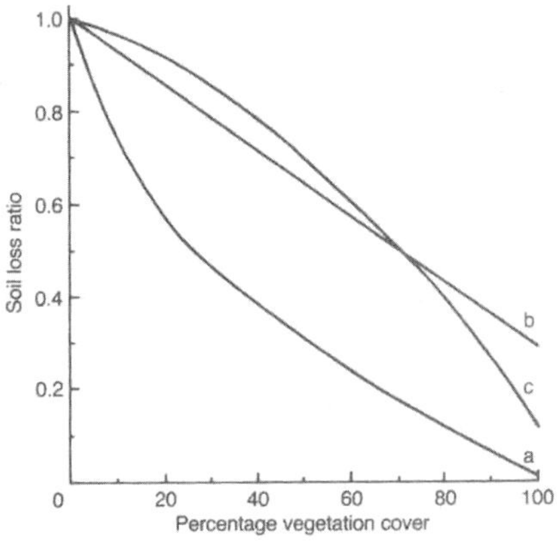

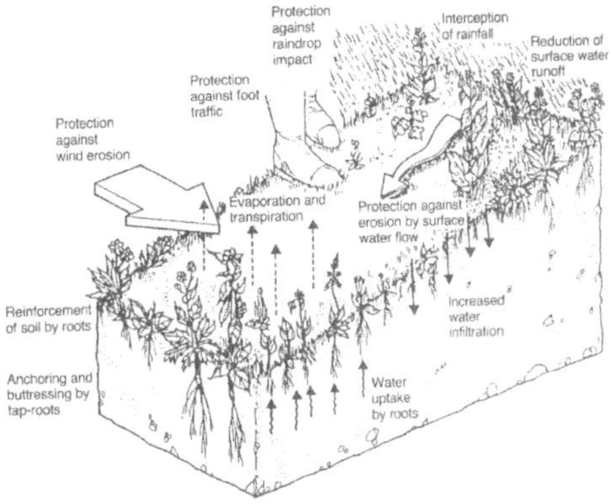

- 그림에 보는 바와 같이 식생에 의한 지반 보호는 적은 두께의 피복으로도 표토층의 손실을 줄일 수 있음을 알 수 있음(a=식물이 지표면과 동일한 위치에 있는 경우, b=지표면과 1m 떨어져 있는 경우, c=짚, 나뭇잎 등의 혼합물로 구성된 뿌리 덮개가 있는 경우)
- 이러한 Bio-engineering은 친환경건설에 대한 욕구와 시대적인 상황에 따라 건설산업의 다양한 분야 즉, 성토와 절토사면의 안정성 문제, 침식 억제, 하천 및 해안선 보호, 바람에 의한 침식 억제, 소음 감소, 교통 통제, 굴착현장이나 개발지역, 건설현장, 폐기물 처리장, 시민의 건강, 저수지 및 댐, 고속도로, 철도 등에 적용될 수 있을 것으로 판단된다.

4) 생태공학 체계의 기능

■ 구조물은 복합적인 기능을 수행하기 위해 만들어진다. 이 말은 구조물이 공학적인 기능의 수행을 전제로 하고 있다는 것을 의미한다. 앞서 설명한 바와 같이 생태공학에서 활용되는 기술들은 소규모의 지반구조물과 식물 구조체를 사용하게 된다. 일반적으로 식생을 활용한 지반구조물들은 다음의 기능을 수행하게 된다.

(1) 받기기능(Catch function)

● 느슨한 재료는 침식이나 중력으로 인하여 경사면 아래로 구르려는 경향이 있으며 이러한 현상은 아래로 구르려는 재료를 구조물이 막아줌으로써 제어될 수 있을 것이고 식물의 줄기나 뿌리가 그 역할을 수행하게 된다.

(2) 피복기능(Armor function)

● 보통 토사면은 물에 매우 예민하게 반응한다. 이는 물과 접촉할 때 사면이 움직이기 시작하거나 쉽게 액상화된다는 것을 의미하며, 이와 같이 침투가 활발하게 일어나는 경우에는 후에 사면의 전단파괴가 일어나게 된다. 따라서 사면은 물이 쉽게 우회할 수 있도록 덮어주어야 하며 이러한 기능을 피복(방호)기능이라 한다.

(3) 보강기능(Reinforce function)

● 흙은 공극이 존재하므로 조밀하지가 못하며, 입자의 결합력도 요구된다. 식생 기술은 수목의 뿌리를 통하여 흙입자의 결합력 증진을 가져오게 된다.

(4) 지지기능(Support function)

● 길이가 15m 이상 되는 사면의 경우 측방의 토압은 외부로의 사면활동을 야기하게 되는데 이러한 현상은 구조물 자체의 형태를 유지함으로써 억제될 수 있다.

(5) 앵커기능(Anchor function)

- 안정한 하부층을 갖고 있지만 불안정한 상부토층의 파괴가 일어나는 경우, 불안정한 상부토층을 하부토층까지 핀에 의해 지지될 수 있도록 하는 역할을 수행한다.

(6) 배수기능(Drain function)

- 물은 사면에 있어서 불안정성을 가져오는 주된 요인이다. 물은 표면수와 지하수로서 존재하며, 식생을 사용한 사면에서는 안전하게 처리될 수 있다.

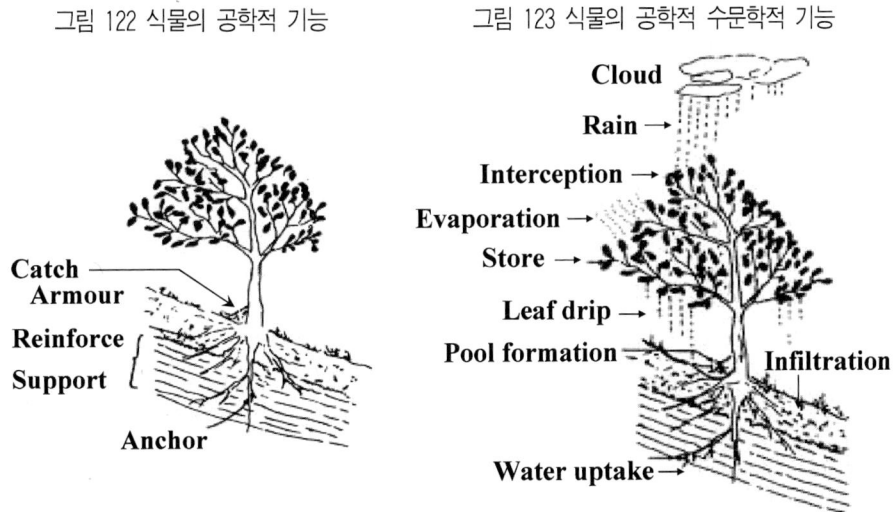

그림 122 식물의 공학적 기능   그림 123 식물의 공학적 수문학적 기능

- 그러나 생태공학 기법에는 다음과 같이 기존 공학적 구조물의 기능을 발휘할 수 없는 한계를 가지고 있다.
  - 고수축성 점토에서 공극수의 제거로 인한 구조물의 손상, 뿌리의 근입과 배수에 의한 구조물의 손상 및 Toppling의 위험
  - 부영양화와 같은 수질 악화와 식물 성장에 따라 지하수의 궤적을 막는 현상
  - 구조물의 콘크리트와 철근에 대해 풍화와 부식을 가속화하는 현상
  - 식생은 시공 초기에 공학적 기능을 발휘할 수 없으며 지속적인 보수와 유지관리가 필요.

5) 생태공학적용 기술

■고전적인 기술을 바탕으로 개선되어 적용되고 있는 대표 식생 기술들은 다음과 같다.

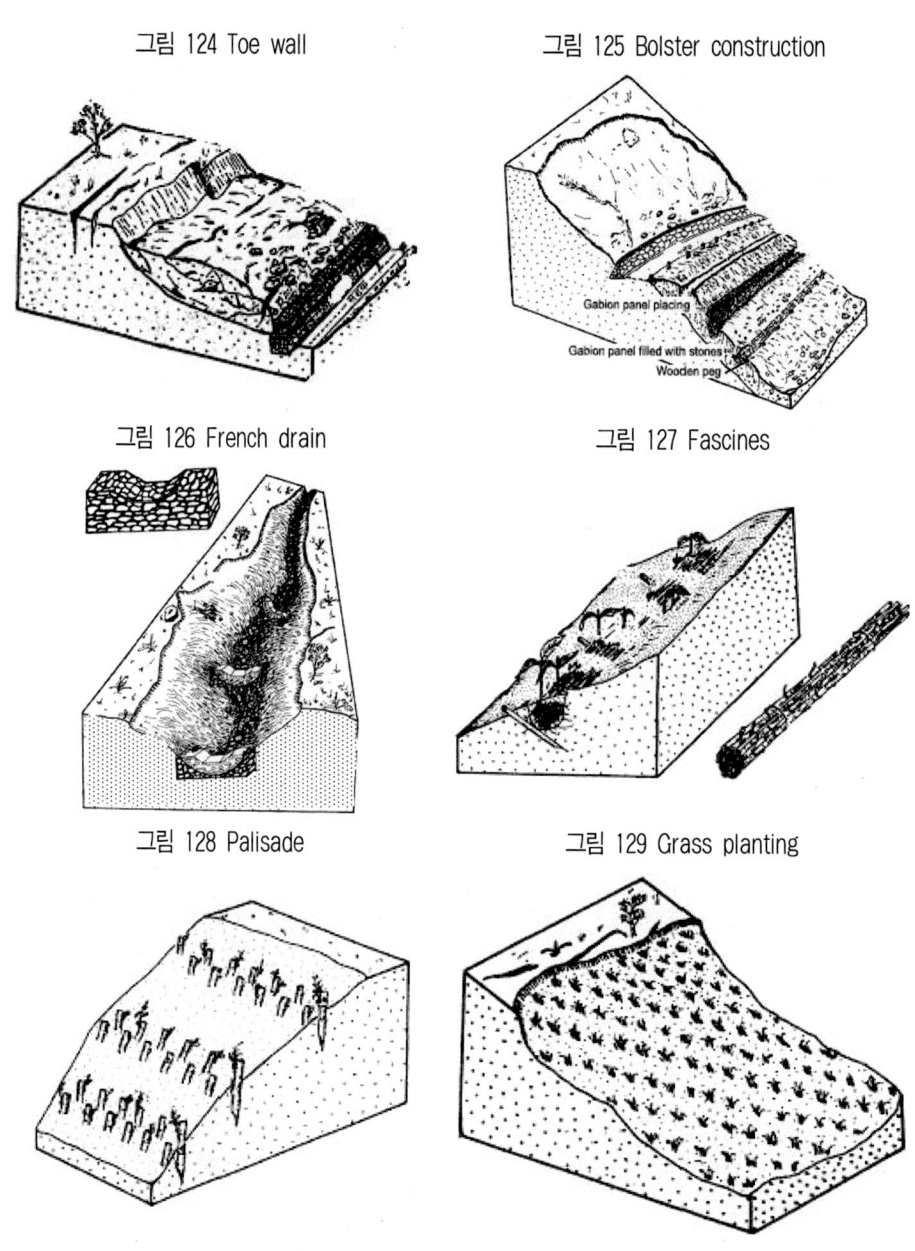

그림 124 Toe wall

그림 125 Bolster construction

그림 126 French drain

그림 127 Fascines

그림 128 Palisade

그림 129 Grass planting

그림 130 Brush layering

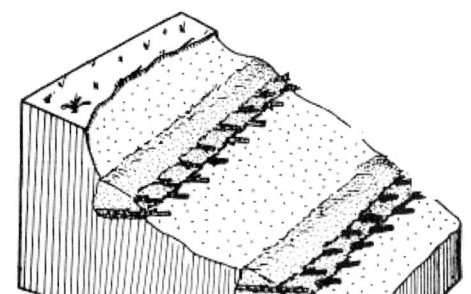

■ Bio-engineering을 이용한 설계를 수행하기에 앞서 침식, 붕괴 지역과 같은 대상지역의 경향을 관찰하는 것이 중요하다. 자연적으로든 인위적으로든 침식이나 붕락이 발생된 지반은 스스로 파괴에 대해 회복하려는 성질을 가지고 있다. 예를 들어 산악지역의 경우 나무가 경사지에 심겨질 수 있고 침식된 토양은 계단형태로 만들어 질 수 있다. 이렇듯 일단 자연적인 테라스 사이에서 정지경사각이 형성된다면 식물은 뿌리를 내리기 시작하기 때문이다.

■ 따라서 대상현장에 적합한 기술을 개발 또는 활용하기 위해서는 강우형태, 강수량, 강수시기, 온도와 같은 기후적인 조건과 지역 내의 사면경사, 지형형상, 고도 그리고 직사광선방향 등 지세와 형상을 고려해야 하며 지표면 하부층의 특성(투수성, 함수비, 영양물) 등의 토양과 유출수, 어류형태, 자연배수로, 배수면적, 배수구 라인과 같은 물과 관련된 사항을 조사하여야 한다.

■ 또한, 침투를 포함한 유출형태와 표면침식형태, 침식의 근원, 자연적으로 회복정도 등의 침식과정과 경향을 고려하고 대상지역에 내에 있거나 근접한 위치에서 자라고 있는 식물형태와 양, 향후 식물을 심을 위치와 씨앗을 거둘 준비 등 식물과 관련된 사항을 종합적으로 고려하여 결정하여야 한다.

■ 이상과 같은 적용 기술의 기능 및 범위, 한계는 다음의 표와 같다.

표 18 생태공학이 적용된 기술

system	functions	method of operation	applications and site requirements	time to maturity	limitations
horizontal line grass planting	catches, reinforces, supports	dense line retards surface water flow	dry, slope ⟨45°, erodible, cut slope	2 seasons	thin line easily broken
diagonal line grass planting	catches, reinforces, some support	dense line guides water along the line	wet, permeable, fine, cut slopes	2 seasons	rills break through
grass seeding	catches, reinforces, supports	dense grass, mat, rooting system	consolidated debris slopes ⟨45°	3 seasons	can cause liquefaction, young plants get washed away or dried
palisades	catches, reinforces, supports	dense line above and below the ground retards surface and shallow water flow	slope ⟨30°, dry, erodible and consolidated debris	2 seasons	causes small slumps, requires many cuttings, high mortality
brush layering	catches, reinforces, supports	dense line, strong buried branches retard surface and shallow ground water flow	slope ⟨45°, dry, erodible and consolidated debris	one season if planted early and watered	destructive to slopes during the excavation, requires many cuttings
fascines	catches, supports, drains	woody bundle, dense stems, porous, can drain soil if laid down slope	consolidated debris slopes, ⟨45°	3 seasons	destructive to slopes, requires many cuttings, slow to develop, high mortality
shrub planting	transpires, catches, armours, reinforces, anchors, supports	bunchy leaves, multiple stems, lateral roots, root cylinder, tap roots	any slopes ⟨ 45°.	at least 4 seasons	
tree planting	transpires, armours, reinforces, anchors, supports	lateral and near vertical rooting systems, root cylinder	any debris slopes ⟨45°, gully side slopes	at least 5 seasons	top heavy on steep slopes, leaf drip, canopy shades smaller plants
bamboo planting	transpires, catches, armours, reinforces, supports	dense poles, massive rooting systems, dense leaves, grows all year	slope ⟨30°, base of slope, erodible slopes, preferably wet places	at least 5 seasons	source plant damage, delicate, requires nursery space, heavy to transport

4. 한국의 토석류

1) 산사태란

■ "다량의 암석, 쇄설 물질, 토사 등이 급격하게 경사면을 따라 아래로 이동하는 현상"
"a wide range of ground movement, such as rock falls, deep failure of slopes, and shallow debris flows. Gravity acting on an over steepened slope is the primary reason for a landslide."

■ 중력사면이동(mass wasting): 산사태는 그 규모와 형태에 따라 여러 가지로 나뉘며 이중 중력사면이동은 표토와 암석이 중력에 의하여 경사면을 따라 아래로 이동하는 현상을 의미.

표 19 중력사면이동의 종류

사면붕괴	퇴적물류	한대기후에서의 중력사면이동	수중 중력사면이동
함몰사태 낙하 암석낙하 쇄설낙하 미끄럼사태 암석활강 암석미끄럼사태 쇄설미끄럼사태	슬러리류 토석류 쇄설류 이류 입상류 포행 토류 입자류 암설사태	동결융기작용 겔류	함몰사태 미끄럼사태 흐름

2) 산사태의 종류

■ 사면붕괴(Slope Failure): 사면 자체가 붕괴되면서 중력이동 - 지반구성물질의 이동

그림 131 사면붕괴의 종류

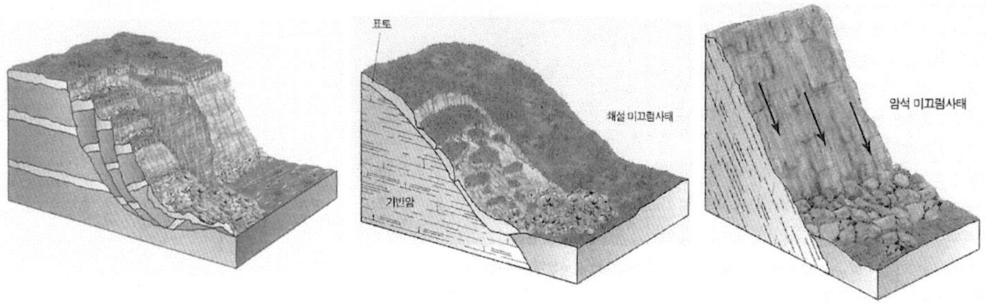

(a) 함몰사태　　　　(b) 쇄설미끄럼사태　　　　(c) 암설미끄럼사태

- **퇴적물류**: 사면의 표면을 따른 이동(미고결 퇴적물의 흐름)
  - 슬러리류: 퇴적물과 물의 혼합물 상태로 이동
  - 입상류: 입자상태로 중력이동(이동속도로도 분류 할 수 있음)
  - 겔류(solifuction): 물에 포화된 토양과 표토가 매우 느리게 흐르는 흐름
  - 30㎝/year 이하의 속도, 물로 포화된 온대 및 적도지역의 언덕사면에서 발생
- **쇄설류**(debris flow)
  - 모래보다 큰 입자를 많이 포함
  - 1m/year~의 속도
  - 평지로 나오면 정지하여 혀 모양의 퇴적물을 남김.
- **토류**(Earth flow)
  - 1m/day~수백 m/h의 속도
  - 폭우에 의하여 포화된 퇴적물에서 발생
  - 상부에는 급경사면을 이루고 하부에는 혀 모양의 형태(한국 산사태의 주요 형태)

그림 132 퇴적물류의 종류

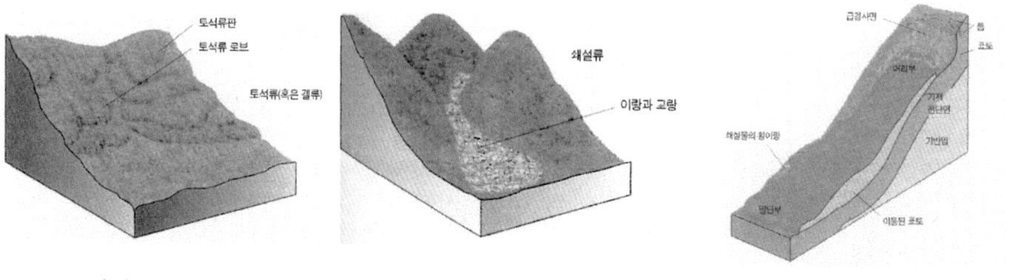

(a) 겔 류　　　　(b) 쇄설류　　　　(c) 토 류

3) 토석류(Debris flow)란

(1) 정 의

■흙과 암편들이 사면과 계곡을 따라 흘러내리는 현상. 표토층(풍화토층)이 강우로 포화되어 빠른 속도로 중력방향으로 낙하·이동하는 산사태의 일종
■Varnes(1978)
  •고결되지 않은 암석과 흙이 사면을 따라 흘러내리는 형상의 산사태
  •모래보다 작은 세립물질이 50%를 초과하지 않는 범위 내에서 혼재된 상태
  •큰 입자 비율이 50% 이상인 경우엔 수압과 중력에 의해 발생
  •작은 입자가 50% 이상인 구성 시엔 수압에 의해서만 발생

(2) 발생원인

■집중강우와 태풍. 고경사 산지(70%). 산림, 지형, 지질 등 다양한 원인에 의해 발생되나 우리나라의 경우 대부분 고경사지와 집중강우가 원인이 된다.
■Caine(1980). Olivier(1994)
  •연평균 강우량의 20%를 초과하는 집중강우 시 산사태 발생
  •강우강도 100㎜ / day 일 때 산사태 발생
  •그 외 자연적인 조건(지형과 지질. 산림의 형태)과 인간의 행위로 인해 유발(산지도로 부설. 전송탑, 벌목의 적재. 하부 응력 해방에 의한 상부 이완 등)

그림 133 2006년 집중강우에 의한 토석류 피해

(a) 강원도 정선군 북평면 토석류의 작용력   (b) 강원도 평창군 봉평면 유입토사

(3) 토석류의 발생 메커니즘

■ 우리나라의 토석류의 발생 메커니즘에 대한 철저한 규명이 필요

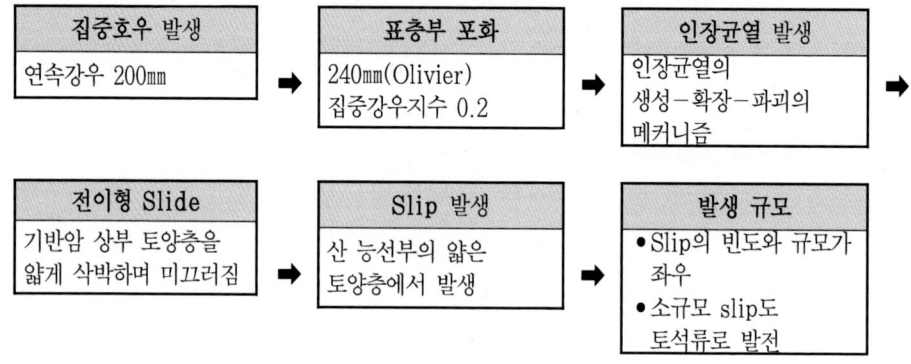

(4) 토석류의 발생 특징

- 물을 함유하며 빠른 속도로 하강하고 미고결 층(표층)을 파괴
- 사태물질의 투수계수, 공극률, 포화도, 건조밀도 등이 특징을 보이며 이는 모암의 분포 현황에 영향을 받음
- 토석류는 평탄한 산에서 파괴가 발생하고 파괴물이 계곡으로 흘러들어 발생하는 양상을 나타냄
- 계곡하부에 혀 모양의 토사유출을 발생시키며 수㎞∼수백㎞까지 이동하고 이로 인한 2차적인 피해(범람, 기반암 침식)를 발생시킴
- 토석류는 계곡 하상의 전 영역에 걸치지 않고 하상의 일부분을 유로로 흐르며 시간에 따라 변동한다.
- 일반적으로 하상 경사가 급하므로 유속이 크고 소류력이 커 하상세굴이 많다
- 흐름을 형성하는 토사 입경의 분포 범위가 매우 광범위하다
- 입경이 큰 토사입자는 흐름의 앞쪽에 모여서 유동한다.

참고문헌

김상규, 토질역학-이론과 응용-, 청문각, 2004.

김용필 외 2인, 지반공학시험법 및 응용, 도서출판 세진사, 2000.

신방웅 외 4인, 토질역학, 도서출판 동화기술, 2005.

신은철 역, 토질역학 3판, 구미서관, 2003.

이인모, 토질역학의 원리, 도서출판 새론, 2003.

이상덕, 토질역학, 도서출판 새론, 1998.

배우석 외, 지반공학에서의 Bio-engineering, 지반환경, 한국지반환경공학회, 2003.

American society for testing and materials, Annual Book of ASTM Standards, West Conshohocken, Pa., 1999.

Bishop, A. W., The Use of Slip Circle in the Stability Analysis of Earth Slopes, Geotechnique, Vol.5, No.1, 7-17, 1955.

Bishop, A. W., The Strength of Soils as Engineering Materials, Geotechnique, Vol. 16, No.2, pp. 89~130, 1966.

Braja M. Das, Principles of Geotechnical Engineering, PWS, Boston, 1994.

Casagrande, A., Research of Atterberg Limits of Soils, Public Roads, Vol.13, No.8, pp.121-136, 1932.

Craig, R. F., Soil Mechanics, 6th ed., Chapman & Hall, London, 1997.

Fellenius, W., Erdstatische Berechunugen, revised edition, W. Ernst u. Sons, Berlin, 1927.

Harr, M. E., Ground Water and Seepage, McGraw-Hill, New York, 1962.

Holtz, R. D. and Kovacs, W. D., An Introduction to Geotechnical Engineering, Prentice Hall, Englewood Cliffs, N.J., 1981.

Lambe, T. W. and Whitman, R. V., Soil Mechanics, SI version, Jone wiley & sons, Korea, 1986.

Mitchell, J. K., Foundamental of Soil Behavior, 2nd ed., Wiley, New York, 1993.

US Department of Navy, NAVFAC DM-7 Design Manual, US Government Printing Office, Washington, D.C., 1982.

Prakash, S. and Saran, S., Static and Dynamic Earth Pressure Behind Retaining Walls, Proceedings, 3rd Symposium on Earthquake Engineering, Roorkee, India, Vol.1, 277-288, 1966.

Powrie, W., Soil Mechanics concepts and application, E & FN SPON, London,

1997.

Proctor, R. R., Fundamental Principles of Soil Compaction, Engineering News Record, Vol. 111, Nos. 9, 10, 12, and 13, 1933.

Skempton, A. W.. The Colloidal Activity of Clays, Proceeding 3rd International Conference Soil Mechanics and Foundation Engineering, Switzerland, Vol. 1, 1953.

Skempton, A. W.. Long term Stability of Clay Slopes, Geotechnique, Vol. 14, 77.

Taylor, D. W., Foundamentals od Soil Mechanics, Wiley, New York, 1948.

Terzaghi. K. and Peck, R. B., Soil Mechanics in Engineering Practice, 2nd ed., Wiley, New york, 1967.

Whitlow, R., Basic Soil Mechanics, Prentice Hall, London, 2001.

Glossary

(다)		
단립구조	single grained structure	흙입자 하나하나가 모여서 된 구조
대수층	aquifer	지하수를 함유하고 있는 지층.
동결지수	freezing index	연간 0℃이하의 기온과 시간을 누계한 것
동다짐공법	dynamic compaction method	무거운 추를 높은 곳에서 자유낙하시켜 충격에너지를 가함으로써 지반을 상당 깊이까지 다져서 단단하게 만드는 지반개량공법
동상현상	frost heaving	겨울에 땅 속의 수분이 결빙하여 지표면이 부풀어오르는 현상
동수경사	hydraulic gradient	측정하고자 하는 두 측점 사이의 수두손실
동형치환	Isomorphous substitution	원래의 이온보다 원자가가 낮은 이온으로 치환되는 것.
등수두선	equipotential line	전수두가 같은 점들을 연결한 선
등시곡선	isochrone	시간에 따른 과잉간극수압의 변화를 나타낸 곡선
(라)		
(마)		
메니스커스	meniscus	물이 모관과의 접촉선에서 이룬 곡면
면모구조	flocculent structure	점토의 모서리와 면 사이에 강한 인력에 의해 생성된 구조
모세관현상	capillarity	액체 속에 모세관을 넣었을 때, 관내의 액면이 외부의 자유표면보다 높거나 낮아지는 것으로 흙입자에 의해 발생하는 현상
무한 사면	infinite slope	활동파괴면의 깊이가 사면의 길이에 비해 얕은 사면
물체력	body force	어떤 물체가 고유로 가지고 있는 힘
(바)		
배 압	back pressure	삼축압축시험에서 공시체에 가하는 압력으로 외압과 내압이 있는데 이중 간극수압 계통에서 역으로 공시체에 가하는 내압
벌집구조(봉소)	honeycombed structure	약간의 수분에 의한 수막에 작용하는 표면장력으로 체적이 증가하고 느슨한 벌집과 같은 상태의 구조
벽마찰각	angle of wall friction	벽체와 지반 사이에 존재하는 조도에 따라 발현되는 마찰각
변성암	metamorphic rock	변성작용을 받은 암석의 총칭
변형계수	deformation modulus	σ-ε곡선의 기울기로 수직방향 변형률에 대한 수직응력의 변화량
변형영향계수	strain influence factor	얕은 기초 사질토층의 즉시침하량 산정
보일링	boiling	흙이 물과 함께 끓어오르는 현상
부등침하	differential settlement	구조물이 여러 부분에서 불균등하게 침하를 일으키는 현상
부 력	buoyancy, buoyant force	중력이 작용하는 경우 유체 속에 있는 정지 물체가 유체로부터 받아 중력과 반대방향으로 작용하는 힘
부마찰력	negative skin friction	지반에 말뚝을 설치한 경우 지반이 말뚝에 비해 상대적으로 큰 침하를 일으켜 하중의 형태로 작용하는 하향의 마찰력
분사현상	quick sand	간극 중을 상승하는 물의 침투력에 의해 입자 사이의 힘을 잃고 현탁액의 상태가 되는 현상
불교란 시료	undisturbed sample	샘플러의 단면적에 대한 변형된 흙의 단면적비(면적비)가 10%보다 작은 시료
불포화토	unsaturated soil	흙의 삼상구조 중 간극이 물에 의해 채워지지 않은 채로 존재하는 흙
붕적토	colluvial soil	급경사지로부터 풍화물질이 중력의 작용으로 붕락, 퇴적하여 생긴 암설성 운적토양
비균질	nonhomogeneous	
비등방	anisotropic	
비배수강도	undrained strength	
비선형	nonlinear	

(사)

삼상구조	multiphase system	흙은 단일재료가 아니라 흙입자와 물 그리고 공기의 세 부분으로 구성되어 있다.
상대밀도	relative density	사질토에서 흙이 느슨한지 촘촘한지를 알기 위해 사용
상대다짐도	Relative compaction	실험실 최대건조단위중량에 대한 현장 건조단위중량의 비
쌍극자	dipole	한쪽 끝은 양성, 다른 쪽은 음성을 띠는 막대와 같이 움직이는 극성을 갖은 물 분자
선행압밀하중	preconsolidation pressure	시료가 과거에 받았던 최대응력
세립토	fine grained soil	0.076㎜체를 50% 이상 통과하는 흙
소 성	plasticity	탄성한도를 초과하여 점성이 큰 유체와 같이 힘을 제거해도 원형으로 회복되지 않으며 Hook's law이 성립되지 않는 성질
소성도표	plasticity chart	세립토의 분류를 목적으로 Casagrande가 제안한 액성한계와 소성지수의 관계도
수동토압	passive earth pressure	
수중단위중량	submerged unit weight	단위부피당 포화된 흙의 무게비
시간계수	time factor	

(아)

아칭현상	arching	파괴하려는 부분의 토압이 인접부의 흙으로 전달되는 압력의 전이현상
안전율	safety factor	fellenius가 점착력과 마찰계수를 사용하여 지반의 안전성을 나타낸 개념
안정수	stability number	사면의 안정을 최소한도로 유지하는데 요구되는 사면의 한계높이에 대한 점착성분의 비율
압력구근	pressure bulb	상부구조물의 하중이 지중에 전달되는 경우 동일한 압력대를 연결한 선
압밀계수	coefficient of consolidation	
압밀도	degree of consolidation	지반 내 한 점에서 임의시간 t에 대한 간극수압의 소산 정도 또는 압밀의 진행정도를 백분율로 표시한 것
압축지수	compression index	처녀압축곡선의 기울기
액상화현상	liquefaction	비배수 상태에서 한계간극비를 초과하는 경우 과잉공극수압의 증가하여 유효응력을 잃는 현상
액성한계	liquid limit	액성과 소성상태를 구분하는 함수비
양압력	uplift pressure	구조체의 바닥면에 작용하는 상방향 힘
엇물림	interlocking	입자의 기하학적 구조와 입자의 맞물림으로 인한 전단응력에 의해 흙이 강도를 발현하는 원인
역해석	back analysis	현장계측으로 얻어진 응력, 변형을 근거로 하여 설계해석한 결과를 검증하거나 다음단계의 시공을 위한 지반물성치 결정
연경도	consistency	흙이 가해지는 함수비에 따라 네가지 상태로 변해가는 것
연성기초	flexible foundation	성토체와 같이 등분포하중에 의해 접지압력은 균등하지만 침하량이 균등하지 않은 기초
영공기간극곡선	zero air void curve	공극내 공기함유율이 zero(s=100%)인 경우 함수비에 대한 이론적 최대단위중량
영향계수	influence factor	측정심도와 기초의 제원에 따른 함수
예민비	sensitivity ratio	교란시료와 비교란 시료의 강도비
용적변화	dilatancy	전단변형에 따른 용적의 변화
용탈현상	leaching	해수 퇴적 점토가 담수로 인해 오랫동안 염분이 빠져나가(이온결합 붕괴) 강도가 저하되는 현상
유기질토	organic soil	표토에서 화학작용이나 세균의 작용을 받아 생성된 흙
유동곡선	flow curve	흙의 함수비와 그에 해당하는 타격수의 관계를 반대수 용지에 나타낸 그래프

유 선	flow line	수위차에 의해 물이 흐르는 경
유선망	flow net	유선과 등수두선에 의해 이루어진 곡선군
유효경	effective size	통과백분율 10%에 해당하는 직경
유효상재하중	effective overburden pressure	
유효응력	effective stress	접촉된 흙입자의 흙구조를 통해서 전달되는 응력
응력 경로	stress path	흙입자의 응력이 변해가는 과정
이산구조	dispersive structure	점토의 이중층수의 반발력이 우세하여 모든 입자가 떨어져 있는 구조
이중층	double layer	자에서 거리가 멀어짐에 따라 양이온은 감소되고 음이온은 증가가 되며 이들 이온 농도가 같아지는 범위
임계원	critical circle	안전율이 최소인 가상파괴면
입도분포곡선	grain size distribution curve	
(자)		
자유수	free groundwater	빗물, 지표수 등이 중력에 의해 흙입자의 공극으로 지중에 스며든 물
잔류강도	residual strength	흙의 응력-변형곡선에서 파괴점이후 지속적으로 변형시킬 때 더이상 하강하지 않고 유지되는 응력
잔류토	residual soil	암반이 풍화되어 그 자리에서 흙이 된 것
전단저항각	angle of shearing resistance	물체가 밀리는 순간의 θ를 전단 저항각이라 하며, 흙의 경우는 전단 저항각이 흙입자 사이의 마찰각을 나타내므로 내부 마찰각이라고도 함
전 도	overturning	
전반전단파괴	general shear failure	압축성이 작은 흙에서 파괴면이 지표면까지 확장되어 지반 융기가 발생되는 기초지반의 파괴유형
전응력	total stress	전 토체에 작용하는 단위면적당 법선응력
전체단위중량	total unit weight	단위체적당 습윤시료의 무게비
점 성	viscosity	유체의 끈끈한 정도
점착력	cohesion	입자 표면에 붙어 있는 흡착수의 점성과 흙입자 상호간의 전기, 화학적으로 인력에 기인하여 서로 끌어당기는 힘
정규압밀점토	normally consolidated clay	수중에서 퇴적되어 형성된 점토층이 퇴적 이후 지층이나 수위의 변화가 없는 경우 형성되는 점토
정상침투	steady seepage	시간에 따른 흐름 특성이 변하지 않는 지표수의 침투
정적콘관입시험	static cone penetration test	
정지토압	earth pressure at rest	
조립토	coarse grained soil	모래와 자갈이 65% 이상인 흙
주동토압	active earth pressure	
주면저항력	frictional resistance	구조물 또는 기초의 표면이 흙과의 마찰로 인해 저항하는 힘
주응력	major principle stress	전단응력이 발생하지 않는 주면 상에 발생하는 응력
즉시침하량	immediate settlement	하중재하와 동시에 발생되는 초기침하량
지반반력계수	coefficient of subgrade reaction	외력이 작용하는 면에 접하여 발생하는 응력으로 기초지반의 변형에 대한 응력의 비를 말함
지지력	bearing capacity	상부하중을 지지할 수 있는 지반의 능력
직접전단시험	direct shear test	Mohr-coulomb의 파괴기준에 입각하여 파괴면을 임의로 정해놓은 전단강도시험
(차)		
체적압축계수	coefficient of compressibility	
초기지압	initial ground stress	응력의 변화가 없는 초기지반 내의 응력
최적함수비	optimum moisture content	다짐곡선의 정점에 해당하는 함수비
축차응력	deviator stress	최대 주응력과 구석압력과의 차

침윤선	seepage line	높이에 따른 손실수두가 일정한 선(압력=대기압, 손실수두=위치수두)
침투속도	seepage velocity	흙입자의 공극을 통해서만 흐르는 실제 물의 속도
침투수력	seepage force	물의 흐름에 의하여 흙에 추가적으로 작용하는 힘

(카)

(타)

탄 성	elasticity	외부 힘에 의하여 변형을 일으킨 물체가 힘이 제거되었을 때 원상태로 되돌아가려는 성질
탄성계수	elasticity modulus	탄성체가 탄성한계 내에서 가지는 응력과 변형의 비
퇴적암	sedimentary rock	지구표면의 암석이 상온·상압하에서 풍화작용으로 분해·이동되어 지구 표면에 침적하는 퇴적작용으로 생긴 암석
투수계수	coefficient of permeability	흙 속을 흐르는 물의 흐름을 나타내는 상수로 속도단위의 스칼라양

(파)

파괴규준	failure criterion	흙의 파괴응력을 표시하기 위한 기준
파괴포락선	failure envelope	주어진 수직응력에 대해 전단응력이 도달될 수 있는 한계(모아의 응력원과의 접선)
파이핑	piping	상향흐름에 의해 물이 흙을 뚫고 파이프와 같은 물길이 생기는 현상
평면기점	origin of plane	최소 주응력면과 mohr circle의 교차점
평판재하시험	plate bearing test	
포화단위중량	saturated unit weight	단위체적당 포화시료의 무게비
포화도	degree of saturation	간극의 용적에 대한 간극 속에 포함되어 있는 물의 용적백분율
표면효과	Surface Effects	토립자 간의 상호작용과 토립자와 간극 간의 상호작용이 입자의 표면을 통해 이루어지는 현상
표준관입시험	standard penetration test	
풍화작용	weathering	암석 또는 흙이 물, 공기, 생물의 작용에 의해 변화하는 현상
피압수	confined groundwater	투수계수가 커 투수가 가능한 층이 불투수층 사이에 존재하여 압력을 받고 있는 지하수
피 트	peat	기후조건 등에 의해 완전히 분해되지 않고 퇴적되어 액성한계나 변형이 크며 강도가 약한 고유기질토

(하)

한계간극비		변형률이 상당히 커질 때 상대밀도가 다른 두 모래가 수렴하는 체적변화가 없는 간극비
한계동수경사	critical hydraulic gradient	단위길이당 손실수두의 비
함수비	water content	흙입자의 중량에 대한 수분 중량의 백분율
화성암	igneous rock	마그마(magma)가 지각의 보다 높은 곳으로 관입하거나 지표로 분출하여 굳어져서 형성된 암석
확산이중층	Diffuse double layer	인력에 의해 점토입자들에 공유된 모든 물.
활 동	sliding	
활성도	activity	점토의 소성지수와 흙 속의 점토분 함량의 관계곡선 기울기

배우석

- ■ 학력
  - • 충북대학교 공과대학 토목공학과 졸업
  - • 충북대학교 대학원 토목공학과 공학석사
  - • 충북대학교 대학원 토목공학과 공학박사
- ■ 경력
  - • 현재 청주대학교 이공대학 토목환경공학과 전임강사
  - • 한국지반환경공학회 학회지편집위원회 간사
  - • 보은군 사전재해영향성검토위원회 위원

● 토목공학도를 위한 기초 토질역학

- • 초판 인쇄 2006년 12월 1일
- • 초판 발행 2006년 12월 1일

- • 지 은 이 배우석
- • 펴 낸 이 채종준
- • 펴 낸 곳 한국학술정보㈜
  경기도 파주시 교하읍 문발리 526-2
  파주출판문화정보산업단지
  전화 031) 908-3181(대표) · 팩스 031) 908-3189
  홈페이지 http://www.kstudy.com
  e-mail(출판사업팀사업부) publish@kstudy.com
- • 등   록 제일산-115호(2000. 6. 19)
- • 가   격 20,000원

ISBN   89-534-6136-7 93530 (Paper Book)
        89-534-6137-5 98530 (e-Book)